U0183597

X86汇编语言程序设计

许向阳　编著

华中科技大学出版社
http://www.hustp.com
中国·武汉

内 容 简 介

本书立足于目前使用最为广泛的 Intel x86-32 和 x86-64 系列 CPU、Windows 操作系统及 Visual Studio 2019 开发平台,从汇编语言这种最直观和最直接的角度,揭示计算机工作的基本原理、C 语言语句和函数的处理过程、程序优化的技巧。

全书共分为 19 章。前 5 章介绍了汇编语言程序设计的基本知识,包括 CPU、内存、寻址方式和常用机器指令;第 6 章至第 11 章介绍了 x86-32 位控制台应用程序设计,包括顺序和分支、循环、子程序设计、多模块程序设计等;第 12 章为中断和异常处理;第 13 章是 Win32 窗口程序设计;第 14 章至第 17 章介绍了 x87 FPU、MMX、SSE、AVX 程序设计;第 18 章为 x86-64 位汇编程序设计;第 19 章为上机操作。

本书内容新颖,覆盖面广,重点突出,直观易懂,趣味性强,可供各类高等院校计算机及相关专业作为教材,也可供广大使用汇编语言的工程技术人员参考。

图书在版编目(CIP)数据

x86 汇编语言程序设计/许向阳编著. —武汉:华中科技大学出版社,2020.7
ISBN 978-7-5680-6311-1

Ⅰ.①x… Ⅱ.①许… Ⅲ.①汇编语言-程序设计-高等学校-教材 Ⅳ.①TP313

中国版本图书馆 CIP 数据核字(2020)第 123995 号

x86 汇编语言程序设计　　　　　　　　　　　　　　　　　　　　　　许向阳　编著
x86 Huibian Yuyan Chengxu Sheji

策划编辑:徐晓琦　李　奥
责任编辑:陈元玉
封面设计:原色设计
责任监印:徐　露
出版发行:华中科技大学出版社(中国·武汉)　　　电话:(027)81321913
　　　　　武汉市东湖新技术开发区华工科技园　　　邮编:430223
录　　排:武汉市洪山区佳年华文印部
印　　刷:湖北新华印务有限公司
开　　本:787mm×1092mm　1/16
印　　张:21.25
字　　数:554 千字
版　　次:2020 年 7 月第 1 版第 1 次印刷
定　　价:48.80 元

前　言

　　毋庸置疑,现在的 IT 界很少使用汇编语言开发项目。作为一种程序设计语言,汇编语言似乎销声匿迹。这也让一些人怀疑学习汇编语言的必要性。在阅读本书后,读者完全可以打消这种疑虑了。不论是对后续课程学习、理解计算机的工作原理,还是编写高质量、高效率的应用程序,汇编语言都起着不可或缺的作用。

　　首先,汇编语言程序设计是计算机类专业的重要专业基础课,是从事计算机研究与应用,特别是软件研究的基础,是计算机人员必须接受的重要的专业基础训练课之一。汇编语言作为机器语言的符号表示,提供了最直观、最直接学习有关知识的方式。汇编程序可以看成是编译器对高级语言程序编译后的输出产物,也可以看成是在计算机上能直接加工处理的输入对象。因此,汇编语言就是连接高级语言程序和计算机硬件设备的桥梁和枢纽,为深入地理解计算机硬件、操作系统、应用程序之间的交互工作奠定基础。此外,汇编语言对于高级语言程序设计的学习和实践很有帮助。很多人在学习 C/C++语言程序设计时,都会有很多疑问。例如,程序在运行中为什么会崩溃? 程序运行中为什么会出现"莫名其妙"的结果? 函数之间是如何传递参数和返回结果的? 递归程序是如何运转的? 为什么不要返回局部变量的地址? 数组越界访问会造成什么后果? 指针是如何实现的? 地址类型转换和数据类型转换的含义是什么? 在 C++程序设计中,对象构造、对象析构、继承、多态、成员对象的引用、虚函数、类模板和函数模板等是如何实现的? 汇编语言是揭开高级程序设计语言工作机制神秘面纱的强有力武器。本书给出了一些 C 语言程序的反汇编示例,直观展现了 C 语言语句和函数对应的机器指令序列,进而分析变量的空间分配方法、地址类型转换、数据结构中各组成部分的空间关系、函数参数和结果的传递方法、程序执行流程的转移、递归函数的执行过程等奥秘。这些知识有助于从本质上理解程序执行过程。在编程者深刻把握语句的执行原理后,编写程序时就可以少犯错误,且可以编写出执行效率高、形式优美的程序。

　　其次,开发的软件运行速度快是一个常规要求。除了在"大"方面选择性能高的算法外,还需要在很多"小"方面选择快速的实现方法。在学习汇编语言后,会发现计算机指令系统提供了一些能提高程序运行性能的指令,如串操作指令、单指令多数据流指令。它们比另外一些实现相同功能的指令的速度要快得多。这也就会让人们在使用高级语言开发程序时寻找"封装"高性能指令的函数或语句。本书在串操作和数据成组运算上给出了示例,并检测了不同实现方法的运行时间。当然,在实际项目开发中,有人直接利用汇编语言编写部分关键代码以提高系统的性能。汇编语言保持了机器语言的优点,具有直接和简捷的特点,可有效地访问和控制计算机的各种硬件设备,如磁盘、存储器、CPU、I/O 端口等,且占用内存空间少,执行速度快,是高效的程序设计语言。

　　最后,汇编语言是逆向工程、解密程序、病毒与木马分析和防治的唯一选择。在不支持高级语言开发工具的特定场合下,编写汇编程序是一种必然选择。

　　本书的特色之一是使用 Visual Studio 2019 作为汇编语言程序的开发平台。该平台操作简单,与其前辈版本 Visual Studio 2010、Visual Studio 2013、Visual Studio 2017 等用法相似,可以和 C/C++程序开发无缝衔接,在汇编语言程序中调用 C 标准库函数、Windows API 函数,或者在 C 程序中调用汇编语言编写的函数。特色之二是根据建构主义理论,将不同的知识关联起来形成网络,同步促进多种知识的学习。书上给出了一些大家熟悉的有代表性的 C 程序例子,通过研究这些例子的反汇编代码,由表及里揭示其内在的处理过程、编译技巧,进而加深对机器指令的运行过程和功能的理解,加深对计算机工作原理的理解。书中也给出了一些既用汇编语言又用 C 语言实现的例子,在学习汇编语言知识后,可以引导编写更高质量的 C 语言程序。特色之三是内容新颖、覆盖面广。本书介绍了目前使用最为广泛的 Intel x86-32 和 x86-64 系列 CPU 的指令系统,包括 x86-32、x87、MMX、SSE、AVX、x86-64 指令,以及机器指令的编码规则;介绍了 Windows 操作系统下控制台程序和窗口应用程序的开发;包含了多模块程序设计、C 和汇编混合、C 内嵌汇编、中断及异常处理程序开发、执行文件结构等内容。特色之四是趣味性强。在完成某一功能时,采用一题多解的策略,采用不同的寻址方式、不同的指令、不同的算法完成相同的任务,充分展现了编程的灵活性。同时,书上也给出了程序自我修改、机器语言编程、程序转移自主控制等特色例子。特色之五是重点突出。Intel CPU 的机器指令是非常多的,可编写的程序也非常多,本书并不是指令参考书,也不是编程集锦,未纠缠于一一介绍这些指令和过多地给出程序示例,相信读者对这些知识能够举一反三,融汇贯通。建议不要死记硬背那些机器指令,将大脑降档为一个存储器。随着时间的流逝,这些指令内容可能会被遗忘,留在脑海里的是基本原理、基本方法和基本技巧。

在编写本书的过程中,得到了华中科技大学计算机科学与技术学院汇编语言程序设计课程组老师们的热情帮助和支持。汇编语言程序设计课程是国家级精品课程。在精品课程建设中,老师们集思广益,群策群力,使我收获颇丰。本书的编写也得到了华中科技大学出版社编辑的帮助,在此一并表示感谢。

由于作者水平有限,书中错误在所难免,恳请广大读者批评指正。同时也欢迎使用本书的老师、学生和其他读者,共同探讨汇编语言的教学内容和教学方法等问题。

许向阳

2019 年 12 月

目　　录

第1章 绪论

本章主要介绍汇编语言和机器语言的概念,剖析汇编语言、机器语言和高级语言之间的关系,阐述学习汇编语言的重要性和方法。本章给出了汇编语言源程序示例,通过示例介绍汇编语言源程序的基本结构和格式。通过本章的学习,应深刻理解计算机世界是0-1世界的本质,计算机中所有的信息都是由0和1组成的,为了探索现实世界中的信息如何编码成计算机世界中的0-1串,以及0-1串又如何解码对应到现实世界的奥妙奠定基础。

1.1 什么是汇编语言

1.1.1 机器语言

学习过 C 语言程序设计的人都知道,在编写 C 语言程序之后,需要对这个程序进行编译和链接,生成可执行的 exe 文件之后,才能运行该程序。那么,执行程序是什么样子的呢? 换句话说,执行程序里面存放的是什么呢?

设有如下 C 语言程序 c_example.c,生成的可执行文件为 c_example.exe。

```
#include <stdio.h>
int main(int argc, char*argv[])
{
    int x, y, z;
    x=10;
    y=20;
    z=3*x+6*y+4*8;
    printf("3*%d+6*%d+4*8=%d\n",x,y,z);
    return 0;
}
```

使用二进制编辑器打开可执行文件 c_example.exe,就会发现它都是一些十六进制数字串。

提示:在 Visual Studio 2019 中,单击"文件"→"打开文件",在"打开文件"对话框中选择要打开的文件,并在"打开方式"中选择"二进制编辑器",即可显示如图1.1所示的机器语言程序片段内容。

图1.1给出的是一个机器语言程序片段。机器语言程序是由机器指令组成的。机器指令(machine instruction)也常被称为硬指令,它是面向机器的,不同的 CPU(central processing unit,中央处理器)都规定了自己所特有的、一定数量的基本指令,这批指令的全体即为计算机的指令系统。这种机器指令的集合就是机器语言(machine language)。使用机器语言编写的

```
4D 5A 90 00 03 00 00 00    04 00 00 00 FF FF 00 00
B8 00 00 00 00 00 00 00    40 00 00 00 00 00 00 00
00 00 00 00 00 00 00 00    00 00 00 00 00 00 00 00
00 00 00 00 00 00 00 00    00 00 00 00 E8 00 00 00
0E 1F BA 0E 00 B4 09 CD    21 B8 01 4C CD 21 54 68
69 73 20 70 72 6F 67 72    61 6D 20 63 61 6E 6E 6F
74 20 62 65 20 72 75 6E    20 69 6E 20 44 4F 53 20
6D 6F 64 65 2E 0D 0D 0A    24 00 00 00 00 00 00 00
```

图 1.1　机器语言程序片段示例

程序称为机器语言程序。

在计算机开始出现的年代,将由 0 和 1 组成的程序打在纸带或卡片上,1 表示打孔,0 表示不打孔,再通过纸带机或卡片机将程序输入计算机中运行。那时,程序员编写由 0 和 1 组成的程序,然后由专门的人员负责在纸带打孔和填补误穿的孔。图 1.2 展现出来的是编码为"83H 06H"的纸带示意图。

图 1.2　编码为"83H 06H"的纸带

机器指令由一个字节或者多个字节组成,其中包括操作码字段、一个或多个有关操作数地址的字段、操作数(立即数)等。操作码和地址码均是由 0 和 1 组成的二进制代码。操作码指出了操作的种类,如加、减、乘、除、传送、移位、转移等;地址码指出了参与运算的操作数和运算结果存放的位置。除操作码和地址码外,指令中还有一些信息的编码。在第 4.9 节中将详细介绍 Intel CPU 机器指令的编码规则。

提示:

(1) 机器指令是 0-1 串,但并非任意 0-1 串都能解析成机器指令。

(2) 不同 CPU 的机器指令是不同的。

(3) 能够被 CPU 解释执行的只有机器指令。

(4) 可执行文件是有特定的结构的,除程序的机器指令外,还有许多其他信息。在第 11.6 节中将介绍可执行文件的结构。

1.1.2　汇编语言

虽然在 CPU 上能够被解释执行的只有机器语言程序,但是使用机器指令编写程序相当麻烦,编写出的程序也难以阅读和调试。为了解决这些问题,人们就想出了用助记符来表示机器指令的操作码;用变量代替操作数的存放地址;在指令前冠以标号来代表该指令的存放地址等方法。这种用符号书写的、其主要操作与机器指令基本上一一对应的,并遵循一定语法规则的计算机语言就是汇编语言(assembly language)。用汇编语言编写的程序称为汇编源程序。由此可见,汇编语言也是面向机器的语言。

为了让读者对汇编语言有一个感性的认识,我们首先以反汇编的形式显示可执行程序。所谓反汇编就是将由 0-1 组成的机器码翻译成用符号表示的形式。图 1.3 给出了第 1.1.1 节里 C 语言程序(c_example.exe)的反汇编窗口中显示内容的片段,显示信息包括指令在内存中的地址、机器码以及对应的汇编语言指令。

```
x=10;
00251828 C7 45 F8 0A 00 00 00        mov   dword ptr[ebp-8],0Ah
y=20;
0025182F C7 45 EC 14 00 00 00        mov   dword ptr[ebp-14h],14h
z=3*x+6*y+4*8;
00251836 6B 45 F8 03                 imul  eax,dword ptr[ebp-8],3
0025183A 6B 4D EC 06                 imul  ecx,dword ptr[ebp-14h],6
0025183E 8D 54 08 20                 lea   edx,[eax+ecx+20h]
00251842 89 55 E0                    mov   dword ptr[ebp-20h],edx
```

图 1.3　执行程序反汇编后的片段

提示：① 显示反汇编窗口的操作方法请参见第 19 章。② 指令在内存中的地址是不能重现的，每一次运行程序都会发生变化，程序在内存的位置由操作系统控制。

在图 1.3 中：语句"x=10;"对应的机器指令是"C7 45 F8 0A 00 00 00"，对应的汇编语言语句是"mov dword ptr[ebp－8],0Ah"。该语句完成的功能是将 10(十六进制为 0Ah)送到地址为[ebp－8]的双字存储单元中。其中，mov 为数据传送指令的助记符，代表了机器指令中的操作符；[ebp－8]表示在当前堆栈段中的一个单元，它是变量 x 的地址；"dword ptr"说明了这个目的操作数是 32 位的二进制数，而源操作数是 0Ah，用 32 位来表示等同于 0000000AH。

在上面的机器指令"C7 45 F8 0A 00 00 00"中，"0A 00 00 00"表示一个数 0000000AH，即十进制数值 10，它是一个双字的数据，数据的低字节放在地址小的单元中，数据的高字节放在地址大的单元中。将 F8H 当成一个字节的有符号数的补码表示，它对应的是－8。在前面还有 C7H 45H，表示要进行"数据传送"操作，还指明了以何种方式取得源操作数和目的操作数。较详细的机器指令编码规则请参见第 4.9 节。

在机器指令的左边，有数字 00251828，这是指令在内存中存放的起始地址。程序调试时，打开内存显示窗口，输入内存的起始地址，会显示该地址为起始地址的一块存储单元中的内容，如图 1.4 所示。

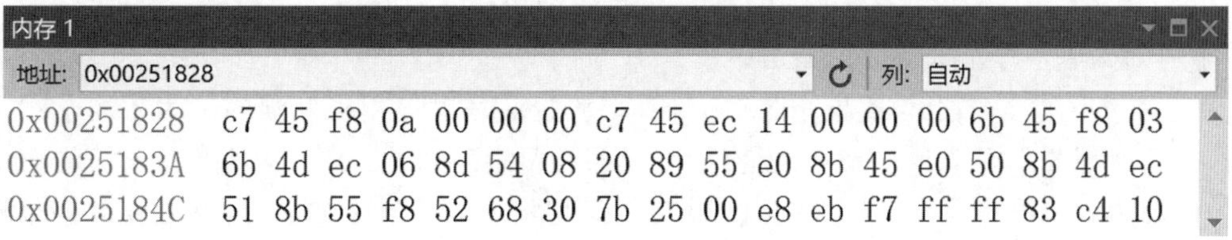

```
内存 1                                                            ▾ □ ×
地址：  0x00251828                                    ▾  ↻  列：  自动          ▾
0x00251828    c7 45 f8 0a 00 00 00 c7 45 ec 14 00 00 00 6b 45 f8 03  ▲
0x0025183A    6b 4d ec 06 8d 54 08 20 89 55 e0 8b 45 e0 50 8b 4d ec
0x0025184C    51 8b 55 f8 52 68 30 7b 25 00 e8 eb f7 ff ff 83 c4 10  ▼
```

图 1.4　内存显示窗口

"内存 1"窗口中的第一行的开头是"c7 45 f8 0a 00 00 00"，之后的"c7 45 ec 14 00 00 00"是"mov dword ptr[ebp－14h],14h"的机器指令编码，是 C 语句"y=20;"编译的结果。"6b 45 f8 03"是"imul eax,dword ptr[ebp－8],3"的机器码。

由语句"x=10;"的地址是 00251828、该指令占 7 个字节、下一条指令紧接在前一条指令之后可知，语句"y=20;"的地址是 0025182FH(00251828H＋7＝0025182FH)。

"z=3*x+6*y+4*8;"被翻译成了 4 条指令，如下：

```
imul eax,dword ptr[ebp-8],3     ;(x)*3 ->eax
imul ecx,dword ptr[ebp-14h],6   ;(y)*6 ->ecx
```

```
lea edx,[eax+ecx+20h]              ; (eax)+(ecx)+20h ->edx
mov dword ptr [ebp-20h],edx        ; (edx)->z
```

直观上看,实现"z＝3＊x＋6＊y＋4＊8;"要分成几个步骤来完成,首先是执行3＊x,结果放在寄存器 eax 中;再执行6＊y,结果放入另一个寄存器 ecx 中;4＊8是一个常量表达式,在编译时,计算该表达式的值为32,即20H,之后执行三个数相加操作,结果存放在寄存器 edx中;最后将 edx 中的内容送入变量 z 中。

汇编语言是为了方便用户而设计的一种符号语言,因此,用它编写出的源程序并不能直接被计算机识别,必须将它翻译成由机器指令组成的程序后,计算机才能识别并执行。这种由源程序经过翻译转换生成的机器语言程序也称目标程序。目标程序中的二进制代码(即机器指令)称为目标代码。这个翻译工作一般都由计算机自己去完成,但人们事先必须将翻译方法编写成一个语言加工程序作为系统软件的一部分,在需要时让计算机执行这个程序才可完成对某一汇编源程序的翻译工作。这种把汇编源程序翻译成目标程序的语言加工程序称为汇编程序(即编译器)。汇编程序进行翻译的过程称为汇编(编译)。

在这里,汇编程序相当于一个翻译器,它加工的对象是汇编源程序,而加工的结果是目标程序。汇编程序与汇编源程序、目标程序之间的关系如图 1.5 所示。当然,在 Visual Studio中集成了编译器,可直接在该开发平台下编写汇编源程序,然后编译、链接、调试和执行。

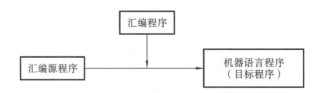

图 1.5　汇编程序与汇编源程序、目标程序之间的关系

为了能让汇编程序正确地完成翻译工作,必须告诉汇编程序,源程序应从什么位置开始安放,汇编到什么位置结束,数据放在什么位置,数据的类型是什么,留多少内存单元作为临时存储区等。这就要求源程序中应该有一套告诉汇编程序如何进行汇编工作的命令,这种命令称为伪指令(或称为汇编控制命令)。由此可见,指令助记符、语句标号、数据变量、伪指令及它们的使用规则构成整个汇编语言的内容。

由于汇编语句基本上与机器指令对应,因此它的编写也是相当麻烦的。为了简化程序的编写,提高编程效率,Visual Studio 提供的编译器有很多新特性,支持很多接近于 C 语言的伪指令,使得用汇编语言写出的程序有点像 C 语言程序。当然,对于初学者,首先要掌握机器指令,在使用条件流控制、函数调用等类似于高级语言语句的伪指令时,要清楚这些伪指令的编译结果,即它们与机器语言的对应关系。

本书中所介绍的是 Intel x86 汇编语言,适用对象是 Intel 公司的 x86 系列 CPU。虽然Intel公司的 CPU 的型号很多,新产品不断涌现,但它们的机器语言和汇编语言保持了很好的兼容性,新型的 CPU 一般都是在原有的指令系统基础上增加一些新的机器指令。

1.2　为什么学习汇编语言

与机器语言相比,汇编语言易于理解和记忆,所编写的源程序也容易阅读和调试,所占用的存储空间、执行速度与机器语言的相仿。虽然与机器语言相比,使用汇编语言编写程序要简单很多,但是与高级语言相比,编写程序还是相当烦琐的。

例如,对于一条 C 语句"z＝3＊x＋6＊y＋4＊8;",对应的汇编语句如下:

```
imul eax,dword ptr [x],3    ;将 x 单元中的内容与 3 相乘,结果放在 eax 中
imul ecx,dword ptr [y],6    ;将 y 单元中的内容与 6 相乘,结果放在 ecx 中
lea  edx,[eax+ecx+20H]      ;将 (eax)＋(ecx)＋20H 相加,结果放入 edx 中
mov  dword ptr [z],edx      ;将 edx 中的内容放入 z 单元中
```

提示:上述语句与图 1.3 所示的反汇编语句略有不同,但是机器码是完全相同的,只是在反汇编窗口的"查看选项"中勾选了"显示符号名",即用符号名 x 代替了地址表达式[ebp-8]。虽然采用符号名更直观一些,但其本质是一个存储单元地址的符号表示。

纵观计算机程序设计语言的发展历史,是从机器语言、汇编语言向高级语言发展的。其目标就是要让程序员编写程序越来越简单。高级语言接近于自然语言,易学、易记、便于阅读、容易掌握、使用方便、通用性强,且不依赖于具体的计算机。在使用高级语言编写程序后,只需要配备相应的编译器,将其翻译成机器语言程序即可。从 C 语言到面向对象的 C++语言,再到 Java 和 Python 语言以及各种开发平台的出现,都反映了将程序员从繁重的一般性的脑力劳动中解放出来的进步。越来越好的编程语言和开发工具减少了编写程序这一部分的工作量,同时提高了程序开发效率,能够让人们更多地集中精力分析需求、设计和研究高效算法。

毋庸置疑,在现在的 IT 界很少使用汇编语言编写程序,那么我们为什么要学习汇编语言呢?对于计算机科学与技术专业的学生而言,学习汇编程序设计语言的必要性或者价值主要体现在以下几个方面。

(1) 逆向工程、程序解密、病毒和木马分析及防治的唯一选择。

当进行程序解密、病毒和木马分析等工作的时候,我们并没有源程序,而只有可执行程序。此时,需要对可执行程序进行反汇编而得到汇编语言程序,然后进行阅读和分析。

(2) 理解高级语言的最好途径。

随着高级程序设计语言的不断进步,它们离机器语言越来越远,使得编程者看不到程序中语句的执行过程,看不见程序运行的奥秘。这对一种语言的初学者掌握相关的知识带来了很大的挑战,束缚了灵活应用编程语言的手脚。汇编语言就是揭开程序语言工作机理神秘面纱的最佳工具。

在 C 语言程序设计中,我们关心的问题很多。例如,地址类型转换和数据类型转换的含义是什么?为什么调用一个函数后能够返回到调用语句的下一行?函数之间是如何传递参数和返回结果的?为什么局部变量的作用域只在函数内部?递归程序如何理解?数组越界访问是怎么回事?指针是如何指向相应对象的?UNION 结构中各成员是什么关系?程序运行中崩溃时,导致崩溃的原因是什么?在 C++程序设计中,对象构造、对象析构、继承、多态、成员对象的引用、虚函数等更复杂的内容是如何实现的?泛型程序设计是如何实现的?在编程者深刻把握语句的执行原理后,编写程序时就能少犯错误,也能写出执行效率高且形式优美的程序。掌握这些学科的基础知识,有助于程序员提升编程水平。

通过对执行程序的反汇编,或者分析在编译时生成汇编语言程序,可以清楚地看到每一条语句对应的执行序列、变量的空间分配方法、数据结构中各组成部分的空间关系、数据的传递方法、程序执行流程的转移方法,从而分析高级语言程序的运转原理。相信读者在学习本书并

掌握分析方法后,能够自己解答程序设计语言学习和应用中产生的疑惑。

（3）学习后续专业课程的基础。

对于编译原理学习而言,汇编语言程序可以看成是高级语言源程序编译的结果,能让人直观看到编译生成的目标代码以及代码优化结果。对于操作系统学习而言,机器语言程序（对应汇编语言程序）是被操作系统调度执行和管理的对象,也包含操作系统和应用程序的交互。在学习计算机组成原理的时候,需要了解有关的硬件设备,例如运算器、存储器是如何完成指令加工任务的,汇编语言程序是这些硬件设备的处理对象。汇编语言也是接口技术和嵌入式系统等的先修课程。

（4）为深入理解计算机硬件、操作系统、应用程序之间的交互工作奠定基础。

汇编语言操作直接面向硬件;指令操作更直接,通过直接控制计算机的一条一条的指令,完成计算工作,这有助于理解计算机的内部工作方式,从而对计算机硬件和应用程序之间的联系和交互有一个清晰的认识,形成一个软、硬兼备的编程知识体系。例如,CPU、内存和硬盘等硬件设备如何协调地工作在一起,数据从哪里转移到哪里,数据在哪里运算和存储等。只有深入理解工作原理之后,才能够编写出运行效率高的程序。

举一个简单的例子,编写一个程序,实现一个二维数组中所有元素求和的功能。当用双重循环语句来实现时,既可以采用行序优先（即第一行元素相加后再加第二行的元素）的方法,也可以采用列序优先（即第一列元素相加后再加第二列的元素）的方法。虽然从算法复杂度的角度来看,每个元素都只被访问了一次,算法复杂度是一样的,但是,如果数组较大,当监测这两个程序段的运行速度时,就会发现采用行序优先方法的速度快于采用列序优先方法的速度。从内存是随机存取存储器（不同于磁带等顺序存取设备）的角度来看,无论给定的是什么存储单元的地址,其访问速度是一样的,因此无法解释这一现象。但如果更深入地了解计算机的工作方式,了解 CPU 利用其所带的高速缓冲存储器（cache）所起的作用,了解数据读取并不是一次只从内存读一个单元,以及二维数组数据在一维内存中的存放方式,了解 cache 的命中率、cache 的抖动等知识,就很容易解答为什么会出现上述现象,从而编写执行效率更高的程序。

在研究国产的 CPU 芯片、国产的操作系统、数据库管理系统、编译系统、国产的软件开发平台等征程中,都离不开这些计算机核心技术。

（5）特定场合下编写程序的必然选择。

在使用高级语言编写程序后,需要编译生成机器语言程序。虽然编译器在优化生成执行时间更短的机器代码上取得了长足的进步,但仍然存在一些不能充分利用机器性能的缺陷。在对软件的执行时间或存储容量要求较高的场合,如系统程序的关键核心等,需要软件开发人员利用汇编语言进行编程,提高系统的性能。究其原因,汇编语言保持了机器语言的优点,具有直接和简捷的特点,可有效地访问、控制计算机的各种硬件设备,如磁盘、存储器、CPU、I/O 端口等,且占用内存少,执行速度快,是高效的程序设计语言。

当然,整个程序采用汇编语言来编写并不是一种明智的选择或者是不恰当的选择。在本书中,给出了在 C 语言程序中调用汇编语言编写的函数的例子,也给出了在汇编语言源程序中调用 C 语言函数的例子,以及 C 语言和汇编语言混合编程的例子。

此外,在软件与硬件关系紧密、软件要直接控制硬件,以及没有合适高级语言的场合,如设备驱动程序,需要直接使用汇编语言编程。

综上所述,学习汇编语言是非常有必要的。通过汇编语言的学习,可以了解计算机内部工作的一些原理,理解高级语言语句的运行过程和对数据的处理方式,为编写高水平的程序打下基础,也为后继课程的学习做好准备。

1.3 如何学习汇编语言

学好一门课程是有一些规律的。本书力争将这些规律具体化,能让读者对各个知识点有更透彻的理解。

(1) 态度决定一切,兴趣是最好的老师。

(2) 带着问题来学习。

没有问题的安逸,如同没有引爆的定时炸弹一样危险。"是什么? 为什么? 有没有其他方式? 哪种方式更好?"等,都是经常需要问自己的问题。通过猜想或搜寻这些问题的答案,探索其中的奥秘,能够更好、更全面地掌握所学知识。

(3) 应用建构主义学习理论。

要把不同的内容关联起来,只有知识相互关联起来,形成了网络,才能记得清楚,记得牢固。建构主义学习理论,就是要从已知的知识产生出未知的知识。在学习汇编语言的时候,完全可以和学习过的高级语言程序设计关联起来,建立起一种对应关系,比较它们之间的共同点,寻找它们之间的差异。一方面,通过阅读 C 语言程序编译生成的汇编语言程序,可以帮助理解汇编语句的功能,熟悉汇编语言语句的表达方式;仿照编译器生成的汇编语言程序和 C 语言程序的指令流程,有助于编写自己的汇编语言源程序。另一方面,以反汇编为手段,可以更好地理解计算机的工作原理,理解计算机世界中的信息存储方式、加工过程,分析 C 语言程序设计、数据结构中的一些复杂问题。

著名计算机科学家、1984 年图灵奖得主、Pascal 语言之父 N. Wirth 提出"程序=算法+数据结构"。不论采用何种语言编写程序,它们的本质都是一样的,都离不开算法和数据结构。算法是软件的灵魂,好的算法会给软件带来质的变化。算法是解决问题的思路及办法,程序语言是按照一定的语法将算法表达出来。在编写汇编语言程序时,所用的算法基本上都是以前学习过的,即利用所学知识帮助新知识的学习。

数据结构是计算机学科中的重要课程,是程序设计中的关键组成部分,是计算机存储、组织数据的方式。数据结构是指相互之间存在一种或多种特定关系的数据元素的集合。从机器语言的角度看,每一条机器指令都是对数据进行处理,其核心是需要在指令中给出数据的地址。数据结构中的各个数据元素都被编译器转换成有一定关系的存储单元地址。通过汇编语言的学习,通过对高级语言程序编译后生成的机器语言程序的反汇编,就能看到元素之间的地址关系,从而更好地理解数据元素之间的关系,更好地理解数据结构。这样有助于牢固掌握数据结构知识,提高灵活应用数据结构的能力。

(4) 理解之后的记忆。

只有深刻理解了的知识才能牢固地记住它。所谓理解,是指当提到某一知识时,头脑中就能够想到跟它有关的事实,知道它的应用或意义,了解它与有关知识的联系。汇编语言中有较多的语法规则,要记住这些规则,应该先理解制定这些规则的原因,即为什么要制定这些规则。在理解规则存在的合理性后,才能较好地遵循这些规则。例如,在理解计算机的工作原理后,知道 CPU 当前要执行的指令的位置是由 EIP 指示的,那么就会认识到程序跳转的本质是要改变 EIP,这就需要在指令语句中给出转移的目的地址,或者以约定的某种特定方式告诉 CPU 如何得到转移的目的地址。在函数执行完成后,要回到调用之处继续执行,那就又要改变 EIP,从哪儿取值给 EIP 呢? 在调用函数时,给出的函数名就对应一个地址。而一个函数多次在程序的不同位置被调用,不同位置的调用,其返回的目的位置都是不同的,不可能在函数中固定写死返回的地址。由此就易记住,调用函数(子程序)时,要保存断点地址,即在执行函数调用时,CPU 就要将函数执行完后的返回地址存放在某个位置(堆栈中)。因此也不难记住,执行返回时就是从堆栈栈顶取出返回地址送给 EIP。

(5)把书由厚读薄。

虽然汇编语言中的指令较多,但是它们的语法、语义也是有一定的规律的。对这些指令进行概括和分类,掌握它们的共同规律,将书由厚读薄。

例如,在整个汇编语言中,处于核心地位的是地址,包括指令的地址、数据的地址。要执行一条指令,首先就需要回答"指令在哪"的问题,在执行一条指令之后,需要回答"下一条指令的地址在哪"的问题。程序的顺序、分支、循环三种结构都涉及指令地址变迁的问题。无条件转移、简单条件转移、比较转移、循环、调用子程序、从子程序返回、中断和中断返回等指令都涉及改变待执行指令的地址。对于数据而言,可存放在各种变量之中,通过多种寻址方式来得到操作数的地址。通过不同寻址方式的对比,更深刻地理解得到地址的方法,编写程序时才能得心应手。

(6)掌握语言的核心要素。

对于语言而言,不论是自然语言还是计算机程序设计语言,涉及的核心内容就是:语法、语义、语用。要掌握语句的语法规则,并遵循语法规则;理解语句完成的功能,并在实际应用中能够灵活地运用不同的语句来组装成程序。

在汇编语言中,重中之重是"地址"。从内存物理地址编址方法到逻辑地址与物理地址之间的映射,从源操作数和目的操作数的寻址方式到语句中地址表达式的表述,各个数据之间的位置关系,乃至指令的地址,都是围绕地址这一核心展开的。掌握地址的多种表达方式,掌握不同变量之间或者某一结构变量中各成员之间的地址的相互关系、地址类型转换,就可以很灵活地写出各种程序。

(7)算法细化,牢记"拆"字。

对于一条 C 语句"z=3*x+6*y+4*8;",站在 CPU 的角度来看,显然不能一步完成该语句的功能,它需要做多项工作。首先需要从内存中将变量 x 的内容取到 CPU 中来,执行第一次乘法操作,并记住乘法的结果;然后取变量 y 中的内容,执行第二次乘法操作,再执行加法操作;最后将结果送入变量 z 中。汇编语言指令不能像高级程序设计语言那样一条语句完成较多的功能,一次只能完成一个很简单的操作,由简单操作组合完成较复杂的功能。因此,在编写汇编语言源程序时,要学会"拆",将要完成的功能细分成多个基本功能。不要受到高级语言程序的影响,企图在一条汇编语言中完成很复杂的功能。

(8)在实验中深化对所学知识的理解。

在进行实验时,要仔细和小心,因为每条指令都只会引起小的变化,容易被忽略。在调试程序前,应预判指令和程序段的执行结果,即应用所学理论进行分析,通过实验进行验证。若分析的结果和实验看到的结果不一致,则说明出现了一些问题。通过进一步的分析,查找原因,促进对所学知识的理解和灵活应用。

1.4　汇编语言源程序举例

【例 1.1】　求 $1+2+3+\cdots+100$ 的和,然后显示该结果。

　　为了便于阅读和理解程序,在程序中加入了一些注释。在 Intel x86 汇编语言源程序中,以英文的分号开头,直到这一行结束都是注释。

```
.686P
.model flat,c
ExitProcess       proto stdcall :dword
includelib        kernel32.lib
printf            proto c :vararg
includelib        libcmt.lib
includelib        legacy_stdio_definitions.lib
.data
lpFmt db "%d",0ah,0dh,0
.stack 200
.code
main proc
    ;下面 7 行语句实现的功能 eax=0;for (ebx=1;ebx<=100;ebx++) eax=eax+ebx;
    mov eax,0              ;(eax)=0   eax 是 CPU 中的一个寄存器,用于存放累加和
    mov ebx,1             ;(ebx)=1   ebx 是 CPU 中的一个寄存器,用于指示当前的加数
lp: cmp ebx,100           ;连续两条指令,等同于 if (ebx>100) goto exit,循环结束
    jg  exit
    add eax,ebx           ;(eax)=(eax)+(ebx)
    inc ebx               ;(ebx)=(ebx)+1
    jmp lp                ;goto lp   无条件跳转到 lp 处执行
exit:
    invoke printf,offset lpFmt,eax      ;调用 printf 函数,显示结果
    invoke ExitProcess,0                ;调用 ExitProcess,返回操作系统
main endp
end
```

　　对于该程序,使用第 19.1 节介绍的操作方法,可生成 exe 文件,运行该程序,将显示 5050。

　　下面介绍该算法的实现思想。若简单地将程序中出现的寄存器理解成 C 语言中的变量(在 CPU 中不需要编程者定义),用 C 语言语句描述出来的核心程序段如下。

```
    eax=0;                //eax 用于存放累加和
    ebx=1;                //ebx 用于指示当前的加数
lp:
    if (ebx>100) goto exit;  //(ebx)>100 时,循环结束
    eax=eax+ebx;
    ebx=ebx+1;
```

```
        goto lp              //无条件跳转到 lp 处执行
    exit:
```

　　该例是一个 Win32 控制台的程序，它给出了汇编语言源程序的基本结构。

　　首先使用处理器选择伪指令".686P"，即在该程序中使用 Pentium Pro 微处理器所支持的指令。更多细节请参见第 6.2.1 节。

　　".model"表示程序采用的存储模型说明伪指令，此处采用的存储模型（即内存管理模式）是 flat，代码和数据全部放在同一个 4 GB 的空间内，段的大小是 32 位（4 GB），这是一个 32 位段程序。flat 之后的 c 指明了所采用的"语言类型"，用于明确函数命名、调用和返回的方法。c 类型表示采用堆栈来传递参数，并且函数调用中最右边的参数最先入栈、最左边的参数最后入栈；在调用函数中清除参数所占用的空间。第 6.2 节给出了 model 伪指令后可用的其他选项。

　　ExitProcess 是 Windows 操作系统提供的 API 函数，其功能是终止一个进程的运行，返回操作系统。实现 ExitProcess 时采用的语言类型是 stdcall，在函数说明时必须与其实现保持一致。该函数的实现是在库 kernel32.lib 中，使用 includelib 时包含该库。

　　printf 是 C 语言程序中最常见的一个函数，用于格式化输出一串信息，其语言类型为 c。"includelib libcmt.lib"和"includelib legacy_stdio_definitions.lib"指明了 printf 函数实现所用到的库。

　　".data"是数据段定义伪指令，在该段中定义了一个全局变量 lpFmt，该变量中赋的初值是""%d",0ah,0dh,0"，等同于 C 语言中的串"%d\n"。注意，在 data 段中定义的所有变量都是全局变量，而在函数（子程序）中定义的变量是局部变量。

　　".stack"是堆栈段定义伪指令，其后的 200 表示堆栈段的大小为 200 个字节。

　　".code"是代码段定义伪指令。

　　在汇编语句源程序中，"data"、"stack"、"code"都是关键字，分别对应数据段、堆栈段、代码段，它们对应一段的开始，同时表明前一段的结束。

　　"main proc…main endp"是子程序（亦称函数）。在程序的最后有一条伪指令"end"表示程序结束了，编译器看到该伪指令后，就不会再往下编译程序。由于使用的是 main，所以自动将 main 作为程序的入口点，这与 C 语言程序中默认从 main 处开始执行一致。

　　在 main 函数中包含一系列语句，每条语句占一行，最后均以回车结束。一条语句一般由 4 个部分组成，这 4 个部分按照一定的规则分别写在一条语句的 4 个区域内，各区域之间用空格或制表符（TAB）隔开。语句的一般格式为：

　　[名字] 操作符 [操作数或地址][;注释]

　　实际上，并不是每条语句都需要这 4 个部分，但操作符是必不可少的，其他部分为可选项，因此用方括号括起来。名字由字母 A～Z、a～z、数字 0～9 或者一些特殊字符如_（下划线）、?（问号）、@、$ 等组成的字符串，但该字符串不能以数字作为开始字符。用户所定义的名字一定不能与系统中的保留关键字，如指令操作码、寄存器名、汇编程序规定的运算符号等同名。在一个程序中，名字不能重复定义。标号也是一个名字，但在标号后有英文的冒号":"。

　　注释均以英文的分号开始，它可占一行或多行，也可放在一条语句的后面。从分号开始到一行的结束都是注释。注释如果放在一条语句的后面，往往是用来说明该语句使用的目的、功能或在逻辑流程中所起的作用。如果放在程序的开始或中间，一般是用来说明该程序的功能、基本设计思想和用法。使用注释可使程序便于阅读、修改和交流推广。汇编程序对注释部分不进行处理，也不产生目标代码，只作为文本随源程序一起输入、存储或输出，对程序的执行也无任何影响。一般情况下,注释可用英文或拼音输入,如果系统使用的是中文操作系统,则注释也可使用中文输入。但要注意,除注释内容和字符串定义外,其他内容(包括分号在内的标点符号)应该是标准的 ASCII 字符。

操作符为语句的核心成分,它表示了该语句的操作类型。当操作符是机器指令的助记符时,该语句是机器指令语句。由于机器指令语句基本上是与机器的指令一一对应的,在本书的后面,我们也把它简称为机器指令或指令;如果是伪指令的助记符,则为伪指令语句;如果是宏定义名,则该语句是宏指令语句。

有些机器指令语句后面是没有操作数的,它的操作对象是固定的。有些是带一个操作数或操作数地址,例如,inc ebx。有些指令可带两个操作数地址,它们可以是寄存器名、存储单元地址等,之间用英文的逗号隔开,这是双操作数指令。例如:

add eax, ebx

目的操作数地址 ↵　　　↳ 源操作数地址

一般将目的操作数地址简称为目的地址,用抽象的符号 opd 表示;将源操作数地址简称为源地址,用符号 ops 表示。目的操作数和源操作数由 opd 和 ops 所示的寻址方式获取。"add opd, ops"的功能为:

$$(opd)+(ops) \rightarrow opd$$

对应具体的指令"add eax, ebx",实现的功能为 $(eax)+(ebx) \rightarrow eax$。

操作结束后运算结果保存在目的地址对应的单元中,源操作数并不改变。

在编写 C 语言程序时,符号一般是区分大小的。在汇编语言源程序中,默认状态下,对于程序内自己定义的变量名、标号名、子程序名是不区分大小写的。例如,数据段中定义了变量 lpFmt,在代码段中,lpFmt、LPFMT、lpfmt 等是等同的。如果要区分大小写,则需要在程序开头增加一行语句"option casemap : none"。当然,对于系统所使用的关键字,例如指令助记符、寄存器名、"data"、"code"、"end"等,无论有无"option casemap : none",都是不区分大小写的。因此,程序中 EAX 与 eax 等同、mov 与 MOV 等同。在程序中调用外部函数,如 printf、ExitProcess,应与外部函数的定义保持一致,不能随意使用大小写。

【例 1.2】　输入 5 个有符号数到一个数组缓冲区中,然后求它们的最大值并显示该最大值。

实现该功能的算法思想很简单,先用循环的方法输入 5 个数,然后将第 1 个数放在 eax 中,再次采用循环的方法,后面的数依次与 eax 比较大小,若后面的数大,则将其放到 eax 中。下面直接给出了程序。

```
    .686P
    .model flat,c
    ExitProcess     proto stdcall :dword
    includelib      kernel32.lib
    printf          proto c     :ptr sbyte,:vararg
    scanf           proto c     :ptr sbyte,:vararg
    includelib      libcmt.lib
    includelib      legacy_stdio_definitions.lib
.data
    lpFmt   db "%d",0ah,0dh,0
    buf     db "%d",0
```

```
    x        dd 5 dup(0)     ;int x[5];
    .stack   200
    .code
main  proc
    ;输入 5 个数   ebx=0;
    ;            do { scanf("%d",&x[ebx*4]);ebx++; }while (ebx!=5)
    mov ebx,0
input_5num:
    invoke scanf,offset buf,addr [x+ebx*4]
    inc   ebx
    cmp   ebx,5
    jne   input_5num
    ;求 5 个数中的最大数。先将第 1 个数作为最大数,放在 eax 中
    ;     eax=x[0];
    ;     for (ebx=1;ebx<=4;ebx++)
    ;         if (eax<x[ebx*4]) eax=x[ebx*4];
    mov   eax, x[0]     ;eax=x[0]
    mov   ebx, 1        ;ebx=1
lp: cmp ebx, 4         ;if (ebx>4) goto exit
    jg    exit          ;结束,找最大数的循环
    cmp   eax, x[ebx*4] ;(eax)若比当前数大或者相等,则不做任何处理
    jge   next
    mov   eax,x[ebx*4]  ;eax=x[ebx*4]
next:
    add   ebx, 1        ;ebx=ebx+1
    jmp   lp            ;goto lp
exit:
    invoke printf,offset lpFmt,eax
    invoke ExitProcess,0
main endp
    end
```

在例 1.2 的程序中,对 printf 的定义稍有变化,这里给的原型说明更严谨一些。C 语言中,有 int printf(const char * format,...);即 printf 的第一个参数只能是一个串指针,后面才是可变个数的参数。:ptr sbyte 即表示串指针,:vararg 表示可变参数。

例 1.2 清楚地展现了两种循环语句的执行过程,以及数组 x 的定义和访问方式。与 C 语言中 x[ebx]的访问不同,机器语言中是按字节对地址编码的,由于定义的是一个双字操作数组,每个元素占 4 个字节,故 ebx 要乘以 4,后面章节会详细讲解。

提示:C 语言程序中的 x[ebx],编译后生成的机器指令中会自动将 ebx 乘以 4。编译器看到定义的 int 类型数组后,知道一个元素与下一个元素之间的距离是 4 个字节。数组的第 ebx 个元素,与数组起始地址相距 ebx*4 个字节,这一转换工作就由编译器来完成,而编写汇编语言程序时,就要准确地给出访问单元的地址。

1.5　计算机中信息编码的奥秘

在学习汇编语言的时候,需要深刻理解计算机工作的本质。本节探索计算机世界的信息

编码以及计算机世界中的信息与外部世界信息的一些对应关系。

计算机世界是 0 和 1 的世界,计算机之外的现实世界丰富多彩,都要编码成 0-1 串存储到计算机中。而在解析 0-1 串含义的时候,要依赖解析时的场景动态变化。通过解码,由计算机世界回到现实世界。0 和 1 组成的串是计算机内部存储和加工的对象,其外部表象是花花绿绿的世界。

围绕计算机世界是 0-1 世界这一论断,读者可以思考以下问题。为什么信息的表达用 0 和 1 来编码? 现实世界中的信息又如何编码转换成 0-1 串? 计算机中所有的信息都是由 0-1 组成的串,计算机又是如何解读这些串的呢? 计算机内部单调平凡的 0-1 串又是如何在我们面前展现丰富多彩的画面的?

1. 计算机中所有信息都是以 0-1 串的形式存储的

在阅读了第 1.1 节后,不要产生误会,以为只有执行程序是二进制编码。实际上,源程序也是二进制编码。计算机中存储的对象,不论是图像文件、视频文件、声音文件,还是 Word 文件、PPT 文件、程序文件(源程序文件、执行程序文件)、动态库等,都是由 0 和 1 编码组成的文件。换句话说,在计算机上存储的文件、在网络上传输的信息,都是由 0 和 1 编码而成的。

我们可以使用文本编辑器 UltraEdit、软件开发集成环境 Microsoft Visual Studio 等软件打开一个文件。只是当打开文件时,注意选择文件的打开方式为"二进制编辑器"或者"以二进制的形式打开"。当然,展现在我们面前的是十六进制文件,这只是让人更容易读一些,其本质是二进制文件。

2. 为何使用 0-1 编码

计算机内部硬件能够识别的只有 0 和 1,也就是二进制。因为二进制只有两种状态。计算最底层的硬件通过多种方式来支持两种状态的识别和处理,就像灯泡的"亮"和"灭"、电压的"有"和"无"、磁性材料的"N"和"S"、电极的"正电"和"负电"、电平的"高"和"低"等。

3. 编码是有一定规范的

任何文件中存储的内容都是有一定编码规则的,如果不知道其编码规则,就无法解析由 0 和 1 组成的串所表达的含义。

如图 1.6 所示,以二进制形式显示了第 1.1 节中的 C 语言源程序 c_example.c。

```
c_example.c
00000000   23 69 6E 63 6C 75 64 65   20 3C 73 74 64 69 6F 2E   #include <stdio.
00000010   68 3E 0D 0A 0D 0A 69 6E   74 20 6D 61 69 6E 28 69   h>....int main(i
00000020   6E 74 20 61 72 67 63 2C   20 63 68 61 72 2A 20 61   nt argc, char* a
00000030   72 67 76 5B 5D 29 0D 0A   7B 0D 0A 09 69 6E 74 20   rgv[])..{...int
00000040   20 78 2C 20 79 2C 20 7A   3B 0D 0A 09 78 20 3D 20    x, y, z;...x =
00000050   31 30 3B 0D 0A 09 79 20   3D 20 32 30 3B 0D 0A 09   10;...y = 20;...
00000060   7A 20 3D 20 33 20 2A 20   78 20 2B 20 36 20 2A 20   z = 3 * x + 6 *
00000070   79 2B 20 34 2A 38 3B 0D   0A 09 70 72 69 6E 74 66   y+ 4*8;...printf
00000080   28 22 33 2A 25 64 2B 36   2A 25 64 2B 34 2A 38 3D   ("3*%d+6*%d+4*8=
00000090   25 64 5C 6E 22 2C 78 2C   79 2C 7A 29 3B 0D 0A 09   %d\n",x,y,z);...
000000a0   72 65 74 75 72 6E 20 30   3B 0D 0A 7D 0D 0A |        return 0;..}..
```

图 1.6　以二进制形式显示文件 c_example.c

在窗口的右半部分,以字符形式显示了 c_example.c;在窗口的中间,以十六进制形式显示了该文件的内容。这些信息是按照 ASCII 码(American Standard Code for Information Interchange,美国信息互换标准代码)依次对各个字符编码得到的。本书的附录中给出了 ASCII 字符表。

在 ASCII 表中,英文小写字母 a 到 z 的 ASCII 码是顺序编排在一起的,从 97(61H)到 122(7AH)。大写字母 A 到 Z 的 ASCII 码同样是顺序编排在一起的,从 65(41H)到 90(5AH)。数字 0~9 的 ASCII 码为 30H~39H。大小写字母以及数字字符的编码在汇编语言程序设计中是常用的。

除了对字符信息的 ASCII 编码之外,常见的字符编码规范还有 Unicode、UTF-8 等。Unicode是国际组织制定的容纳世界上所有文字和符号的字符编码方案。Unicode 字符集简写为 UCS(unicode character set)。早期的 Unicode 标准有 UCS-2、UCS-4。UCS-2 采用两个字节编码,UCS-4 采用 4 个字节编码。

除文本文件外,还有多种类型的文件,如 Word 文件、PDF 文件、图像文件、视频文件、可执行文件等,各有各的编码规范。当然,日常生活中,遵循某种编码规范的信息随处可见,例如,身份证号就有严格的编码规则,从身份证号上不但能知晓出生的年月日,还能看出性别,所属的省、市、区(县)等信息。正是有了各种规范,信息才能被正确理解。

4. 如何知道一个文件采用的编码规范

文件的内容都是二进制文件,是由 0-1 组成的串。计算机如何知道一个文件采用的编码规范,从而正确地对文件进行解读呢?

计算机中采用的方法是,在文件的一个特殊地方,通常在文件的开头存放文件所采用的编码规范。例如:Unicode 的文件头是 FF FE;UTF-8 的文件头是 EF BB;JPEG 的文件头是 FF D8 FF;BMP 的文件头是 42 4D(即"BM"的 ASCII 编码串);Word(docx)的文件头为 50 4B 03 04;PDF 的文件头为 25 50 44 46(即"％PDF"的 ASCII 编码串)等。

5. 指令是如何进行编码的

在一个程序中,所有的数据是 0-1 串,所有的指令也是 0-1 串。如何区分是数据还是指令呢? 在一条指令中,所要进行的操作运算符以及操作数或者操作数的地址,都是用 0 和 1 编码的。如何区分一个 0-1 串是表示操作还是操作数的地址呢? 或者是一个操作数地址表达式中的一部分呢? 要解答这些问题,就需要知道 x86 指令的格式及编码规则。第 4.9 节将详细介绍指令的编码规则。

总之,计算机世界是 0 和 1 的世界,采用一定的编码规则将现实世界的信息编码成 0-1 串存放到计算机中,并进行加工和处理。根据文件中给定的或者默认的编码规范,通过解码又可以回到现实世界。

1.6　使用符号的说明

在后面的学习中,需要引用以下一些符号,本书中都将遵循这些写法。
(…):表示地址"…"中的内容。例如,假设变量 x 的偏移地址为 0x0040ff08,其对应的存储单元中的内容为 10，则表示为（0x0040ff08）＝10，或者（x）＝10；寄存器 ebp 的内容为 0x0040ff10，则表示为（ebp）＝0x0040ff10。

［…］：表示以地址"…"中的内容为有效地址（effective address，EA，也称偏移地址）。例如，（ebp）＝0x0040ff10，而（0x0040ff08）＝10，则（［ebp－8］）表示以 ebp 的内容减去 8 位为偏移地址，在该偏移地址中存放的数据。此处的（［ebp－8］）＝10。

EA：表示某一存储单元的偏移地址，即指该存储单元到它所在段段首地址的字节距离。

PA：表示某一存储单元的物理地址（physical address）。

R：指某寄存器（register）的名字。

SR：［R］：指二维的逻辑地址（指针）。其中，SR 为段寄存器名；［R］表示某寄存器 R 为指示器，用于存放该段内某一存储单元的偏移地址。

OPD：表示目的地址，即目的操作数存放的偏移地址。

OPS：表示源地址，即源操作数存放的偏移地址。

→：表示传送。例如，1234H→bx 表示将操作数 1234H 传送到寄存器 bx 中，即 mov bx，1234H；指令 mov dword ptr x，0AH 表示为 0AH →x。

若 x 的地址是 0x0040ff08，则该指令的功能表示为：0AH→0x0040ff08。

↑(sp)/(esp)：其中↑(esp)表示从 32 位堆栈段出栈（弹出）。

↑(sp)：表示从 16 位堆栈段弹出。

↓(sp)/(esp)：其中↓(esp)表示向 32 位堆栈段进栈（压入）。

↓(sp)：表示向 16 位堆栈段压入。

∧：表示逻辑乘。

∨：表示逻辑加。

⊕：表示按位加。

$\overline{\times\times\times}$：表示需要对数"×××"执行求补运算。

$\overline{\times\times\times}$：表示需要对数"×××"执行求反运算。

××H：表示数"××"为十六进制数。在 C 程序中，十六进制数以 0x 开头。

××：表示数"××"为十进制数。

××B：表示数"××"为二进制数。

××BCD：表示数"××"为 BCD 码。

eflags：表示标志寄存器。

／：表示或者。

$\underline{\times\times\times}$：表示横线上面的内容"×××"是通过键盘输入的。例如，有以下书写形式：

　　＊ $\underline{ABC}$ ↙

其中："＊"下面未加横线，表示是由显示器显示的内容；而"ABC"下面有横线，说明是由键盘输入的内容；"↙"为行终止符，用以表示一行内容的结束，在输入时，是通过敲键盘上的回车键实现的。

习 题 1

1.1 什么是机器语言？什么是机器语言程序？

1.2　不同 CPU 的机器语言是否相同？为什么本书称为 x86 汇编语言程序设计？

1.3　在指令编码中，为什么所含的成分是变量的地址而不是变量中的值？

1.4　设计机器指令时，为什么一条指令只能完成一点简单的功能？这样设计的优点是什么？

1.5　什么是汇编语言？什么是汇编语言源程序？

1.6　什么是汇编？什么是反汇编？什么是伪指令？

1.7　机器语言、汇编语言、高级程序设计语言的关系是什么？

1.8　什么情况下需要使用汇编语言编写程序？

1.9　什么情况下别无选择，只有阅读汇编语言程序？

1.10　什么是符号地址？

1.11　如何理解计算机世界是 0-1 世界？

1.12　假设一个小写字母的 ASCII 为 x，求该字母在小写字母表中的序号（"a"的序号为 0，"z"的序号为 25）。

1.13　假设一个小写字母的 ASCII 为 x，求对应的大写字母的 ASCII。

1.14　假设一个数码的 ASCII 为 x，求对应的数码。

1.15　假设一个数字串的 ASCII 为 31H 32H 33H，求该串对应的十进制数值是多少？对应的十六进制数值又是多少？试给出串数转换的算法（即 C 语言库函数 atoi 的算法）。

上机实践 1

1.1　自学第 19 章，熟悉在 Visual Studio 2019 平台开发一个汇编语言源程序，并熟悉其方法和操作步骤，对例 1.1 和例 1.2 生成可执行程序并运行。

1.2　自学第 19 章，熟悉在 Visual Studio 2019 平台开发一个 C 语言程序，包括程序调试，学习观察内存、寄存器、变量的值及变量的地址等，学习调试时用反汇编观察生成的指令。

1.3　调试第 1.1 节中的程序 c_example.c，观察变量 x、y、z 的地址各是多少？在反汇编指令中，如何表示这三个变量的地址？

1.4　在 C 语言程序中，变量的定义语句和对变量处理的语句可以写在一起，但是调试时发现变量的地址与之后的处理指令的地址相距很远。为什么要将变量的空间分配与指令隔开呢？

第2章 Intel中央处理器

中央处理器（central processing unit,CPU）是一块超大规模的集成电路,是一台计算机的运算核心和控制核心。微型计算机中,中央处理器亦称微处理器。它的功能主要是解释计算机指令以及处理计算机软件中的数据。本章主要介绍 Intel 公司的微处理器的发展历史、组成结构及其各组成部分完成的功能。重点掌握执行部件中的通用寄存器、标志寄存器、指令预取部件中的指令指示器、分段部件和分页部件中的段寄存器的作用,掌握计算机工作的基本过程。

2.1 Intel 公司微处理器的发展史

微处理器是计算机中的核心部件。在过去的几十年里,它发展迅速,优化了计算机的体系结构,促进了存储器容量的不断增大、存取速度的不断提高,外围设备的不断改进以及新设备的不断出现等。微处理器的生产厂商主要有 Intel、AMD、IBM、Cyrix、IDT、VIA（威盛）、国产龙芯等公司。

本节介绍 Intel 公司微处理器的发展历史。Intel 公司成立于 1968 年,其名称是 INTegrated ELectronics（集成电子）两个单词的缩写。该公司先后推出的中央处理器包括 Intel 4004、Intel 8008/8080/8085、Intel 8086/8088、Intel 80186/80286、Intel i386/i486、Intel Pentium（奔腾）、Intel Pentium II、Intel Pentium III、Intel Pentium IV、Intel Xeon（至强）、Intel Xeon3/Xeon5/Xeon7、Intel Itanium（安腾）、Intel Itanium 2、Intel Core（酷睿）系列。

虽然 Intel 公司推出的微处理器很多,但是微处理器的结构主要分为 IA-32 和 IA-64 两种。在 1989 年推出 Intel 80486 处理器之后,Intel 公司以较正式的 IA（Intel architecture）指称该架构,也称 x86-32 架构。由于从 8086 开始其后的产品以 80186、80188、80286、i386、i486 等为代号命名,因而被外界称为 x86 架构。其后的奔腾系列、Xeon 系列、酷睿系列全部是基于 x86 架构的产品。它属于复杂指令集（complex instruction set computing,CISC）架构。

IA-64 架构是 Intel 公司为了提高 IA-32 位处理器的运算性能而开发的一种全新处理器架构,IA-64 架构是 EPIC（explicitly parallel instruction computing）的 64 位架构基于超长指令字（very long instruction word,VLIW）的设计,将多条指令放入一个指令字,与 x86 不能兼容。2001 年,Intel 公司推出 IA-64 架构系列中的第一款通用 64 位微处理器 Itanium。2009 年,Intel 公司推出的 Itanium 2 系列处理器也采用这一架构。由于它不能很好地解决与以前 32 位应用程序的兼容,这一重大缺陷导致应用受到较大的限制,在市场推广中并不成功。有一种说法是,AMD 公司抢先在 32 位 x86 指令集的基础上扩展到 64 位,推出了 AMD64。因为有 AMD 公司的竞争,Intel 公司做出了一种新的但是不太成功的尝试。

为了解决与 IA-32 兼容的问题,Intel 公司回到了与 x86 兼容的道路上,采用了 x86-64 结构（也称 Intel 64、x64）,它实际上是在 x86 平台上从 32 位到 64 位的一次扩充。而这一扩充包含的内容不仅仅体现在对物理内存的扩充上,在指令集、CPU 寄存器结构,甚至是应用程序的虚拟内存上都得到了非常大的扩充。然而,值得注意的是,x86 从 32 位到 64 位的变化,并没有像以前从 16 位到 32 位的变化那样,在系统软件层面带来了革命性的变化(例如页式地址管理、多任务的引入等)。操作系统仍然使用以前的各种机制来对硬件进行管理,只是在 64 位平台上,数据(如整型数)变得更宽了,逻辑地址、线性地址以及物理地址也都变得更宽了。

根据微处理器的字长和功能,可将其发展划分为 4 位、8 位、16 位、32 位、64 位、多核 64 位等几个阶段。

第 1 阶段(1971—1973)是 4 位和 8 位低档微处理器时代。典型产品有 Intel 4004 和 Intel 8008 微处理器。它们采用 PMOS 工艺,集成度低,系统结构和指令系统都比较简单,主要采用机器语言或简单的汇编语言,指令数目也只有 20 多条。

第 2 阶段(1974—1977)是 8 位中高档微处理器时代,代表产品有 Intel 8080/8085。它们采用 NMOS 工艺,集成度提高约 4 倍,运算速度提高约 10～15 倍。指令系统比较完善,具有典型的计算机体系结构和中断、DMA 等控制功能。

第 3 阶段(1978—1984)是 16 位微处理器时代。典型产品是 Intel 公司的 8086/8088。其特点是采用 HMOS 工艺,集成度(20000～70000 个晶体管/片)和运算速度(基本指令执行时间是 $0.5\ \mu s$)都比第 2 阶段提高了一个数量级。指令系统更加丰富、完善,采用多级中断、多种寻址方式、段式存储机构、硬件乘除部件,并配置了软件系统。80286 是 Intel 公司首款能执行所有旧款处理器专属软件的处理器,这种软件相容性使微型计算机风靡世界。

第 4 阶段(1985—1992)是 32 位微处理器时代,又称第 4 代。1985 年,Intel 公司推出 32 位微处理器 80386,采用了 32 位寄存器,具有 32 根地址总线和数据总线,全面支持 32 位的数据、指令和寻址方式,可访问 4 GB 的存储空间。采用 HMOS 或 CMOS 工艺,集成度高达 100 万个晶体管/片,每秒钟可完成 600 万条指令。微型计算机的功能已经达到甚至超过超级小型计算机,完全胜任多任务、多用户的作业。1989 年,Intel 公司推出了 80486 芯片。80486 是将 80386 和数学协微处理器 80387 以及一个 8 KB 的高速缓存集成在一个芯片内,内部缓存缩短了微处理器访问慢速动态随机存取存储器(DRAM)的等待时间。

第 5 阶段(1993—2005)是奔腾(Pentium)系列微处理器时代,也称第 5 代。在 80486 之后,本应命名为 80586 或 i586,但 i586 被 Intel 公司的竞争对手所制造的类 80586 微处理器所使用。通常认为 pentium 是由希腊文 penta(五)接尾语 "ium" 所构成。它的内部采用了超标量指令流水线结构,并且有相互独立的指令和数据高速缓存。

1997 年推出的 Pentium II 处理器结合了 Intel 公司的 MMX(multi media extended)技术,能以极高的效率处理影片、音效以及绘图资料。MMX 技术使用了单指令多数据流(single instruction multiple data,SIMD)执行模式,在 64 位寄存器的打包整数数据上进行并行计算。

1999 年推出的 Pentium III 处理器加入 70 条新指令,加入了 SIMD 的延伸集,称为单指令多数据流扩展(streaming SIMD extensions,SSE),能大幅提升多媒体、流媒体应用软件执行的性能。同年,Intel 公司还发布了 Pentium III Xeon 处理器,加强了电子商务应用与高阶商务计算的能力。在缓存速度与系统总线结构上也有很大进步,并在很大程度上提升了性能,以及为更好的多处理器协同工作进行了设计。2000 年,Intel 公司发布了 Pentium IV 处理器。Pentium IV 提供了 SSE2(streaming SIMD extensions 2)指令集,这套指令集增加 144 条全新的指令,支持处理 128 bit 压缩的数据,在 SSE 中仅能以 4 个单精度浮点值的形式来处理,而在 SSE2 指令集能采用多种数据结构来处理。

2003 年,Intel 公司发布了 Pentium M(mobile)处理器。以往虽然有移动版本的 Pentium II、III,甚至是 Pentium IV-M 产品,但是这些产品是基于台式计算机处理器的设计,虽然增加了节能和管理的新特性,但是 Pentium III-M 和 Pentium IV-M 的能耗远高于专门为移动运算设计的 CPU,如全美达(Transmeta)公司的处理器。

在第 5 阶段出现的 Intel CPU 还有 Pentium Pro、Pentium II Xeon、Celeron、Pentium III Xeon、Pentium M、Pentium D、Pentium Extreme Edition 等。其中,Pentium Extreme Edition 处理器引入了双核(dual-core)技术。这项技术提供了先进的硬件多线程支持。该处理器基于 Intel 公司的 NetBurst 微体系结构,支持 SSE、SS2、SS3、超线程技术。

第 6 阶段(2005 年至今)是酷睿(Core)系列微处理器,开启了双核和多核的时代。2006—2007 年,Intel 公司推出了 Core Duo 和 Core Solo 处理器,采用智能高速缓存,允许两个处理器内核之间高效共享数据。同期产品还有 Intel Xeon Processor 5100/5200/5300/5400/7400 和 Intel Core 2/Core 2 Duo 等。酷睿系列还包括 Core i7 系列、Core i5 系列、Core i3 系列。2017 年,Intel 公司发布了 Core i9 系列,最多支持 18 个内核。

2.2 Intel x86 微处理器结构

中央处理器(CPU)在微型计算机中又称微处理器,计算机的所有操作都受 CPU 的控制,CPU 的性能指标直接决定了微机系统的性能指标。随着 x86 系列机的发展,x86 微处理器的结构变化是非常大的,但它的功能总是保持着向下兼容。因此,本节从汇编语言的角度进行介绍。32 位的 CPU 按其主要功能通常可分为 6 大部件:总线接口部件、执行部件、指令预取部件、指令译码部件、分段部件和分页部件。x86 微处理器的基本结构如图 2.1 所示。

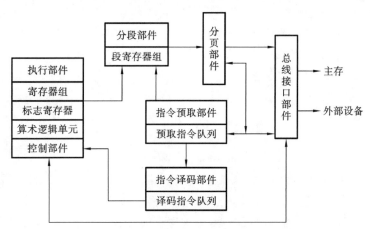

图 2.1 x86 微处理器的基本结构

CPU 对指令的处理基本分为 4 个阶段:提取(fetch)、解码(decode)、执行(execute)和写回(writeback)。

CPU 从存储器或高速缓冲存储器中取出指令,放入指令寄存器,并对指令译码。CPU 把指令分解成一系列的微操作,然后发出各种控制命令,并执行系列微操作,从而完成一条指令的执行。指令是计算机规定执行操作的类型和操作数的基本命令。

提取:根据指令预取部件中的指令指针(IP、EIP 或 RIP)和分段/分页部件中的代码段寄存器(cs),从存储器或高速缓冲存储器中取出要执行的指令。IP、EIP、RIP 分别在 16 位、32 位和 64 位微处理器中使用,指向当前待执行的指令在代码段中的位置。

解码:指令被拆解为有意义的片段。根据 CPU 的指令集架构(instruction set architecture,ISA)定义,将数值解译为指令。一部分指令数值为运算码(opcode),它们指示要进行哪些运算。其他数值通常供给指令必要的信息,诸如一个加法(addition)运算的运算目标。

执行:在提取和解码阶段之后,紧接着进入执行阶段。该阶段中,需连接到各种能够进行运算的 CPU 部件。例如,要求一个加法运算,算术逻辑单元(arithmetic logic unit,ALU)将会连接到一组输入和一组输出。输入提供了要相加的数值,而输出将包含总和的结果。ALU 内含电路系统,能完成简单的普通运算和逻辑运算(如加法和位操作运算)。在执行部件中包含有通用寄存器和标志寄存器。前者用于存放运算的数据和结果,后者是指令执行状态的信息及运算结果的特征。

写回:以一定格式将执行阶段的结果简单地写回。运算结果经常被写入 CPU 内部的暂存器,以供随后的指令快速存取。在其他案例中,运算结果可能写入速度较慢,但容量较大且较便宜的主记忆体中。某些类型的指令会改变指令指针,而不直接产生结果,即转移指令,使得程序能够循环执行、条件执行和进行函数调用。

总线接口部件是 CPU 与整个计算机系统之间的高速接口,能接受所有的总线操作请求,并按优先权进行选择,最大限度地利用本身的资源为这些请求服务。例如:从主存中取指令送入指令预取部件的排队机构排队、取操作数送入执行部件参加运算、将操作结果送到输出设备并输出等。

CPU 中的控制部件主要为完成每条指令要执行的各个操作所发出的控制信号的任务。控制部件的结构有两种:一种是以微存储为核心的微程序控制方式;一种是以逻辑硬布线结构为主的控制方式。微存储中保存的微码,也称微指令,每条指令由一系列的微码组成,每个微码对应于一个最基本的微操作。这种微码序列构成微程序。中央处理器在对指令译码后,可发出一定时序的控制信号,按给定序列的顺序以微周期为节拍执行由这些微码确定的若干个微操作,即可完成某条指令的执行操作任务。简单指令由几个微操作组成,复杂指令则由几十个微操作甚至几百个微操作组成。

2.3　执　行　部　件

CPU 的执行部件主要由寄存器组、标志寄存器、算术逻辑单元、控制部件等组成。算术逻辑单元(ALU)既可执行定点或浮点算术运算操作、移位操作以及逻辑操作,也可执行地址运算和地址转换。寄存器组包括通用寄存器、专用寄存器和控制寄存器。通用寄存器又可分为定点数和浮点数两类,它们用来保存指令执行过程中临时存放的寄存器操作数和中间(或最终)的操作结果。

大多数指令都要访问到通用寄存器。通用寄存器的宽度决定计算机内部的数据通路宽度,其端口数目往往可影响内部操作的并行性。专用寄存器是为了执行一些特殊操作所需用的寄存器。控制寄存器(cr0~cr3)用于控制处理器的操作模式以及确定当前执行任务的特性。cr0 中含有控制处理器操作模式和状态的系统控制标志;cr1 保留不用;cr2 中存储产生页异常的线性地址;cr3 中含有页目录表物理内存基地址。

　　从学习汇编语言程序设计的角度看,了解通用寄存器组的分工及标志寄存器的作用是非常重要的。

　　所谓寄存器,就是 CPU 中的专用存储器。每个寄存器中可存储一个 0-1 串。寄存器的位数决定了串的长度。例如一个 32 位的寄存器,就可以存储由 32 个 0-1 组成的串。该串可以是一个参与运算的操作数,也可以是一个运算结果,或者是某个单元的地址等,这取决于在指令中是如何使用该寄存器的。虽然在机器指令中每个寄存器都有一个二进制的编号(相当于数值地址),但不便于人们记忆,因此给每个寄存器一个名字,这些名字可以看成 CPU 中的存储单元的符号地址。在编写 C 语言程序时,程序员并未直接使用寄存器,但是在编译后产生的语句中会大量反复地使用寄存器,用于临时存储各种需要处理的数据。

2.3.1　32 位 CPU 中的通用寄存器

　　在 32 位 CPU 中,寄存器组中包含 8 个 32 位的通用寄存器,分别是 eax、ebx、ecx、edx、esi、edi、esp、ebp。eax 称为累加器(accumulator),ebx 称为基址(base address)寄存器,ecx 称为计数(counter)寄存器,edx 称为数据(data)寄存器,esi 称为源变址(source index)寄存器,edi 称为目的变址(destination index)寄存器,esp 称为堆栈栈顶指针(stack top pointer),ebp 称为基址指针(base address pointer)。

　　所谓通用(general purpose),即可在各处使用,公共使用,彼此可换用等。就像大瓷碗、高脚杯、夜光杯等都能装液体,包括白酒、啤酒、葡萄酒、茶等液体,因而是通用的。但是这些容器还有一些习惯性的用法,大瓷碗喝白酒喝出的是一种潇洒豪迈之气,葡萄美酒夜光杯喝出的是一种耐人回味的风情。编写程序的时候,通常也像生活中使用的大瓷碗、夜光杯一样,有所讲究,体现出编程是一种艺术的特质。例如,要求一个数组中元素的和,使用累加器(eax)来存放这些数的和;使用计数寄存器(ecx)来存放有多少个数要相加;使用基址寄存器(ebx)来存放操作数的地址,这些寄存器的名称(英文单词)与它们在程序中的作用是一致的。当然,程序中可以使用累加器(eax)来存放操作数的地址;使用计数寄存器(ecx)来存放这些数的和;使用基址寄存器(ebx)来存放有多少个数要相加。这样做多少让人感觉有点别扭。另外,在有些指令中,隐含了指定要使用的寄存器。

　　在 8 个 32 位寄存器中,esp 是比较特殊的一个,一般不作为数据寄存器使用,而专门用于堆栈的栈顶指示器。当执行数据压栈指令 push、数据出栈指令 pop 时,CPU 会自动改变 esp 中的值,使其始终指向栈顶,即存放栈顶元素所在单元的地址。若写指令随意改变 esp 中的值,之后执行 push、pop、ret 等指令时,就会在新的位置访问堆栈栈顶元素,可能造成莫名其妙的逻辑错误。

　　上述 8 个 32 位寄存器的低 16 位有一个独立的名字,分别为 ax、bx、cx、dx、si、di、sp、bp。在 16 位微处理器时代,即 8086、80186、80286 中的寄存器就是 ax、bx、cx、dx、si、di、sp、bp。当发展到 80386 时,对这些寄存器进行了扩展(extented),形成了 32 位寄存器 eax、ebx、ecx、edx、esi、edi、esp、ebp。

　　对于 16 位寄存器中的 ax、bx、cx、dx,按高 8 位和低 8 位分为 H 组(ah,bh,ch,dh)和 L 组(al、bl、cl、dl)两个小组,作 8 位的寄存器使用。Intel x86-32 中数据寄存器的基本结构如图 2.2 所示。

　　假设字节寄存器(ah)=10110100B,共由 8 个二进制位组成。其最高二进制位为第 7 位,其值为 1;其最低二进制位为第 0 位,其值为 0。(ah)中数据存放示意图如图 2.3 所示。

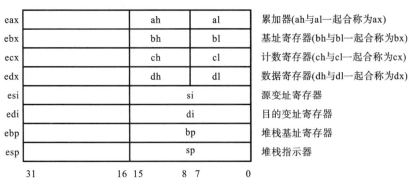

图 2.2 Intel x86-32 中数据寄存器的基本结构

图 2.3 (ah)中数据存放示意图

寄存器的名字是 CPU 中某个存储单元的名字,可以看成一个单元的符号地址。在机器指令的编码中,这些寄存器也要对应一个编号(相当于数值地址)。Intel 32 位 CPU 中的通用寄存器如表 2.1 所示。

表 2.1 Intel 32 位 CPU 中的通用寄存器

32 位寄存器	16 位寄存器	8 位寄存器	二进制编码
eax	ax	al	000
ecx	cx	cl	001
edx	dx	dl	010
ebx	bx	bl	011
esp	sp	ah	100
ebp	bp	ch	101
esi	si	dh	110
edi	di	bh	111

从表 2.1 中可以看出,eax、ax、al 的编码都是 000。显然在机器指令编码中,若知道使用了一个寄存器,且寄存器的编码是 000,那么如何能正确地对应到是用的 eax、ax 还是 al 呢?为什么不给所有的寄存器(上面列出来的 24 个寄存器)用 5 位二进制来编码呢?对于这些问题,将在第 4.9 节给出解答。

2.3.2 通用寄存器应用示例

为了让读者尽快熟悉 32 位、16 位、8 位寄存器之间的关系,更快熟悉一些基本运算指令,给出了如下寄存器应用的例子。

【例 2.1】 写出完成各个功能的指令。

(1) 给 eax 赋值为 12345678h,执行后(eax)=12345678h。

```
mov eax,12345678h
```

（2）将 eax 的低 16 位赋值为 3344h,执行后(ax)＝3344h,(eax)的高 16 位(即 16～31 位)保持不变。

```
mov ax,3344h
```

（3）将 eax 的 0～7 位赋值为 56h,执行后(al)＝56h,其他二进制位的信息保持不变。

```
mov al,56h
```

（4）将 eax 的 8～15 位赋值为 78h,执行后(ah)＝78h,其他二进制位的信息保持不变。

```
mov ah,78h
```

（5）将 eax 的高 16 位(即 16～31 位)赋值为 5566h,低 16 位保持不变。

由于 eax 的高 16 位并没有一个名字,因此,不能像前面的例子那样简单地写出语句,要进行一些变通。

```
and eax,0000ffffh
add eax,55660000h
```

第一条指令是按位与运算,结果在 eax 中。eax 的低 16 位中的内容不变,高 16 位中的内容变为 0;第二条指令是加法运算,结果在 eax 中。对这个例子,第二条指令写成 or eax,55660000h,即按位或运算,也能实现题目要求的功能。

【例 2.2】 写出将 ax 中的内容置为 0 的指令,执行后(ax)＝0。

（1）数据传送指令如下：

```
mov ax,0             ;0→ax
```

（2）算术运算指令如下：

```
sub ax,ax            ;减法 (ax)-(ax)→ax
imul ax,ax,0         ;乘法 (ax)*0→ax
```

（3）逻辑运算指令如下：

```
and ax,0             ;逻辑乘 (ax)∧0→ax
xor ax,ax            ;异或 (ax)⊕(ax)→ax
```

（4）移位指令如下：

```
shl ax,16            ;逻辑左移 16 个二进制位
shr ax,16            ;逻辑右移 16 个二进制位
```

当然,还能写出更多的完成这一功能的指令。由此可见,编写程序时所采用的指令是灵活多样的。

对于含有多媒体扩展功能的 CPU,所包含的寄存器在第 15 章至第 17 章中介绍。对于 64 位的 CPU(x86-64、x64)所包含的通用寄存器将在第 18 章中介绍。

2.4　标志寄存器

标志寄存器用来保存在一条指令执行之后,CPU 所处状态的信息及运算的结果。x86 微

处理器在 16 位 CPU 中的标志寄存器是 16 位的,称为 flags;在 32 位 CPU 中的标志寄存器是 32 位的,称为 eflags。32 位的 eflags 包含 16 位 flags 的全部标志位且向下兼容,所以,本节将以 32 位的 eflags 为例进行说明。

x86-32 的标志寄存器中各标志位的分布如图 2.4 所示。

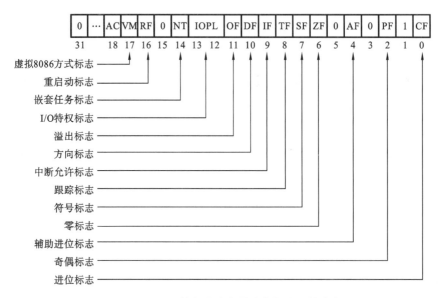

图 2.4 x86-32 的标志寄存器中各标志位的分布

由图 2.4 可看出,第 1、3、5、15 位都未定义,18～31 位正在逐渐被高档的 x86 机使用。除第 1 位总为 1 外,其他未定义位的值总为 0。常用的标志位按作用可分为三类:条件标志位、控制标志位和 32 位标志寄存器扩充的系统标志位。由于 16 位 CPU 中的标志寄存器不包含系统标志位,因此,在实方式下,系统标志位不发挥作用。下面说明图 2.4 中各标志位的功能。

2.4.1 条件标志位

条件标志位是由 CPU 执行完一条指令后根据所得运算结果的特征自动设置的,主要用作条件转移指令是否转移的控制条件。条件标志位有符号标志 SF(sign flag)、零标志 ZF(zero flag)、溢出标志 OF(overflow flag)、进位标志 CF(carry flag)、辅助进位标志 AF(auxiliary carry flag)、奇偶标志 PF(parity flag)。

1. 符号标志 SF

在执行一次运算后,若结果的最高二进制位(the most-significant bit)为 1,则 SF=1,否则 SF=0。

2. 零标志 ZF

若运算结果为 0,则 ZF=1,否则 ZF=0。

3. 溢出标志 OF

当执行一条加法指令时,例如 add ah,al,如果执行前(ah)的最高二进制位(最高位是第 7

位,最低位是第 0 位)与(al)的最高位相同(如都是 1),而运算结果的最高位与它们相反(如都是 0),则 OF=1。当然,如果结果的最高位与原来两个加数的最高位相同,则 OF=0。如果执行前(ah)的最高位与(al)的最高位不相同(一个是 0,另一个是 1),不论结果的最高位是什么,OF=0。

在理解这一标志位的设置方法时,可以将参与运算的数和结果都理解为有符号数。执行一条加法指令 add 时,两个加数的最高位不同,则将两个数视为一正一负,不论结果是正是负,都不会溢出,OF=0;只有两个加数都是正数或者都是负数,相加之后,结果变成负数和正数,才会溢出,OF=1。值得注意的是,add 指令没有区分加数是有符号数还是无符号数,数的最高位与后面的二进制位一样参与运算。

对于减法运算,如果被减数的最高二进制位与减数的最高二进制位相反,且所得到的差的最高二进制位与被减数的最高二进制位相反,则 OF=1。其他情况下,OF=0。直观的解释是一个正数减一个正数,或者一个负数减一个负数,不论结果是正是负,都不会溢出,OF=0。只有一个正数减去一个负数且结果为负数时才溢出,或者一个负数减去一个正数且结果为正数时才溢出,OF=1。

4. 进位标志 CF

计算机在执行加法等运算时,整个数的所有二进制位都参与运算,如果从最高位再向前面产生进位(加法运算)或借位(减法运算),则 CF 置 1,否则置 0。

除了算术运算指令、位操作指令等会改变 CF 外,还有专门的指令来改变 CF。

例如,指令 stc(set carry)执行后,CF=1。指令 clc(clear carry)执行后,CF=0。指令 cmc(complement carry)执行后,进位标志位取反。

5. 辅助进位标志 AF

辅助进位标志的置位原则与进位标志的相同,只不过这里的进位和借位是指在执行字节运算时低半字节向高半字节的进位和借位,即在执行字节运算时,如果第 3 位向第 4 位进位(加法)或借位(减法),则 AF=1,否则 AF=0。这个标志主要用于压缩的和非压缩的 BCD 码的加减法运算中。

6. 奇偶标志 PF

当运算结果最低有效字节(least significant byte)中 1 的个数为偶数或 0 时,PF 置 1,否则置 0。该标志位主要用于检测数据在传输过程中可能产生的错误。

【例 2.3】　设(al)=01000000B,(ah)=01111111B,执行 add ah,al 后,(ah)中的值是多少? 标志位 SF、OF、ZF、CF 各是多少?

执行 add ah,al 后,(ah)=10111111B。

标志位的设置结果如下。

SF=1,因为(ah)的最高二进制位为 1。

OF=1,两个加数的最高位都为 0,而运算结果的最高位为 1,溢出。

ZF=0,运算结果不为 0。

CF=0,没有进位。

注意:CPU 会按一定的规则来设置标志位的值,但这些标志位的值如何使用,取决于程序员在之后所使用的指令。程序员可以不理睬这些标志位,也可以根据需要判断某一个或多个标志位的值来决定下一步的工作。对于例 2.3 而言,将二进制数翻译成十进制数,01000000B=64,01111111B=127;将它们视为无符号数,相加结果为 191,即 10111111B,此时,程序员应判断 CF,若 CF=0,则无符号数的运算结果在正常范围内。将它们视为有符号数,10111111B 表示为一个负数即−65,出现了正数相加结果为负的情况,程序员应判断 OF,若 OF=1,则超出了正常有符号数的范围,发生了溢出。CPU 执行 add 指令时,并不区分是有符号数还是无符号数。

【例 2.4】 设有如下程序段,执行该程序段后,(ah)中的值是多少? 标志位 SF、OF、ZF、CF 各是多少?

```
mov al, -1010111B
mov ah, -0110101B
add ah, al
```

对于一个负数−1010111B,转换成其补码表示为 10101001B,因此执行“mov al,−1010111B”后,(al)=10101001B。

类似地,执行“mov ah,−0110101B”后,(ah)=11001011B。

在执行“add ah,al”指令后,(ah)=01110100B,SF=0,OF=1,CF=1,ZF=0。

注意:mov 指令不改变标志位,在执行 mov 指令前标志位的值是多少,在执行 mov 指令后保持不变。

2.4.2 控制标志位

控制标志位包含方向标志 DF、中断允许标志 IF、跟踪标志 TF。

1. 方向标志 DF

x86 微处理器提供了串操作指令,给宏汇编语言程序设计带来了很大方便。由于对数据串的操作存在正向处理和反向处理两种,所以方向标志的设置能使用户自由地控制处理方向。当置 DF 为 0 时,说明是正向(即从低地址向高地址)处理数据串;反之,是反向(即从高地址向低地址)处理数据串。关于方向标志 DF 的使用方法将在第 9 章中介绍。

2. 中断允许标志 IF

当 IF 置 1 时,则说明 CPU 开中断,即 CPU 响应外设的中断请求;否则,CPU 关中断,即屏蔽中断请求。该标志可通过指令置位和清 0。关于中断的概念将在第 12 章中介绍。

3. 跟踪标志 TF

当 TF 置 1 时,CPU 处于单步工作方式,即每执行完一条指令后,CPU 自动产生一个类型为 1 的中断,使程序单步执行。单步工作方式是调试程序时的一种很重要的方法,它能仔细地跟踪一个程序具体的执行过程,检查每一步运行的结果,确定出错误所在的位置。如果 TF=0,则 CPU 处于连续工作方式。

2.4.3　系统标志位

系统标志位为 32 位 CPU 在 16 位标志寄存器的基础上扩充的标志位。它包含 I/O 特权标志 IOPL(第 12、13 位)、嵌套任务标志 NT(第 14 位)、重启动标志 RF(第 16 位)、虚拟 8086 方式标志 VM(第 17 位)。除此之外,在 x86 的高档机中,还有对准检查方式 AC(第 18 位)、虚拟中断标志 VIF(第 19 位)、虚拟中断挂起标志 VIP(第 20 位)、标识标志 ID(第 21 位)等。下面仅简述常用的标志位。

1. I/O 特权标志 IOPL

IOPL 共占 2 位,它指定了要求执行 I/O 指令的特权级。如果 CPU 当前的特权级等于或高于 IOPL,则能够执行 I/O 指令,否则会产生一个保护异常。

2. 嵌套任务标志 NT

嵌套任务标志位主要控制中断返回指令的执行。当 NT 置 1 时,表示 CPU 当前执行的任务嵌套在另一个任务中,待执行完该任务时,应返回原来的任务中;否则,按堆栈中保存的断点返回。

3. 重启动标志 RF

该标志位与系统调试寄存器一起使用,以确定是否接受调试故障。当每一条指令成功执行时,CPU 将 RF 清 0。若 RF 置 1 时,下一条指令的所有调试故障将被忽略,否则接受调试故障。

4. 虚拟 8086 方式标志 VM

当 VM 置 1 时,说明 CPU 在虚拟 8086 方式下工作,否则在保护方式下工作。

2.5　指令预取部件和指令译码部件

指令预取部件可通过总线接口部件把要执行的指令从主存中取出,送入指令排队机构中排队。指令译码部件用来从指令预取部件中读取指令并译码,再送入译码指令队列排队供执行部件使用。

执行部件取出指令执行后,使译码指令队列有了空闲单元,这时,指令译码部件就会从指令预取部件中再读出指令并译码,指令预取部件也在不断地向总线接口部件发出取指令的请求,如果总线接口部件处于空闲状态,就会响应此请求,从主存中取指令填充指令预取队列的空闲单元。由于这三个部件可将指令的提取、译码与执行重叠进行,形成了指令流水线,大大提高了指令的执行速度。

在读取指令时,要用到一个很重要的寄存器——指令指示器,它总是保存着下一条将要被 CPU 执行的指令的偏移地址(EA),其值为该指令到所在段首址的字节距离。由于存在指令预取排队机构,因此,也可认为指令指示器总是保存着下一条将要取出指令的偏移地址。在 16 位代码段中,指令指示器也为 16 位,称为 IP,可表示 64 KB 的偏移地址;在 32 位代码段中,指令指示器为 32 位,称为 EIP,可表示 4 GB 的偏移地址,如图 2.5 所示。在目标程序运行时,IP/EIP 的内容由微处理器硬件自动设置,不能供程序直接访问,但有些指令却可使其改变,如转移指令、子程序调用指令等。在 64 位代码段中,使用的指令指针是 64 位寄存器 RIP。

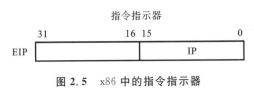

图 2.5　x86 中的指令指示器

2.6　分段部件和分页部件

　　分段是一种内存管理模式。在 C 语言学习中,也未接触到计算机内存的这种管理模式,为什么分段呢?

　　第一,在计算机系统中同时有多个程序在运行,每个程序都会占据一定的空间,有起始地址也有终止地址。如果一个程序访问的地址不在本程序所在的空间范围内(数组越界、指针错误),就会出现失控的状态,因为一个正常程序中的数据被另一个程序莫名其妙地修改,导致运行结果错误,如何从那个正确的程序中找出错误呢?因此,程序将放在内存的一个或者多个分段,访问时要检查数据是否在本段范围内,若不在,则阻止。段是程序被保护的基本单位。

　　第二,执行程序时需要将代码与数据分开存放,即采用分段机制将代码、数据分别存放在不同的段中,或者一个段的不同位置。在 C 语言程序中,变量的定义语句和其他语句是混写在一起的。人们在阅读程序的时候,能够很容易地将两者区分开来。但是,从计算机世界的角度来看,一切都是 0-1 串。对一个变量分配存储空间,里面要存放着 0-1 串;而对于数据处理指令而言,也要占用一定的空间,指令的编码也是 0-1 串。此时,计算机面对的都是 0-1 串,它如何区分该串是变量中的 0-1 串还是指令的编码 0-1 串?

　　计算机解析这些 0-1 串是在一定的上下文场景下完成的。例如,要取出指令时,就使用指令指示器 EIP,当解析 EIP 所指向的地址空间中的内容时,是将其当成指令来解析的。在解析这条指令后,EIP 要发生变化,使其指向下一条要解析执行的指令。在顺序程序(非转移指令)中,EIP 增加当前指令的长度即可。而在执行转移指令后,EIP 会指向(亦可称为存放)转移到的目的地址。在一条数据处理语句之后,若直接是变量所在的存储空间,则必定会将变量中的内容当成机器指令来解析。解决这一问题的一种办法是在数据处理语句之后、数据定义语句之前增加一条无条件转移指令 jmp,从而绕过为变量分配的空间。对于一般的程序可用这种办法,但是对于递归函数调用,就存在一个回避不了的问题,即同一地址空间中的代码段被多次执行,但该函数中的变量应在每次执行时都分配空间,即一次定义、多次动态分配在不同的空间上。因此,执行程序时需要将代码与数据分开存放,分段机制能够完美解决这一问题。

　　第三,在编写程序或者编译程序时,是无法给指令和数据一个固定的物理地址的。因为操作系统调度该程序运行时会根据当前内存的使用情况和调度策略,将该程序安排在某一段或几段空间上。编写程序时不需要考虑分段的问题,只要给定指令和数据在一个程序内部的相对地址即可。当知道程序被调度时在内存的起始物理地址,由该物理地址和程序内部的相对地址就能够计算出各个单元的物理地址。

分段部件用于将各段二维的逻辑地址转换为一维的线性地址,从而完成从虚拟空间到线性空间的转换,实现了系统与用户、用户与用户之间的隔离与共享。由逻辑地址到物理地址的映射的实现方法将在第3章中介绍。本节主要介绍分段部件中有哪些段寄存器,以及它们与汇编语言程序的关联。而对于C语言程序,数据与指令的分离和分段由编译器完成。

分段部件有6个16位的段寄存器,它们分别是cs(代码段寄存器,code segment register)、ss(堆栈段寄存器,stack segment register)、ds(数据段寄存器,data segment register)、es、fs、gs(附加数据段寄存器)。x86中的段寄存器如图2.6所示。这些寄存器也是内存段的段选择符,即要访问内存中的特定段,该段的选择子必须存在于适当的段寄存器中。

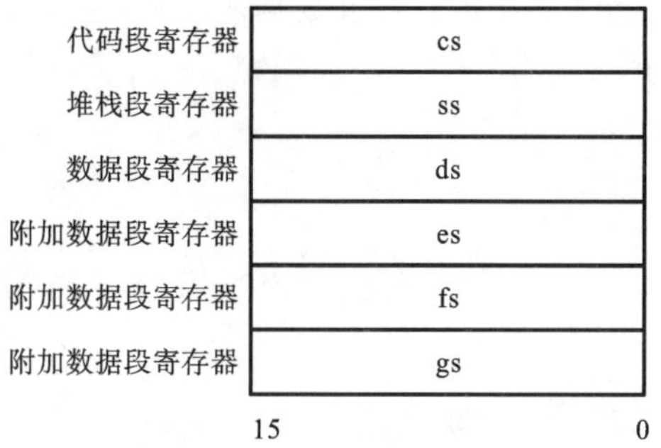

代码段寄存器	cs
堆栈段寄存器	ss
数据段寄存器	ds
附加数据段寄存器	es
附加数据段寄存器	fs
附加数据段寄存器	gs

15   0

图 2.6 x86 中的段寄存器

编写应用程序代码时,程序员通常使用汇编伪指令定义一些段,例如".code"表示代码段,该段的选择子是段寄存器cs。".data"表示数据段,该段的选择子是段寄存器ds,在C语言程序中定义的全局变量就存储在数据段中。".stack"表示堆栈段,该段的选择子是段寄存器ss,C语言程序中定义的局部变量、函数参数就存储在堆栈段中。编译器和其他工具根据段定义的伪指令创建与这些段选择子与段寄存器之间的关系。

处理器使用cs寄存器和eip寄存器的内容组成的逻辑地址从代码段获取指令。eip寄存器中的值是代码段中要执行的下一条指令的偏移地址,即相对于代码段的起始位置的偏移量。cs寄存器不能由应用程序显式加载,即不能写一条含有cs的指令来改变cs。相反,它是通过程序的指令、中断处理或任务切换来隐式地改变。

ds、es、fs和gs寄存器指向四个数据段。采用四个数据段能够对不同类型的数据结构进行有效的和安全的访问。例如创建四个独立的数据段:第一个用于当前模块的数据结构;第二个用于从更高层模块导出的数据,如通过读取fs寄存器指向的内存获得很多与进程和线程相关的信息;第三个用于动态创建的数据结构;第四个用于与另一个程序共享的数据。在访问这些数据段前,应用程序必须根据需要将这些段的段选择器加载到ds、es、fs和gs寄存器。

ss寄存器是堆栈段的段选择器,堆栈段存储了当前正在执行的程序、任务或处理程序中使用的数据。所有的堆栈操作指令(如数据入栈、出栈)都使用ss寄存器来查找堆栈段。与cs寄存器不同,ss寄存器可以显式加载,可允许应用程序设置多个堆栈段并在它们之间切换。

如果说分段部件构造了虚拟存储空间,分页部件则主要用于物理存储器的管理。分页部件的功能是可选的。如果选择分页功能,则该部件将分段部件产生的线性地址按4 KB为一页转换为主存的物理地址,再传送给总线接口部件;如果不选择分页功能,则分段部件产生的线性地址就是物理地址,直接传送给总线接口部件。关于它们的使用及形成物理地址的方式将在第 3 章介绍。

在 64 位 CPU 中,代码、数据和堆栈采用扁平内存管理模式,cs、ds、es 和 ss 指向同一个重叠段,不论相关段的描述符的基址是多少,都将段的基址视为 0。fs 和 gs 比较特殊,可用于访问操作系统管理的数据结构。

此外,为了真正支持多任务并运行大型程序,CPU 采用了软硬件结合的虚拟存储器技术,即将主存与联机辅存(如硬盘)统一管理起来,实现它们之间的动态调度,以提供比计算机系统本身实际物理主存要大得多的存储空间。在 32 位 CPU 中,一个程序最多可包含 16381 个段,每个段的空间可达 4 GB,虚拟存储空间可达 64 TB,即可谓海量存储,程序员编写程序时再也不用考虑计算机物理存储器的实际大小。在程序投入运行时,系统会为每个程序分配一片独立的虚拟存储空间。由于只有主存中的程序和数据才能被访问,所以,在执行某一程序或访问某一数据时,必须将它所在的虚拟存储空间映射到物理存储空间,32 位 CPU 使用分段部件和分页部件来实现这种映射。

2.7　x86 的三种工作方式

从 80386 开始,Intel 公司的 CPU 提供了三种工作方式:实方式、保护方式和保护方式下的虚拟 8086 方式。实方式的操作相当于一个可进行 32 位快速运算的 8086。在保护方式下,80386 充分发挥了它的强大作用:提供了分段、分页存储管理机制,能为每个任务提供一台虚拟处理器,使每个任务单独执行,快速切换。保护方式下的虚拟 8086 方式能同时模拟多个8086 处理器。

如前所述,x86-32 中的 32 位 CPU 全面支持 32 位的数据、指令和寻址方式,提供了三种工作方式:实地址方式、保护方式和保护方式下的虚拟 8086 方式。实地址方式是为了与 16 位的 8086 兼容而保留的工作方式。在计算机上电或复位后,32 位 CPU 首先初始化为实地址方式,再通过实地址方式进入 32 位保护方式。保护方式是 32 位 CPU 固有的工作方式,只有在该方式下,CPU 才能发挥其全部作用。在保护方式下,可通过设置控制标志使 CPU 转入虚拟8086 方式。

1. 实地址方式

在实地址方式(简称实方式)下可以使用 32 位寄存器和 32 位操作数,也可以采用 32 位的寻址方式。但是,此时的 32 位 CPU 与 16 位 CPU 一样,只能寻址 1 MB 物理存储空间,程序段的大小不超过 64 KB,段基址和偏移地址都是 16 位的,这样的段也称 16 位段。

2. 保护方式

在保护方式下,使用 32 位地址线,寻址 4 GB 的物理存储空间,虚拟存储空间可达 64 TB。段基址和段内偏移量都是 32 位的,程序段的大小可达 4 GB,这样的段也称 32 位段。

提供支持多任务的硬件机构,能为每个任务提供一台虚拟处理器来仿真多台处理器,此时,操作系统将 CPU 轮流分配给每台虚拟处理器来执行该空间中的任务,并在各个任务之间来回快速且方便地切换。分段和分页的存储管理功能可对各个任务分配不同的虚拟存储空间,实现执行环境的隔离和保护,对不同的段设立特权级并进行访问权限检查,以防不同的用户程序之间、用户程序与系统程序之间的非法访问和干扰破坏,使操作系统和各应用程序都受到保护。这也是将该工作方式称为保护方式的原因。

3. 虚拟 8086 方式

虚拟 8086 方式是一种在保护方式下运行的类似实方式的工作环境,因此,能充分利用保护方式提供的多任务硬件机构、强大的存储管理和保护能力。例如,多个 8086 程序通过分页存储管理机制,将各自的 1 MB 地址空间映射到 4 GB 物理地址的不同位置,从而共存于主存且并行运行,每个程序就像在自己的 8086 中单独运行一样。CPU 不但能够执行多个虚拟 8086 任务,而且能将虚拟 8086 任务与其他 32 位 CPU 任务一起执行。

综上所述,对于 x86 中的 32 位 CPU,在实方式下执行的是 16 位段的程序(寄存器和数据可以是 32/16 位);在保护方式下都可以对 32 位段和 16 位段的程序单独或混合操作;虚拟 8086 方式可并行执行多个 8086 的 16 位段程序,但由于它与实方式的特权级不同,因此,它还不能代替实方式。

2.8　Intel 公司酷睿微体系结构

酷睿系列是 Intel 公司 CPU 发展的最新成果。在新一代 CPU 中取得了很大进步,本节主要介绍 CPU 中采用的一些新技术。

1. 宽位动态执行

宽位动态执行(wide dynamic execution)包括超宽的解码单元和强化的指令预取能力两个方面。

NetBurst 架构效率低下有两大原因:一是流水线过长,另一"元凶"则是通用解码器效率不高。在 CPU 内部,一个指令被送到运算单元执行以前,必须先经过解码器进行解码,也就是把长度不一的 x86 指令分解为多个固定长度的微指令。解码效率的高低对程序的运行速度有着重要影响。

CPU 解码器面对的指令要么是简单指令,要么是复杂指令。按照"简单—复杂"的原则,CPU 解码器可以设计成两种类型:一种对应简单指令,我们称之为简单指令解码器;另一种对应复杂指令,我们称之为复杂指令解码器。长期以来,x86 处理器的解码器都采用了"简单—复杂"的专用体系,比如 P6/Pentium M、AMD K7/K8 等架构。以经典的 P6 架构(注:Pentium Pro、Pentium II 和 Pentium III 都采用 P6 架构)为例,该架构的指令解码器由一个复杂指令解码器和两个简单指令解码器构成,每个时钟周期可同时处理三个指令,其中复杂指令解码器最多对包含四个微指令的复杂指令进行解码处理,如果"不幸"遇到更复杂的指令,解码器就必须呼叫微码循序器,通过它把复杂指令分解成多个微指令系列进行处理。

在 NetBurst 架构中,Intel 公司取消了区分解码器的简单指令与复杂指令,每个解码器都能处理简单指令和复杂指令,这在处理动态指令较多的应用时,解码器能够发挥较好的作用,但当遇到简单指令较多的应用时,解码器的效率反而不高。为了解决这一问题,在设计 Core 架构时,Intel 公司除了将流水线的长度从 Prescott 时代的 31 级缩短至 14 级,还让解码器回归到传统的"简单—复杂"专用体系,但与 P6/Pentium M 不同的是,Core 架构的解码器数量被提升至四个,其中复杂解码器仍为一个,但简单解码器增至三个。由于 x86 指令系统复杂,Core 架构中四个解码器已经是一种突破,因此,想再增加解码器的数量,特别是增加复杂解码器的数量比较困难。在 x86 程序中,复杂指令虽然只占据了程序数量 20% 的比重,但它却要花费 CPU 80% 的运算资源。因此,解码效率要有跨越式的提升,还需要其他手段进行辅助。为此,Core 架构在继承 P6/Pentium M 的微操作融合(micro-op fusion)技术(该技术把多个解码后具有相似点的微指令融合为一个,减少了微指令的数量,从而提高了 CPU 的工作效率)的基础上,还创造性地引入了宏操作融合(macro-op fusion)技术。宏操作融合技术的巧妙之处,就在于它能把比较(compare)和跳跃(jump)语句融合成一条指令,这样一来,复杂指令解码器就间接拥有了同时处理两条指令的能力。在最优化情况下,Core 架构在一个周期内最多可以对 5 条指令同时解码,解码效率有了实质性提升。

好马还要配好鞍。解码效率的提升,必然要求预取单元供给充足数量的指令。Core 架构也充分认识到了这一点,它的指令预取单元每次可以从一级缓存中获得 6 条 x86 指令,由此满足了指令解码器的需求。指令经过译码后,再进行重命名/地址分配、重排序等优化,最后送到调度器中,由调度器分派给运算单元进行处理。

2. 智能功率能力

2006 年后新一代处理器在制程技术上采用了 65 nm 应变硅技术、加入了低 K 栅介质及增加了金属层,相比上一代 90 nm 制程技术,漏电减少为原来的 1/1000。加入了超精细的逻辑控制机能独立开关各运算单元,能智能打开当前需要运行的子系统,而其他部分则处于休眠状态,大幅降低了处理器的功耗及发热。

Core 架构继承了以往 64 位前端总线设计,但在减少前端总线的能源消耗上,它采用了一种巧妙的"手笔"——引入分离式前端总线设计。当前端总线传输的数据并不多时,前端总线只会开启 32 位,另外 32 位暂时处于关闭状态;而当传输数据较多时,传输线路会被全部开启,这有效减少了前端总线的无谓能源消耗。

为了对温度实施更精确的控制,Core 架构在 CPU 内的数个热点放置了数字热量传感器,通过专门的控制电路,CPU 可以精确获知当前的发热量并迅速调整好运作模式。对于笔记本电脑产品,Core 架构提供了 PSI-2 功能,它能实时通知系统现在的耗电状况,以方便对电压进行动态调整。而对于服务器产品,Core 架构则提供了平台环境控制界面功能,系统会根据该功能传回的实际温度调整散热风扇的运作模式。

3. 高级智能高速缓存

在以往的多核心处理器中,每个核心的二级缓存是各自独立的,两个核心之间的数据交换路线也较为冗长,必须通过共享的前端串行总线和北桥来进行数据交换,影响了处理器的工作效率。酷睿采用了共享二级缓存的做法,大幅提高了二级高速缓存的命中率,从而减少了通过前端串行总线和北桥进行外围交换的次数。此外,每个核心都动态支配全部二级高速缓存。当某个内核当前对缓存的利用较低时,另一个内核就动态增加占用二级缓存的比例,甚至当其中的一个内核关闭时,仍保持全部缓存工作状态。另外,也可以根据需求关闭部分缓存来降低功耗。

4. 智能内存访问

智能内存访问(smart memory access)通过缩短内存延迟来优化内存数据访问。Intel 公司的智能内存访问加入了内存消歧的能力,可以对内存读取顺序做出分析,智能地预测和装载下一条指令所需要的数据,这样能够节省处理器的等待时间,同时降低内存读取的延迟,大幅提高了执行程序的效率。

5. 高级数字媒体增强

高级数字媒体增强(advanced digital media boost)的目的是增加每个时钟周期的指令数,提高 SIMD 扩展(SSE/SSE2/SSE3)的执行效率。之前的处理器需要两个时钟周期来处理一条完整指令,而 Intel 公司的酷睿微体系结构则拥有 128 位的 SIMD 执行能力,一个时钟周期就能完成一条指令,效率提升明显。

基于以上这些先进的创新特性,Intel 公司的酷睿微体系结构提供了比前代架构更卓越的性能和更高的能效,为服务器、台式机和移动平台带来了振奋人心的消息。

习　题　2

2.1　Intel x86-32 位 CPU 中,有哪些通用的 32 位数据寄存器?

2.2　Intel x86-32 位 CPU 中,有哪些通用的 16 位数据寄存器?

2.3　Intel x86-32 位 CPU 中,有哪些通用的 8 位数据寄存器?

2.4　标志寄存器中的条件标志位有哪几个,各自的置 0 或置 1 的规则是什么?

2.5　已知 8 位二进制数 x1 和 x2 的值,求$[x1]_{补}+[x2]_{补}$,并指出结果的符号,判断是否产生了溢出和进位。

　　(1) x1=+0110011B;x2=+1011010B。

　　(2) x1=−0101001B;x2=−1011101B。

　　(3) x1=+1100101B;x2=−1011101B。

2.6　将下列的带符号数用补码表示。

　　设 n=8　−3H;5BH;−76H;4CH。

　　设 n=16　−69DAH;−3E2DH;1AB6H;−7231H。

2.7　请阐述指令指示器 EIP 的作用。

2.8　在 x86-32 CPU 中,逻辑地址由哪两部分组成? 每个段与段寄存器之间有何对应的要求?

2.9　设有如下程序段:

```
mov eax, 0
mov al, 12H
mov ah, 34H
add eax, 56780000H
and eax, 0FFFF0000H
```

请指出各语句执行后 eax 中的值是多少?

上机实践 2

2.1 编写一个汇编语言源程序,实现习题 2.5 中的功能。

习题 2.5(2) 的程序段如下:

```
mov al, -0101001B
mov ah, -1011101B
add ah, al
```

在反汇编调试窗口,给出各源程序语句对应的汇编语句,正数、负数的补码表示各是什么? 执行 add 指令后,在寄存器窗口观察标志位 ZF、SF、OF、CF 的值各是什么? 寄存器 ah、al 的值各是多少? 比较观察结果与习题 2.5 中的理论分析结果是否一致。若不一致,请找出原因。

2.2 将习题 2.5 中的加法运算改为减法运算,理论分析各语句执行后的结果,然后实验验证理论分析是否正确。若不一致,请找出原因。

第3章 主存储器及数据在计算机内的表示形式

主存储器也称内存,用来存储当前运行的程序和数据。本章介绍存储单元中数据的存放形式,存储单元的物理地址形成,数值数据、字符数据在计算机内的表示形式,以及存储单元的数据类型和相互转换。这些内容是理解程序中数据处理方式的基础。

3.1 主存储器

3.1.1 数据存储的基本形式

内存是用来存储程序和数据的装置。它由许多存储位构成,每一位能记住一个二进制数码 0 或者 1。每 8 个存储位组合成 1 个字节(byte),换句话说,1 个字节由 8 个二进制位组成。相邻的 2 个字节组成 1 个字(word),即 1 个字由 16 个二进制位组成。相邻的 2 个字(连续的 4 个字节)组成 1 个双字(double word),连续的 8 个字节组成 1 个 4 字数据。在 C 语言中,char、short、int、double 分别对应 1 个、2 个、4 个、8 个字节。

为了让 CPU 能够访问到指定的存储单元,就必须给各个存储单元赋予一个唯一的无歧义的编号。x86 微机的内存是按字节编址的,即以字节作为最小寻址单位,每次对内存中单元的存取访问至少是 1 个字节,而不能是 1 个字节中的某一位。内存中的每一个字节存储单元,都被指定一个唯一的编号,称为此单元的物理地址(physical address,PA)。字节的物理地址从 0 开始按自然数顺序编号。在 x86-32 中,地址总线有 32 根,用 32 个二进制位进行编码,地址从 00000000H 开始直到 FFFFFFFFH,内存大小可达到 2^{32} 个字节,即 4 GB。在 x86-64 中,地址总线有 64 根,用 64 个二进制位进行编码,内存大小可达到 2^{64} 个字节。

除了访问字节单元数据外,还可以一次存取访问 2 个字节的数据(字,16 位数据)、4 个字节的数据(双字,32 位数据),或者 8 个字节的数据(4 字,64 位数据)。字由 2 个相邻字节组成,字的地址是 2 个字节地址中较小的那个地址。类似地,双字的地址是 4 个字节地址中的最小值。4 字的地址是连续 8 个字节中最小的字节地址。

存放 1 个字的数据需要 2 个字节。例如字数据 1234H,其高字节内容是 12H,低字节内容是 34H。假设要将该数据存放到地址为 0040FF08H 的单元中,那么这 2 个字节的内容在内存中怎么存放呢?存放双字数据 12345678H 到地址为 0040FF08H 的单元,要占 4 个字节的存储字节,数据又如何摆放呢?

数据存储方式有两种:一种是小端存储(little endian),另一种是大端存储(big endian)。在小端存储方式中,最低地址字节中存放数据的最低字节,最高地址字节中存放数据的最高字节。按照数据由低字节到高字节的顺序依次存放在从低地址到高地址的单元中。大端存储方式正好相反。不同的 CPU 采用的存储方式并不相同。

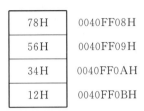

78H	0040FF08H
56H	0040FF09H
34H	0040FF0AH
12H	0040FF0BH

图 3.1　主存储器中数据 存储示意图

Intel x86 系列采用的是小端存储方式。例如,将双字数据 12345678H 存放到地址 0040FF08H 的单元的结果如图 3.1 所示。图的右边是各个字节的地址,左边框中是各字节中存放的内容。

值得注意的是,Intel x86 系列采用小端存储方式是指数据在内存中的存放形式。在 x86 计算机上可运行 Windows、Linux、Solaris、DOS 等多种操作系统,它们在读/写数据文件时,数据文件中采用的数据存放字节顺序可能不同。这是数据文件的读/写问题。数据在网络上传输时,也会出现类似的问题,不同的存储格式需要进行转换。

3.1.2　数据地址的类型及转换

按照图 3.1 从地址 0040FF08H 处开始取 1 个字节的内容 78H,即(0040FF08H)=78H;取 1 个字的内容是(0040FF08H)=5678H;取 1 个双字的内容是(0040FF08H)=12345678H。因此,在访问一个存储单元时,不但要给出单元的地址,而且要指明类型,即是访问 1 个字节、1 个字还是 1 个双字等。

在 C 语言中,同样有类型转换的问题。下面的程序段给出了一个地址类型转换的示例。

```
char a[10]="1234567";
printf("%c %x\n",*(char *)a,*(char *)a);
printf("%d %x\n",*(short *)a,*(short *)a);
printf("%ld %x\n",*(int *)a,*(int *)a);
```

执行该段程序,显示的结果如下:

```
1  31
12849  3231
875770417  34333231
```

其中:3231H 转换成十进制数为 12849;34333231H 转换成十进制数为 875770417。

运行结果分析:对于字符数组 a,它是按照字符串"1234567"从左到右的顺序,从内存的低端到高端依次存放各个字符的 ASCII,即 31H、32H、……、37H,字符串以数字 0 结束。程序中的三条打印语句,都是从 a 的首地址开始读取要打印的数据,只是读取的数据类型不同,分别读取 1 个字节的数据、2 个字节的短整型数据和 4 个字节的长整型数据。a 本身是字符类型的地址,采用(short *)a 将其转换成短整型的地址。

在实际的系统开发中,经常会遇到地址类型转换的问题。例如,开发一个学生信息管理系统,管理信息包括学号、姓名、年龄、身份证号等固定长度的数据类型,也包含有奖惩记录等长度变化较大的信息。如果由固定长度的空间来存放奖惩记录,则空间开销会较大,虽然有的学生的记录内容多,但对于大多数人来讲,这些空间会被浪费。为了节约空间,包括存放在文件或内存中的空间,可以申请一个大块空间,即一个大的字符数组来紧凑地存放这些信息。其中有些数据用固定长度存放,如一个短整型数 2 个字节、一个单精度浮点数 4 个字节等,有些数据用变长存放,如字符串以 0 结束。根据数据存放约定的规则和实际的存放情况,得到各学生信息的起始地址以及其中各项的起始地址,此时用地址类型转换就能读/写各种类型的数据。

另外,需要注意的是地址类型转换与数据类型转换的差别。地址类型转换是指相同单元中的内容用不同的类型来解读,例如,相同的 4 个字节的数据,若以整型来解读会对应出一个整数,若以单精度浮点数来解读,同样的 4 个字节的内容,解读出来又是另一种结果。数据类型转换是指相同的数据采用不同的形式来表达。例如,一个 int 类型的数转换为 float 类型的数,虽然都用 4 个字节来存储,但字节中的内容是不同的。若将一个短整型数变成一个长整型数,或者一个单精度浮点数转换成一个双精度浮点数,则所占的单元字节数会发生变化,存储的结果也不相同。

3.2　数值数据在计算机内的表示形式

在计算机中,数值数据有两种表示法:定点表示法和浮点表示法。浮点表示法比定点表示法所表示的数的范围大、精度高。早期的 x86 CPU 是通用微处理器,它处理的数据小数点位置是固定的,属于定点数;而浮点数的数值运算是由与其配套的浮点部件 x87 FPU 实现的。在后面出现的 CPU 中,所有支持 MMX、SSE 扩展和 Intel AVX 扩展的系统中,都支持单/双精度(32 位/64 位)的浮点数数据类型。浮点数的表示形式在第 14 章中介绍。本节仅介绍整型数据的表示法,可细分为有符号数和无符号数表示法、BCD(binary coded decimal,二进制编码的十进制)码表示法。

3.2.1　有符号数和无符号数表示法

无符号数就是一个普通的二进制数值,其取值范围是 0 至操作数各二进制位全为 1 的最大整数。设一个字节的二进制数为 $b_7 b_6 b_5 b_4 b_3 b_2 b_1 b_0$,其中 $b_i (0 \leqslant i \leqslant 7)$ 为 0 或 1,b_7 为最高二进制位,b_0 为最低二进制位,其对应的无符号十进制数是 $\sum_{i=0}^{7}(b_i * 2^i)$。对于其他长度的数据,如 1 个字(16 个二进制位)、1 个双字(32 个二进制位),计算方法是类似的。无符号数的表示范围如表 3.1 所示。

表 3.1　无符号数的表示范围

n	十进制数表示范围		十六进制数表示范围	
	最大值	最小值	最大值	最小值
8 位	255	0	0FFH	0
16 位	65535	0	0FFFFH	0
32 位	4294967295	0	0FFFFFFFFH	0

有符号数表示有正有负的二进制数值。在计算机中,使用补码来表示一个有符号数。设一个字节的二进制数补码表示为 $b_7 b_6 b_5 b_4 b_3 b_2 b_1 b_0$,若 b_7 为 0,则该数为正数,其值为 $\sum_{i=0}^{6}(b_i * 2^i)$。由此可知,最大的正数是 01111111B,即 +127。当 b_7 为 1 时,表示为负数,其值是 $-\left[2^8 - \sum_{i=0}^{7}(b_i * 2^i) \right]$。因此,当数据为 10000000B 时,对应最小的负数 -128。当数据为

11111111B 时,对应最大的负数 −1。负数的值的另外一种计算方法是先对各二进制位都求反,然后加 1。

$$2^8 - \sum_{i=0}^{7}(b_i * 2^i) = \left\{ \sum_{i=0}^{7}(1-b_i) * 2^i \right\} + 1$$

对于一个十进制的负数,当求其补码表示时,应先求其相反数(即不理睬负号)对应的二进制数,并且按给定的字长表示,高位不足的部分补 0,然后对各二进制位求反,最后加 1 即可。当然,一个正数的补码是其本身的二进制数表示。

下面将字节、字、双字所能表示的有符号数的范围列在表 3.2 中。

表 3.2　有符号数的表示范围

n	十进制数表示范围		二进制数表示范围		补码表示范围	
	最大值	最小值	最大值	最小值	最大值	最小值
8 位	+127	−128	2^7-1	-2^7	7FH	80H
16 位	+32767	−32768	$2^{15}-1$	-2^{15}	7FFFH	8000H
32 位	+2147483647	−2147483648	$2^{31}-1$	-2^{31}	7FFFFFFFH	80000000H

【例 3.1】　设有符号数 M=33,求 M 的 8 位、16 位、32 位补码表示。

解　M 的 8 位补码表示为:[M]补=21H

　　　M 的 16 位补码表示为:[M]补=0021H

　　　M 的 32 位补码表示为:[M]补=00000021H

【例 3.2】　设有符号数 M=−33,求 M 的 8 位、16 位和 32 位补码表示。

解　−33=−21H,其反码表示为 0DEH。一个数和它的反码之和为 0FFH。

M 的 8 位补码表示为:[M]补=0DFH

M 的 16 位补码表示为:[M]补=0FFDFH

M 的 32 位补码表示为:[M]补=0FFFFFFDFH

从以上两例均可看出,M 的 16 位补码实际上是其 8 位补码的符号扩展;M 的 32 位补码是其 16 位补码或 8 位补码的符号扩展。

由此可得出一个很重要的结论:一个二进制数的补码表示中的最高位(即符号位)向左扩展若干位(即符号扩展)后,所得到的仍是该数的补码。

注意:对于无符号数类型的变量,在 C 语言程序中,通过在类型前增加关键字 unsigned 来定义,如 unsigned char、unsigned short、unsigned int。按理来说,给无符号整型变量赋值时,逻辑上赋值运算符右边的表达式不应出现负号。但在写赋值语句时,可以出现负号,例如 unsigned short x=−1,x 中存放的结果用该负数的补码表示,即 0FFFFH,这与 short y=−1 的存放结果是一样的。但是 printf("%d %d\n",x,y);显示的结果是不同的,前者是 65535,后者是−1,即对 0FFFFH 分别解释成无符号数 65535 和有符号数−1。这就表明相同存储单元中的内容会根据定义的类型不同而解释成不同的结果。

3.2.2　BCD 码

BCD(binary coded decimal)码的特点是利用二进制形式来表示十进制数,即用 4 位二进制数(0000B~1001B)表示一位十进制数(0~9),而每 4 位二进制数之间的进位又是十进制的

形式。因此,BCD 码既具有二进制的特点,又具有十进制的特点。例如:

1098＝0001000010011000$_{BCD}$

79＝01111001$_{BCD}$

BCD 码的使用为十进制数在计算机内的表示提供了一种简单而实用的手段,特别是 x86 具有直接处理 BCD 码的指令,更给我们带来了方便。

在 x86 中,根据 BCD 码在存储器中的不同存放方式,又可分为未压缩的 BCD 码和压缩的 BCD 码。未压缩的 BCD 码每个字节只存放一个十进制数字位,而压缩的 BCD 码是在一个字节中存放两个十进制数字位。例如,将十进制数 9781 用压缩的 BCD 码可表示为:

1001011110000001

在主存中的存放形式为:

1 0 0 0 0 0 0 1
1 0 0 1 0 1 1 1

而用未压缩的 BCD 码可表示为:

00001001000001110000100000000001

在主存中的存放形式为:

0 0 0 0 0 0 0 1
0 0 0 0 1 0 0 0
0 0 0 0 0 1 1 1
0 0 0 0 1 0 0 1

3.3　字符数据在计算机内的表示形式

在 x86 中,字符数据的二进制数值表示遵循 ASCII 码标准,用一个字节存放一个字符。为了区别数值数据,程序中的字符数据全部以单引号或双引号引起来。

字符数据的使用给人和计算机交换信息带来了很大方便。例如,当从键盘上敲入字符串 '12ABCD'时,从输入设备处接受的首先是键盘扫描码,当一个键按下时,它产生一个唯一的数值。当然,当一个键被释放时,它也会产生一个唯一的数值,键盘上的每一个键都有两个唯一的数值进行标志。将这些数值都保存在一张表中,通过查表可知晓是哪一个键被敲击,并且可以知道它是被按下还是被释放(如大小写切换键 Caps Lock 的状态)。这些数值在系统中被称为键盘扫描码。在读键盘扫描码后,由键盘中断处理程序或者用户自己编写程序等,将其转换成与之对应的 ASCII 码 31H、32H、41H、42H、43H、44H。

3.4　数据段定义

在汇编语言程序中,通常含有数据段。数据段以".data"开头,到下一个段定义开始时结束。数据段由一系列数据定义伪指令组成。数据段中定义的变量对应于 C 语言程序中的全局变量。

3.4.1 数据定义伪指令

数据定义伪指令的格式如下:

〔变量名〕 数据定义伪指令 表达式 1 〔,表达式 2,……〕

其中:方括号中的内容是可以省略的。如果没有出现变量名,则只分配一片存储空间;数据定义伪指令后,至少出现一个表达式,当有多个表达式时,表达式之间以英文的逗号分隔。

数据定义伪指令有 db、dw、dd、dq、dt、real4、real8、byte、word、dword、qword、sbyte、sword、sdword、sqword、tbyte 等。

db、byte、sbyte:这三条数据定义伪指令都是定义字节类型的变量,每个表达式占 1 个字节。db 和 byte 定义的变量等同于 C 语言中的 unsigned char 类型,而 sbyte 定义的变量等同于 C 语言中的 char 类型。

dw、word、sword:定义字类型的变量,每个表达式占 2 个字节。dw 和 word 是等价的,它们与 sword 之间的异同点与 byte 和 sbyte 是一样的。sword 定义的是有符号字类型变量。

dd、dword、sdword:定义双字类型的变量,每个表达式占 4 个字节。

dq、qword、sqword:定义四字类型的变量,每个表达式占 8 个字节。

dt、tbyte:dt 与 tbyte 等价,定义 10 字节类型的变量,每个表达式占 10 个字节。

real4:定义单精度浮点数类型的变量,每个表达式占 4 个字节。

real8:定义双精度浮点数类型的变量,每个表达式占 8 个字节。

提示:在定义有符号类型和无符号类型的变量时,若其后的表达式相同,则变量对应单元中存储的内容相同。但是在使用控制流伪指令编写程序(参见分支程序设计),由编译器来完成"类似 C 语言"的程序编译时,会生成不同的机器指令。

3.4.2 表达式

数据定义伪指令之后的表达式用于确定变量的初值,所使用的表达式有以下几种形式。

1. 数值表达式

数值表达式是由数值常量、符号常量和一些运算符组成的有意义的式子。单个数值常量,如 10、20H、1010B 等都是一个数值表达式。

符号常量就是用"="或"equ"定义的一个符号。例如,num=10 或者 num equ 10。这等价于 C 语言中的 #define num 10。

注意:符号常量不是变量,不会为其分配空间,它可以出现在程序的任何位置,在编译的时候,若编译器发现一个符号常量,就会用其值来代替。

运算包括算术运算、逻辑运算和关系运算。算术运算有加(+)、减(-)、乘(*)、除(/)、模除(mod)、右移(shr)、左移(shl);逻辑运算有逻辑乘(and)、逻辑加(or)、按位加(xor)和逻辑非(not);关系运算包括相等(eq)、不等(ne)、小于(lt)、大于(gt)、小于等于(le)及大于等于(ge)。

注意:数值表达式在编译后就变成了一个值。在分配的空间中存放的就是编译后的值。

例如 x dw 3 * 3+4 * 4 完全等价于 x dw 25。

2. ASCII 字符串

ASCII 字符串一般只跟在 db 后面。例如：

```
s db 'ABCD'
```

等同于：

```
s db 'A','B','C','D'
```

也等同于：

```
s db 41H, 42H, 43H, 44H
```

当字符串长度小于等于 2 时，可以跟在 dw 后面。当字符串长度小于等于 4 时，可以跟在 dd 后面。但是，单元内的存放结果与拆成 2 个字符或 4 个字符后的存放结果不同。

```
s1 dw '12'        ;存放 32H 31H,相当于字数据 3132H
s2 db '1','2'     ;存放 31H 32H,相当于字数据 3231H
s3 dw '1'         ;存放 31H 00H,相当于字数据 0031H
```

3. 地址表达式

单个变量是一个地址表达式。在程序中出现的标号、定义的子程序名都是地址表达式。它们是存储空间中某个单元的地址的符号表达式。

一个变量名加或减一个数值表达式，得到的仍是地址表达式。地址表达式是取变量的地址参与运算，最后得到另一个单元的地址。

在 32 位段中，变量的地址是 32 位的，因此要出现在 dd 后面。

注意：若表达式是两个变量的差，例如 z dw x－y,z 单元中的内容是变量 x 的地址与变量 y 的地址之差，是两个变量起始地址之间的字节距离。但是，若定义 z dw x+y,则有语法错误。为什么编译器要做这样的规定？类比我们生活中的例子可以找到答案。一个日期减去另一个日期，得到两个日期之间的时间间隔，但两个日期相加则没有意义。一个日期加上或者减去一个时间间隔，得到一个新日期。一个地址加或减一个长度，得到一个新的地址，两个地址之差表示长度。

4. ?

? 表示定义的变量无确定的初值，相当于空间占位。注意，"?"所占的空间长度由数据定义伪指令确定。

5. 重复子句

重复子句的格式如下：

n dup(表达式 { [,表达式] })

其中：n 为重复因子（只能取正整数），它表示 dup 后面圆括号中的内容重复出现 n 次。表达式就是本节介绍的数值表达式、ASCII 字符串、地址表达式、?、重复子句。例如：

x db 3 dup (5)等价于 x db 5,5,5;

y db 3 dup（1，2）等价于 y db 1,2,1,2,1,2；

z db 3 dup(1,2 dup(5))等价于 z db 1,5,5,1,5,5,1,5,5。

在一条数据定义伪指令后面出现多个表达式时,要按从左到右的顺序依次给各个表达式分配空间。先出现的表达式分配在地址小的空间上,后出现的表达式分配在地址大的空间上。

对于数据段中多条数据定义伪指令,也按照从上到下的顺序依次给各个数据定义伪指令分配空间,先出现的伪指令分配在地址小的空间上。

注意:对于字、双字、4 字数据,按照小端存储方式存放。

3.4.3　汇编地址计数器

在编译器对程序进行翻译的时候,利用了汇编地址计数器来记录当前拟使用的存储单元的地址。存储单元可以用来存储数据,也可以用来存储指令。汇编地址计数器的符号为 $,它随着编译的进展不断浮动变化。汇编地址计数器的符号 $ 可出现在表达式中。

设有如下数据段定义:

```
x db 'ABCD'
y dw $ -x
z dw $ -x,$ -x
```

在 y 定义中的表达式出现了 $,即表示 y 的地址。假设 x 的地址是 0x009e4000,则 y 的地址是 0x009e4004,$ － x 的值为 4,是从 $ 出现的位置到变量 x 出现的位置之间的字节距离。

在 z 定义中出现了两个 $,第一个表达式中出现的 $ 表示 z 的地址,即准备分配给 z 的第一个表达式的存储空间的地址,此时 $ ＝0x009e4006,故第一个 $ － x 的值为 6。在分配第一个表达式的空间后,$ 要自增分配单元的长度,此时 $ ＝0x009e4008,故第二个表达式的值为 8。

注意:两个地址之间的差是一个数值表达式,不再具有变量的属性,它可以跟在任何数据定义伪指令之后,只要它的值不超出该数据定义伪指令所要求的数据范围即可。

利用汇编地址计数器,可以很容易由编译器自动计算当前位置到指定变量之间的距离,例如 y 中的值就是变量 x 中字符串的长度。下面给出了另一个例子,使用 $ 计算以 x 为起始地址的缓冲区中字数据的个数。

```
x dw 20,30,40
len=($-x)/2        ;该值为 x 中字数据的个数
```

在数据段中,可以使用置汇编地址计数器伪指令来修改 $ 的值。语句格式如下:

org　数值表达式

该语句的功能是将 $ 置为数值表达式的值。例如:

```
org $+5              ;在上一个变量空间分配后,空出 5 个字节之后再分配给下一个变量
```

此外,在定义某个变量前,可以使用伪指令 even、align 来指定下一个变量的起始地址的对齐特性,这些伪指令的本质是修改 $ 的值。even 是使 $ 变成大于等于原 $ 的最小偶数。align 后面跟 1、2、4、8、16 等数,使得 $ 变成不小于原 $ 且能被 1、2、4、8、16 整除的最小整数。

在代码段编译时,编译器同样使用 $ 来指明指令的存储位置。例如:

```
jmp $ +2
00726B30 EB 00 jmp main+2h (0726B32h)        ;这是上一行语句的反汇编语句
mov eax,1234H
00726B32 B8 34 12 00 00 mov eax,1234h
```

jmp 是无条件跳转指令,它的指令编码长度为 2 个字节。在编译该指令时,$ = 00726B30H,$ +2 为跳转的目的地址。此处的指令无实际意义,只是消耗 CPU 执行程序时的一点点时间。

3.4.4　数据段定义示例

设有如下程序,在反汇编窗口观察数据的存放结果,如图 3.2 所示。

```
.686P
.model flat, stdcall
    ExitProcess proto:dword
    includelib kernel32.lib
.data
    x db 10,20,30
    y dw 10,20,30
    z dd 10,20,30
    u db '12345'
    u_len=5
    p dd x,y
    q db 2 dup (5),3 dup (4)
.stack 200
.code
start:
    invoke ExitProcess, 0
end start
```

调试程序时,在监视窗口输入 &x,可以看到 x 的地址为 0x00FB4000。打开内存窗口,输入地址 0x00FB4000,可看到从该地址开始的一片内存单元的值,如图 3.2 所示。窗口中最左端的一列是单元的地址。右边的部分依次是各个字节单元中的内容。u_len 是符号常量,不是变量,不分配存储空间。

内存 1												▼ □ ×
地址: 0x00FB4000						▼	↻	列: 自动				▼
0x00FB4000	0a 14 1e 0a 00 14 00 1e 00 0a 00 00 00
0x00FB400D	14 00 00 00 1e 00 00 00 31 32 33 34 35
0x00FB401A	00 40 fb 00 03 40 fb 00 05 05 04 04 04
0x00FB4027	00 00 00 00 00 00 00 00 00 00 00 00 00

图 3.2　数据段数据存放结果截图

图 3.3 给出了等价的数据段内存示意图。注意,图 3.3 中未画出 q 的存储示意图,留给读者自己补充。

变量 p 中存放着变量 x 和 y 的地址。在存放地址时,等同于存放一个双字数据,数据的高位字节存放在大地址对应的单元中。

x	0aH	00FB4000H
	14H	
	1eH	
y	0aH	00FB4003H
	00H	
	14H	
	00H	
	1eH	
	00H	
z	0aH	00FB4009H
	00H	
	00H	
	00H	
	14H	00FB400DH
	00H	
	00H	
	00H	

	1eH	00FB4011H
	00H	
	00H	
	00H	
u	31H	00FB4015H
	32H	
	33H	
	34H	
	35H	
p	00H	00FB401AH
	40H	
	0fbH	
	00H	
	03H	00FB401EH
	40H	
	0fbH	
	00H	

图 3.3　等价的数据段内存示意图

说明:以上完整的程序与第 1 章中给出的程序例子的写法有些不同。本例中,没有调用 C 语言的标准库函数,也就不存在加载相应的库函数的问题,不需要让程序的入口点为 main,可用"end 标号/子程序名"设定入口点。当然,也可以套用第 1 章的程序例子来改写程序。

3.5　主存储器分段管理

在第 2.6 节介绍了为什么内存要实行分段管理,本节将介绍如何实现分段管理。

内存管理有两种模型,扁平内存模型和分段内存模型。

在扁平内存模型中,代码、数据、堆栈等全部放在同一个 4 GB 的空间中,如图 3.4 所示。值得注意的是,虽然它们放在同一个空间上,但仍然是分离的,分布在不同的子空间中。各个段寄存器会被加载成指向重叠段的段选择子,指向线性地址空间中的一个重叠段,该段从线性地址空间的地址 0 开始。

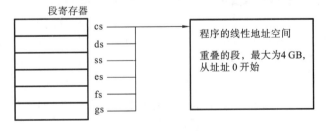

图 3.4　扁平内存模型示意图

注意:不同的段寄存器指向了相同的内存起始地址,但是代码部分、数据部分在段中的偏移地址是不同的。偏移地址,也称有效地址,是指一个存储单元与段开始单元之间的字节距离,也等价于该存储单元的物理地址减去段首单元的物理地址。

在分段内存模型中,每个分段寄存器通常加载不同的分段选择器,以便每个段寄存器指向线性地址空间内的不同段,如图 3.5 所示。因此,程序可以随时访问线性地址空间中的 6 个段。访问段寄存器未指向的段时,程序必须先加载要被访问到段寄存器中的段。

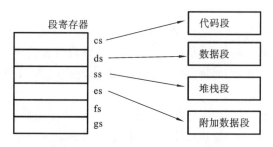

图 3.5　分段内存模型示意图

段寄存器的使用方式取决于操作系统或执行部件正在使用的内存管理模型。

3.6　主存储器物理地址的形成

3.6.1　8086 和 x86-32 实方式下物理地址的形成

在 x86 系列机中,最低档的 CPU 是 8086,它只有 20 根地址线,直接寻址能力为 2^{20} B,也就是说,主存容量可达 1 MB,物理地址编号为 0~0FFFFFH。这样一来,CPU 与存储器的交换信息必须使用 20 位的物理地址。但是,8086 内部却是 16 位结构,它里面与地址有关的寄存器全部都是 16 位的,例如 sp、bp、si、di、ip 等。因此,它只能进行 16 位地址运算,表示 16 位地址,寻找操作数的范围最多也只能是 64 KB。为了能表示 20 位物理地址,8086 的设计人员提出了地址由段寄存器和段内偏移地址组成的方案。设置 4 个段寄存器 cs、ds、ss、es,保存当前可使用段的段首址。如果让各段的段首址都从被 16 整除的地址开始,那么,这些段首址的最低 4 位总是 0;若暂时忽略这些 0,则段首址的高 16 位正好装入一个段寄存器中。访问存储单元时,CPU 根据操作的性质和要求选择某一适当的段寄存器,将其里面的内容左移 4 位,即在最低位后面补入 4 个二进制 0,恢复段首址原来的值,再与本段中某一待访问存储单元的偏移地址相加,则得到该单元的 20 位物理地址,如图 3.6 所示。这样一来,寻找操作数的范围就可达到 1 MB。

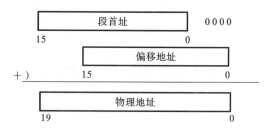

图 3.6　16 位 CPU 中物理地址的形成

由图 3.6 可以看出,段中某一存储单元的地址是用两部分来表示的,即"段首址:偏移地址",我们称它为二维的逻辑地址。编写程序时,采用这种逻辑地址表示法,程序员不用关心程序运行时代码和数据存放的实际物理地址;而代码段中指令之间的位置关系、数据段中变量之间的位置在编译时确定。不论程序放在何处,内部的相对关系保持不变。由运行时确定的段首址以及编译时确定的偏移地址,就能容易得到要访问单元的物理地址。

一个单元的物理地址是唯一的,但是它的二维逻辑地址表达是多样的。假设一个单元的物理地址是 12345H,则可以将其表示为 1234H:05H,即段首址为 1234H,它对应的物理地址为 12340H,05 是该单元在 1234H 这个段中的偏移地址。也可以将该物理地址表示为 1230H:45H 或 1233H:15H 等。

主存的分段使用技术可以让系统很方便地将程序中的代码段、数据段、堆栈段经重定位后,分开存放在不同的存储区域里。尽管 CPU 在某一时刻最多只能同时访问 4 个段,但它并不限制程序中也只能定义 4 个段,用户可以根据自己的要求定义多个代码段、多个数据段和多个堆栈段,如果 CPU 需要访问 4 个段以外的存储区,则只要改变相应段寄存器的内容即可。

随着 x86 系列机的发展,在 Intel 公司推出 32 位 CPU 后,它已能全面支持 32 位的数据、指令和寻址方式,可访问 4 GB 的存储空间。但为了与低档的 8086 兼容,一直保留了主存的分段使用技术并提供了实工作方式。

在实工作方式下,32 位 CPU 与 8086 一样,但是扩充了两个附加数据段寄存器 fs 和 gs。在每一给定时刻,CPU 可同时访问 6 个段。这些当前能被 CPU 访问的段的首地址由分段部件中的 6 个专用段寄存器来给出。

cs:给出当前代码段首址(取指令指针为 IP)。

ss:给出当前堆栈段首址(堆栈指针为 SP)。

ds:给出当前数据段首址。

es、fs、gs:给出当前附加数据段首址。

代码段是程序代码的存储区。指令指针(IP)为下一条将要取出指令的在代码段中的偏移地址。因此,指令物理地址 PA=(cs)左移四位+(IP)。

堆栈段是程序的临时数据存储区。程序中一般都需要用户自己建立堆栈段。在执行子程序调用、系统功能调用、中断处理等操作时,堆栈段是必不可少的。堆栈栈顶数据的偏移地址存放在 SP 中。

栈顶物理地址 PA=(ss)左移四位+(SP)

数据段和附加数据段是程序中所使用的数据存储区。一般情况下,程序中不需要定义附加数据段,如果必须定义附加数据段,在数据量不太大时,最简单的方法是让附加数据段和数据段重合,即将它们设置成一个段。需要在数据段中读/写数据时,

数据的物理地址 PA=(ds 或 es、fs、gs)左移四位+16 位偏移地址

其中,数据的偏移地址由寻址方式确定。

应注意以下几个问题。

(1)程序中每段的大小可根据实际需要而定,但必须≤64 KB,每个段在主存中的具体位置由操作系统进行分配。

(2)分段并不是唯一的,对于一片具体的存储单元来说,它可以属于一个段,也可同时属于几个段。换言之,ds、ss、cs 等段寄存器中的值可以相等。

(3)在汇编源程序中,通过一些指令将数据段首地址置入 ds 或 es、fs 和 gs 中才可使用,

而 cs、ss 的初值由操作系统设置。

（4）段寄存器中的值在程序运行的过程中可以改变。

（5）段寄存器只指明了段从何处开始，并未指明到何处结束。

（6）一个存储单元有多个逻辑地址，即它同时属于多个段，只是在各段中的偏移地址不同。

3.6.2　保护方式下物理地址的形成

在保护方式下，由于使用了 32 位地址线，可寻址 4 GB 的物理存储空间，程序段的大小可达 4 GB，段基址和段内偏移地址也是 32 位的。表面上看，由于有了 32 位的寄存器，无需再像8086 那样，由两个 16 位寄存器来"合成"一个 20 位的地址，而直接由一个 32 位的寄存器来确定地址。但是在保护模式下，出现了新的需要考虑的问题，即系统中有多个程序（任务）在同时运行，需要实施执行环境的隔离和保护，并进行调用权限的检查，防止不同程序之间的干扰和破坏，否则，在一个任务中越界修改另一个任务中的内容，对第二个任务就会造成不可预知的后果。因此，在保护方式下依然采用分段技术，将各个分段作为保护对象，采用描述符来记录一个分段的信息。保护方式下的物理地址形成的方式与 8086 和实方式下物理地址形成的方式完全不同。为了方便大家的理解，在介绍保护方式下物理地址的形成方式之前，先介绍相关的知识。

1. 特权级

x86 在保护方式下建立了 4 个特权级，特权级由高到低分别为 0 级、1 级、2 级和 3 级。程序中的每个段都有一个特权级。任何时候，CPU 总是在一个特权级上运行，称为当前特权级，该特权级一般与 CPU 正在执行的代码段的特权级相同。x86 的保护规则为：被访问段的特权级应等于或低于当前特权级。例如，某操作系统的数据在特权级为 0 级的段中，那么在特权级为 3 级上运行的应用程序就不能访问该数据，否则系统会出现一个保护异常，防止了用户程序对操作系统的非法访问和破坏，使操作系统受到保护。系统中不同程序的特权级分配如图3.7所示。

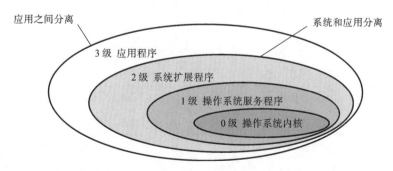

图 3.7　系统特权级分配示意图

2. 描述符

在保护方式下，有关段的信息远比实地址方式复杂得多。一个分段作为被保护的对象，需要知道段是从什么位置开始的(段基地址)、段到什么位置结束。换言之,段有多大(段界限),此外还有段的类型、特权级、是否被执行过、是否能被读/写等。x86 将它们集中在一起,用四个字来记录,这就是描述符。

根据段的用途可分为存储段、系统段和控制段。存储段就是一般应用程序的代码段、数据段;系统段用于实现存储管理机制;控制段主要用于任务切换、特权变换、中断异常处理等。在保护方式下,每一个段都有一个描述符。按不同的描述对象可分为存储段描述符、系统段描述符和控制段描述符。描述符的通用结构如图 3.8 所示。

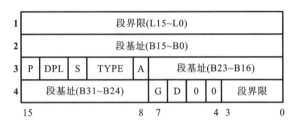

图 3.8　描述符的通用结构

从图 3.8 中可看出,一个段描述符指出了段的 32 位段基址(如果不使用分页管理机制,则该基址就是段在主存中的物理地址)和 20 位的段界限(段长度)。

段描述符中的第三个字的高字节描述了段的性质及其当前的使用情况。

P:存在位(第 15 位)。P=1,说明该描述符所对应的段已在主存中;P=0,说明该描述符所对应的段还在磁盘上未读入,此时,使用该描述符转换的地址无效且会引起异常。

DPL:即 descriptor privilege level,记录了该描述符所对应的段的特权级(第 14~13 位)。

S:用于记录段的类型(第 12 位)。S=1,表示用户程序的代码段、数据段或堆栈段的描述符;S=0,表示系统段的描述符。

TYPE:用于记录存储段的具体属性。共有 3 位(第 11~9 位)。其中,第 11 位 E 描述了该段是否为可执行段。E=0 表示该段为不可执行段,是数据段或堆栈段;E=1 表示该段为可执行段,即为代码段。在两种不同类型的段时,另两位(第 10~9 位)所描述的内容是不同的,具体内容请参见表 3.3。

表 3.3　TYPE 中各位描述的内容

TYPE		第 11 位 E	
		E=0 时	E=1 时
		段为数据段或堆栈段	所描述的段为代码段
第 10 位	0	所描述的段为数据段	段不可供特权级≤PDL 的程序调用或转入
	1	所描述的段为堆栈段	段可供特权级≤PDL 的程序调用或转入
第 9 位	0	该数据段不能写	该段只能执行,不能读取
	1	数据段或堆栈段能读/写	该段既能执行,又能读取

A:已访问位(第 8 位)。A=0,说明该段未被访问过;A=1,说明该段已被访问过,此时,选择符已被装入段寄存器中。该位的设立方便了系统对段使用情况的监控。

第四个字中的第 7~4 位所描述的信息如下。

G:粒度位(第 7 位)。G=0,说明段长度的计量单位为字节;G=1,说明段长度的计量单位为页,1 页为 4 KB。

D:在代码段中,D＝0,说明是使用 16 位操作数和 16 位有效地址;D＝1,说明是使用 32 位操作数和 32 位有效地址。在数据段中,D＝0,说明堆栈使用 SP 作为指针,且界限值为 0FFFFH;D＝1,说明堆栈使用 ESP 作为指针,且界限值为 0FFFFFFFFH。

剩下的两位为保留位和系统专用位。

3. 描述符表

描述符表是描述符的集合。一个描述符表最大可为 64 KB,可存放 8096 个描述符。x86 有三种描述符表:局部描述符表、全局描述符表和中断描述符表。

(1) 局部描述符表。

对于计算机执行的每个程序,系统都为之建立一个局部描述符表(local descriptor table,LDT),用于记录该程序中各段的有关信息。由于每个程序都有各自的 LDT,使用各自的代码和数据,加上各段特权级的检查、段长度的限制,从而实现各程序之间的隔离。

(2) 全局描述符表。

全局描述符表(global descriptor table,GDT)包含系统中所有任务使用的描述符。其中还包含描述每个局部描述符表的有关信息,如局部描述符表的起始基地址、表长度等。

(3) 中断描述符表。

中断描述符表(interrupt descriptor table,IDT)包含指向多达 256 个中断服务程序位置的描述符。

4. 段选择符和描述符寄存器

在保护方式下,段寄存器保存的不再是段的开始地址,而是指出了从该任务描述符表中选择此段描述符的方式。这时,段寄存器中的内容为:

段选择符	TI	特权级
15	4 3	1　　0

其中:TI 为该选择符所指示的描述符表的类型。TI＝0,表示要从全局描述符表中选择描述符;TI＝1,表示要从局部描述符表中选择描述符。特权级为请求访问该段的特权级别,用于特权级的检查。段选择符指出了该段描述符在描述符表中的位置,因为一个描述符表可存放 8096 个描述符,序号从 0 到 8095,因此,段选择符要用 13 位二进制表示。

在保护方式下,为了真正支持多任务并运行大型程序,x86 采用了软硬件结合的虚拟存储器技术,虚拟存储空间可达 64 TB,可谓海量存储空间。这时,程序员编写的程序仍然采用逻辑地址“段寄存器:偏移地址”,但在运行时,每个程序都存储在各自的虚拟存储空间中。由于只有主存中的程序和数据才能被访问,因此,为了得到它们的物理地址,必须将它们所在的虚拟存储空间映射到物理空间,即根据段寄存器的选择符到描述符表中查找描述符。如果 CPU 每次都因此而访问主存中的描述符,势必降低了系统的运行效率。为了解决这一问题,x86 为每个段寄存器提供了一个对应的描述符高速缓冲寄存器。每当 CPU 把一个段选择符装入段寄存器后,就自动从描述符表中取出该段的描述符装入对应的描述符高速缓冲寄存器中。此后,CPU 对段的访问均直接使用该寄存器中的描述符,而不用再通过总线接口部件访问主存中的描述符表,大大提高了系统的运行速度。由于描述符高速缓冲寄存器为用户不可见的寄存器,因此这里不做详细介绍。

5. 保护方式下物理地址的形成

在保护方式下,要形成物理地址,应经过以下步骤。

(1)根据段寄存器选择符值、TI 及 RPL 值,从局部描述符表中选出描述符,进行段长度溢出、特权级、使用合法性及各种相关属性的检查。如果合格,则将描述符送入对应的描述符高速缓冲寄存器,以后对该段的访问均通过此寄存器进行。

(2)当需要对该段的存储单元进行访问时,则从描述符高速缓冲寄存器中取出段基址,与存放在 EIP/ESP 或某一指示器中的偏移地址相加,形成 32 位的线性地址。

(3)如果不选择分页部件,则上面得到的线性地址即为物理地址;如果选择分页部件,还应该经过分页部件的映射,将线性地址转换为物理地址。

保护方式下物理地址的形成如图 3.9 描述。

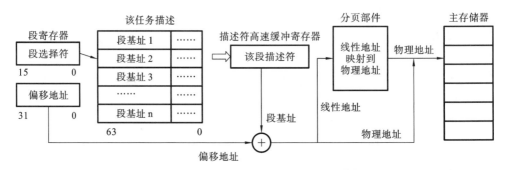

图 3.9 保护方式下物理地址的形成

对使用汇编语言的编程者来说,实方式和保护方式的逻辑地址表达并无多大区别,因为用户既不用处理多任务,也不用关心程序映射到哪一片物理存储区,这都是由操作系统进行管理的。因此在后面的学习中,我们都将以二维逻辑地址"段寄存器:偏移地址"来代替存储单元的地址,而不再讨论具体的物理地址。

提示:计算机的 CPU 如何对内存进行访问控制,如何在地址总线上加载要访问单元的物理地址,内存又是如何对地址进行译码来选中被访问的单元,以及如何将数据传送到数据总线上或者从数据总线上得到数据,都不是本书所关心的内容。这些功能的实现依赖于计算机中的硬件,在计算机组成原理、微机原理等课程中会进行介绍。从汇编语言学习的角度,只需要知道给定一个内存单元的物理地址,就能访问对应存储单元中的数据,要访问一个存储单元,也只需要知道其物理地址即可。

习 题 3

3.1 内存的最小寻址单位是什么?

3.2 内存的物理地址编址有何规律?

3.3 内存中一个字数据的物理地址是什么?双字数据的物理地址又是什么?

3.4 字数据和双字数据在内存中是如何存放的?

3.5 32 根地址总线对应的最大内存容量是多少?

3.6　实方式下,物理地址是如何形成的?

3.7　内存单元的逻辑地址由什么组成?

3.8　实方式下,设(DS)=1234H,该段中有一个变量的偏移地址是 0012H,则该单元的物理地址是多少?

3.9　实方式下,设(DS)=1234H,(SS)=1235H,(SP)=0100H。SP 指向的单元相对于数据段而言,偏移地址是多少?

3.10　保护方式的内存分段模式下,物理地址是如何形成的?

3.11　访问一个存储单元时,需要明确给定哪些信息?

3.12　什么是地址类型转换?什么是数据类型转换?

3.13　设有如下数据段,请画出数据在内存中的存放示意图。

```
.data
str1      db 0,1,2,3,4,5
str2      db '012345'
numw      dw 10H,-10H
numdw     dd 1234H,11223344H
```

3.14　设有如下数据段,请画出数据在内存中的存放示意图。

```
.data
x   db 10H,20H,-1,5
len=$ -x
y   db len dup(0)
z   dw $ -x
```

3.15　设有如下数据段,请画出数据在内存中的存放示意图。

```
.data
x   db 0AH,0DH,'Good',0
    dw 10,20
y   db 0AH,0DH,'Hello',0
    dw 10H,20H
p   dd x,y     ;假设 x 的地址是 009E4000H
```

3.16　设以下各数均为有符号数的补码表示,请比较它们的大小:
345H 与 0A987H(16 位数);80H 与 41H(8 位数);8000H 与 0A987H(16 位数);71H 与 41H(8 位数)。

3.17　如果将习题 3.16 中的各对数均看成无符号数,请再比较它们的大小。

3.18　将下列十进制数分别用非压缩的 BCD 码和压缩的 BCD 码表示,请画出它们在存储单元中的存放形式。
0985;　5678;　8123

3.19　编写程序时,使用符号常量比使用数值常量有什么优势?

上机实践 3

3.1　设有如下 C 语言程序段:

```
char a[15]="1234567890abc";
printf("%c %x\n",*(char *)(a+2),*(char *)(a+2));
printf("%d %x\n",*(short *)(a+2),*(short *)(a+2));
printf("%ld %x\n",*(int *)(a+2),*(int *)(a+2));
printf("%s\n",a+2);
*(short *)(a+4)=16709;
printf("%s\n", a+2);
*(int*)(a+4)=16709;
printf("%s\n", a+2);
```

请用所学理论分析执行各语句后,程序显示和数组 a 中的变化。实验验证理论分析是否正确。

3.2 将习题 3.13 中的数据段放在一个汇编语言源程序中,编译链接生成执行程序后进行调试,记录看到的数据段的存放结果,与习题 3.8 的结果进行比较,若不一致,请找出原因。

3.3 请指出上机实践 3.2 中各个变量的地址是多少?分析各变量的地址之间有何规律。

3.4 有如下 C 语言程序,请指出程序的运行结果是什么?调试时,在内存窗口观察变量 x 和 y 中存储的信息是什么?

```
#include <stdio.h>
int main(int argc, char* argv[])
{
    int x=-1;
    unsigned int y=-1;
    if (x>0) printf("x is positive\n");
    if (y>0) printf("y is positive\n");
    return 0;
}
```

3.5 执行如下程序,请解释看到的运行结果。在内存窗口观察变量 x、y、z 中存放的数据,并指出三个变量中分别存放的具体值。

```
#include <stdio.h>
int main(int argc, char*argv[])
{
    float x=1.25
    int y,z;
    y=*(int*)&x;
    z=x;
    printf("%d  %d  %x  %x  \n",y,z,y,z);
    return 0;
}
```

第4章 寻址方式

通常一条机器指令要指明两个方面的信息：一是进行什么操作，二是用什么方式得到操作数。如何对指令中的地址字段进行解释，以获得操作数据的方法或获得程序转移地址的方法称为寻址方式。寻址方式指出了计算操作数地址的方法。熟悉并灵活地应用机器所采用的各种寻址方式，对汇编语言程序设计至关重要。本章主要介绍 x86-32 指令系统中的寻址方式。在学习寻址方式时，应与 C 语言中的简单类型的变量、数组、指针、结构变量的访问方式进行类比，理解它们之间的共同点和差异点，以便在编写程序时更灵活地对变量所在的空间进行访问。

4.1 寻址方式概述

一条指令主要包含以下几个方面的内容。

1. 执行什么操作

由指令助记符回答这一问题。如 mov 表示数据传送（将 mov 称为数据拷贝更恰当，源操作数地址单元中的内容在传送后保持不变），add 表示加法，mul 表示乘法等。

2. 操作数在哪

$$操作数的存放位置\begin{cases}CPU\ 的寄存器中,寄存器名是一个符号地址\\内存中,内存存储单元的地址表达\\I/O\ 设备的端口中\end{cases}$$

当操作数在内存中时，就要关注内存存储单元的物理地址是如何形成的，即使用的段寄存器是什么，在段内的偏移地址（亦称有效地址）是什么。

3. 操作数的类型是什么

当操作数在 CPU 的寄存器中时，寄存器的名字就决定了其类型。例如 eax 是 32 位的寄存器，是双字类型；ax 是 16 位的寄存器，是字类型；ah 是 8 位的寄存器，是字节类型。

当操作数在内存中时，给定一个存储单元的地址后，还要进一步明确从该地址开始是取 1 个字节数据、1 个字数据还是 1 个双字数据。对于含有变量的地址表达式，其类型为变量的类型。使用 db、dw、dd 定义的变量的类型分别为字节、字、双字。地址类型决定了从同一地址开始所访问的数据的长度（字节数）。对于数值常量，如数值 0，本身是没有类型的，因为 1 个字节的 0、2 个字节的 0、4 个字节的 0 的写法没有任何差别。

x86 的寻址方式共有 6 种，分别是立即寻址、寄存器寻址、直接寻址、寄存器间接寻址、变址寻址、基址加变址寻址。这 6 种寻址方式分成 3 类。

（1）立即寻址,操作数是一个常数,该数的编码在指令中。

（2）寄存器寻址,操作数在 CPU 的一个寄存器中,该寄存器的编码在指令中。

（3）存储器寻址方式,操作数在内存的一个单元中,它有 4 种寻址方式。

$$
\text{存储器寻址方式}
\begin{cases}
\text{直接寻址} & \text{类似于 C 语言中的单个变量的访问} \\
\text{寄存器间接寻址} & \text{类似于 C 语言中的指针变量的访问} \\
\text{变址寻址} & \text{类似于 C 语言中的一维数组的访问} \\
\text{基址加变址寻址} & \text{类似于 C 语言中的二维数组的访问}
\end{cases}
$$

x86 的一些指令后面无操作数,但它有固定的操作对象,例如 pushad,将 8 个 32 位的通用寄存器压入栈中;有些指令后有一个操作数,例如 inc eax,(eax)＋1→eax;有些指令后有两个操作数。双操作数的指令格式如下。

操作符 opd,ops

其中:opd 表示目的操作数的寻址方式;ops 表示源操作数的寻址方式。目的操作数的地址一般用来存放结果。

例如"add eax,edx",其功能为(eax)＋(edx)→eax,即将寄存器 eax 和 edx 中的值相加,其结果存放在 eax 中。

在双操作数的指令中,一般有如下规则。

（1）源操作数和目的操作数不能同时使用存储器寻址方式。

（2）立即寻址不能作为目的操作数的寻址方式,即 opd 不能是一个常数值。

（3）若 opd、ops 的数据类型都明确,则两者必须相同;当 opd 或 ops 为寄存器时,其类型是明确的;当 opd 或 ops 中含有变量时,其类型就是变量定义时的类型。

（4）opd、ops 的数据类型不能都不明确。

当两个数据类型都不明确时,需要使用 byte ptr、word ptr、dword ptr 等让一个地址的类型明确。在地址类型明确的情况下,这些类型运算符可用来实现强制地址类型转换,即将一个明确的地址类型转换成指定的类型。当 opd、ops 中只有一个操作数的类型明确时,则另一个操作数自动地按明确的类型转换。

下面将详细介绍 6 种寻址方式。

4.2　立　即　寻　址

立即寻址方式所提供的操作数是紧跟在指令操作码后面的一个可用 8 位、16 位或 32 位二进制补码表示的有符号数,构成指令的一部分,位于代码段中。也就是说,操作数的存放地址就是指令操作码的下一单元,计算 PA 时使用的段寄存器是 cs,而 EA 来自指令指示器 IP/EIP 中的内容。

立即寻址在指令中的使用格式为:n

立即寻址的功能:指令最后一部分单元中的内容为操作数,即

操作码及目的寻址方式码
立即操作数 n

其中:n 也称立即操作数,占用 1 个、2 个或者 4 个字节的存储单元,占用的字节数由指令指明

的操作数类型确定。在指令语句中,操作数 n 只能是常数或结果为确定值的表达式,且只能做源操作数。

【**例 4.1**】 mov eax,12H

其中:目的操作数使用的是寄存器寻址方式,执行后(eax)=00000012H。该指令机器码为 B8 12 00 00 00。00000012H 直接出现在机器指令的编码中。

【**例 4.2**】 mov eax,−12H

以上指令执行后,(eax)中存放的内容是 FFFFFFEE。为了表明这是一个十六进制数,在编写指令和表示某一单元中的内容时,在以字母 A~F 开头的十六进制数前面加一个 0,以便区分它不是一个标识符(即程序中定义的变量、标号名、子程序名等)。同时,在数−12 结束处加 H 表示为十六进制。

根据上述约定,(eax)=0FFFFFFEEH,这是−12H 的 32 位的补码表示。该指令机器码为 B8 EE FF FF FF。

mov eax,−12H 的等价语句为 mov eax,0FFFFFFEEH。两者的机器码完全相同。

【**例 4.3**】 mov ax,−12H

该指令的机器码为:66 B8 EE FF,执行后,(ax)=0FFEEH。

【**例 4.4**】 mov al,−12H

该指令的机器码为:B0 EE,执行后,(al)=0EEH。

对于例 4.2~例 4.4 中的立即数−12H,在不同指令中的机器编码并不相同。−12H 是一个无类型的数,本身并未指明该数占几个字节,−12H=−0012H=−00000012H。在这三条指令中,目的操作数地址为 eax、ax、al,它们的类型是明确的,分别是 32 位、16 位和 8 位。在机器编码中,将−12H 按对应的长度转换为其补码表示。

注意:(1)编写汇编源程序时,立即数可写成仅由常量组成的数值表达式。例如:mov eax,3*4+5*6。不要认为这条指令中的源操作数含有乘法、加法运算,在编译后对执行程序再反汇编,看到的语句是 mov eax,2AH,机器码为 B8 2A 00 00 00。换句话说,在编译的时候已将数值表达式转换成一个值,在机器指令中只有一个数值 2AH。

(2)一个字符或者字符串可作为源操作数。

mov al,'1'   等价于   mov al,31H

mov ax,'12'   等价于   mov ax,3132H

mov eax,'1234' 等价于   mov eax,31323334H

采用一个字符或者一个字符串的表达方法,比写成一个数值更直观。例如,设(al)是一个大写字母的 ASCII,问(al)是字母表中的第几个字母。A 是字母表中的第 0 个字母,Z 是第 25 个字母。直接使用减法指令"sub al,'A'",完成(al)−'A'→al,得到该字母在字母表中的序号,这比使用"sub al,41H"更直观。

(3)编写汇编源程序时,要注意数值的大小是否在另一个操作数类型所限定的范围内。例如,mov al,1234H。Visual Studio 2019 中给出的出错信息是:error A2070:invalid instruction operands。注意,不同的编译器给出的错误提示是不同的,有些更直接的表述为 out of range。

在 Visual Studio 2019 中编写如下 C 语言语句:

```
char c=0x1234;
```

编译程序虽然给出了警告信息,即 warning C4305:"初始化":从"int"到"char"截断,但是依然生成可执行程序。反汇编后对应的语句是:mov byte ptr[c],34H。从机器语句的角度来看,立即数占的字节数一定与指令中指明的数据类型相同。

(4) 立即寻址方式主要用来给寄存器或存储单元赋初值、与寄存器操作数或存储器操作数进行算术逻辑运算等。立即寻址方式中的立即数随同指令码一起被预取到 CPU 内部,不需要再单独进行存储器操作,因此执行速度快。

4.3 寄存器寻址

寄存器寻址方式采用某一个寄存器作为操作数的存放地址,操作数在指令指明的寄存器中。寄存器的名字可视为 CPU 中的一个存储单元的名字,这个单元是有一个数字编号(二进制编码)的,在机器指令中,出现的就是数字编号。但对于写程序或读程序的人而言,数字编号难记忆、易混淆,因而用一个符号名来表示,其本质就是一个符号地址。

寄存器寻址在指令中的使用格式为:R

寄存器寻址的功能:寄存器 R 中的内容为操作数。

R 是 CPU 内某个寄存器的代表符号,它可以是 32 位的通用寄存器 eax、ebx、ecx、edx、esi、edi、ebp、esp,16 位的通用寄存器 ax、bx、cx、dx、si、di、bp、sp,8 位通用寄存器 ah、al、bh、bl、ch、cl、dh、dl,多媒体扩展寄存器 mm0、mm1、mm2、mm3、mm4、mm5、mm6、mm7、xmm0、xmm1、xmm2、xmm3、xmm4、xmm5、xmm6、xmm7;还可以是专用的段寄存器 cs、ds、ss、es 等,但是段寄存器的使用限制较多,一般在一些特定情况下需要使用,在编程中不需要使用。寄存器寻址方式中只能有单个寄存器,不能包含寄存器的表达式。

【例 4.5】 inc eax

以上指令中,inc 为加 1 指令的操作符,其操作数地址为寄存器 eax,即操作数在 eax 中。

假设执行前:(eax)=00000005H,可简写成(eax)=5H

执行时:(eax)+1=5H+1=6H → eax

执行后:(eax)=00000006H

【例 4.6】 add eax,edx

这是一条双操作数指令,其中 add 为加法指令操作符,eax 为目的操作数地址,edx 为源操作数地址。

假设执行前:(eax)=12345678H,(edx)=0F0000000H

执行时:(eax)+(edx)=02345678H→eax

执行后:(eax)=02345678H,(edx)不变

标志寄存器中的 CF=1,ZF=0,SF=0,OF=0。

若将(edx)中的数看成一个有符号数的补码表示,则该数为-10000000H。(eax)和(edx)相加,由于两个加数的最高二进制位不同,所以一定不会溢出,即 OF=0。

【例 4.7】 dec cx

以上指令中,dec 为减 1 指令的操作符,寄存器 cx 为操作数地址。

假设执行前:(cx)=80H,即(cx)=0080H

执行时:(cx)-1=80H-1=7FH→cx

执行后：(cx)＝7FH

【例 4.8】　　mov ebx,offset x

假设 x 是数据段中定义的一个变量,执行该语句后,就会将变量 x 的偏移地址送给 ebx。这相当于 C 语言语句 ebx＝&x。

假设程序运行时,变量 x 的地址是 0BB4000H,则反汇编中看到的语句是 mov ebx,0BB4000h。

另外,在取变量的地址时,需要使用 32 位的寄存器。本书所有的示例程序都是使用 32 位段,地址是 32 位的。若写指令"mov bx,offset x",则会报错:error A2022:instruction operands must be the same size。

在寄存器寻址方式中,所用寄存器的位数决定了指令操作数的类型,例如,采用 32 位、16 位、8 位寄存器表示操作数分别是双字类型、字类型、字节类型,使用时应根据需要正确选择。由于寄存器是 CPU 中的存储单元,因此,对于那些经常存取的操作数,采用寄存器寻址方式能提高工作效率。

在汇编语句中,若两个操作数都是寄存器寻址方式,则两个寄存器的类型一般应相同。如例 4.6"add eax,edx"中,两个寄存器都是 32 位的。但是,若写出的指令是"add eax,dx",则编译时会给出错误提示:error A2022:instruction operands must be the same size,指令操作数的长度(即类型)必须相同。对于两个操作数类型不同的指令会在指令语法规则中申明。

4.4　直　接　寻　址

4.4.1　直接寻址的基本概念

在直接寻址方式中,操作数存放在存储器中。操作数的偏移地址紧跟在指令操作码后面,构成指令的一部分。

直接寻址在指令中的使用格式有以下几种。

(1) 变量　或者等价地写成　[变量]

(2) 变量±一个数值表达式　或者　[变量±一个数值表达式]　或者　变量[±一个数值表达式],这三种表达式等价

(3) 段寄存器名:[n]

直接寻址的功能:操作码的下一个双字单元的内容为操作数的偏移地址。

从以上使用格式中可以得到以下要点。

(1) 正确理解"变量±一个数值表达式"的含义,它是用变量的偏移地址±一个数值表达式得到一个新地址,在编译的时候完成新地址的计算。在机器指令中只有一个新地址,不能像 C 语言那样,认为是变量单元中的内容±一个数值表达式的值。

(2) 正确理解汇编语言中的"变量[±一个数值表达式]"与 C 语言中的"变量[±一个数值表达式]"的差异。它们的本质是相同的,即将变量视为一个数组,访问从数组头开始偏移指定长度的单元。差别在于:C 语言中的"变量[±一个数值表达式]"由数值表达式指明了要访问的数组的第几个元素,一个元素所占的字节数是由变量的类型所决定的。在汇编语言中,数值

表达式确定的值是从变量的开始处再偏移的字节数,对应 C 语言中的"元素下标×一个元素的长度"。

(3) 变量为全局变量(在 data 段定义的变量)时,单个变量或者"变量±一个数值表达式"是直接寻址方式;当变量为局部变量(子程序或函数中定义的)时,该访问方式不是直接寻址而是变址寻址。第 8 章会详细介绍。

(4) 在 32 位段中,机器指令中存放 32 位的被访问单元的地址;在 16 位段中,机器指令中存放 16 位的被访问单元的地址。

(5) 变量有明确的数据类型;另一个操作数的类型应与其匹配或者是无类型的。

4.4.2　直接寻址的用法示例

【例 4.9】　写出实现指定功能的指令。

设有如下数据段

```
.data
x db 1,2,7,8
```

① 将变量 x 的首字节内容送入 al 中。

语句 1:mov al,x　　　;执行后(al)=1

语句 2:mov al,[x]

语句 3:mov al,x[0]

假设变量 x 的地址是 00EE4000H,上述三条语句在反汇编后对应的语句皆为:

mov al,byte ptr ds:[00EE4000H]　　　;机器码为 A0 00 40 EE 00。

在这三条语句中,目的操作数都是寄存器寻址方式,源操作数都为直接寻址方式。

② 将变量 x 的第 1 个字节内容改为 32H。

mov x+1,32H　或者　mov x[1],32H　或者　mov [x+1],32H

这三条语句在反汇编后对应的语句皆为:

mov byte ptr ds:[00EE4001H],32H

它们的机器码都是:C6 05 01 40 EE 00 32。

注意:x[1]是 x 的第 1 个字节,执行上述指令后,(x[1])=32H。

③ 将变量 x 的第 2 个字节内容传送给 ah。

mov ah,x+2 或者 mov ah,x[2]或者 mov ah,[x+2],执行后(ah)=7

它们的机器码是 8A 25 02 40 EE 00,反汇编语句为 mov ah,byte ptr ds:[00EE4002H]。

请读者特别注意 mov ah,x+2 的语义。它与 C 语言中的 ah=x+2 是完全不同的,但是与 ah=x[2]相同。从其对应的机器码上看,源操作数给出的是一个地址偏移量,它是变量 x 的地址再加上 2 后得到的新地址,而不是先把 x 单元中的内容取出来后加上 2。

换个角度看,C 语句"ah=x+2"涉及两个操作:一是 x+2,这是一个加法操作,得到的结果保存在"临时"单元中;二是结果传送,将运算后的结果送入 ah 中。在机器指令中,不会同时出现 mov 操作符(对应赋值运算"=")的编码和 add 运算符(对应加法运算)的编码,一条指令只完成一个操作。

如果要完成 C 语句(ah)=(x)+2 的功能,即将 x 单元中的内容加上 2 后传送给 ah,则写成汇编指令为：

```
mov ah,x        ;(x)→ah,(ah)=1
add ah,2        ;(ah)+2→ah,即(x)+2 → ah  (ah)=3
```

此外，当编译程序生成机器指令时，编译器无法事先确定 x 单元中的内容，因为变量 x 中的内容在程序运行中可变，但是编译器能够确定 x 单元的偏移地址。

④ 将变量 x 的后 2 个字节的内容（即第 2 个和第 3 个字节中的内容）传送给 ax。

```
mov ax,word ptr x[2]        ;执行后(ax)=0807H
```

注意：在指令中必须加 word ptr，若不加 word ptr，编译时会报错。因为目的操作数是寄存器寻址方式，用的是 ax，是字类型；而源操作数是直接寻址方式，变量 x 是用 db 定义的，是字节类型。源操作数和目的操作数的类型不一致。

⑤ 将变量 x 的首字节内容加1。

add x,1 或者 inc x,完成的功能是(x)+1→x

注意：在指令中并不能改变变量的地址，它是在编译时就确定了的。inc x 不是将 x 的地址加1，而是先从 x 处取一个数加1后，再将结果送回 x 处。

等价的语句是：

```
add byte ptr ds:[00EE4000H],1       ;x 的地址为 00EE4000H
inc byte ptr ds:[00EE4000H]
```

【例 4.10】　写出实现指定功能的指令。

设有如下数据段：

```
.data
y dw 10H,20H,70H,80H
```

① 将变量 y 的第 1 个字中的内容，即 20H 传送给 ax：

mov ax,y+2 或者 mov ax,y[2] 或者 mov ax,[y+2]

② 将变量 y 的第 2 个字中的内容，即 70H 改为 50H：

mov y+4,50H 或者 mov y[4],50H 或者 mov [y+4],50H

③ 与 C 语句进行比较：

```
y dw 10H,20H,70H,80H
```

等价于 C 语句：

```
unsigned short y[]={0x10,0x20,0x70,0x80};
```

实现①的功能，C 语句为 ax=y[1]；

实现②的功能，C 语句为 y[2]=0x50；

对比两种表达方法，不难发现汇编语句与 C 语句的不同。在汇编语言（机器语言）中是以字节为单位来计算地址的，因为 dw 用于定义字类型的数据，每个数要占 2 个字节，因此，y 中的第 1 个字、第 2 个字与 y 开头（第 0 个字的开头）分别相距 2 个字节和 4 个字节。在 C 语言中，y[1]、y[2]分别表示数组的第 1 个元素和第 2 个元素。但是在对 C 语句编译后就会发现，编译器会根据定义变量的类型自动地将其转换为以字节为单位的地址。

C 语句 y[2]=0x50;,反汇编后对应的语句片段如下：

```
mov eax,2       ;(eax)=2
```

```
shl eax,1        ;逻辑左移 1 位,即 (eax)* 2=4→eax
mov word ptr [eax+* * * * * * * ],50H;
```

其中:* * * * * * * *是 y 的起始地址。

注意:不同的编译器或者不同的优化程度,生成的机器语言程序有差异。另外,y 是全局变量与 y 是局部变量的编译结果也不相同。

【例 4.11】　指出给定语句实现的功能。

设有如下数据段:

```
.data
x dw 10H
y dw 20H
z dw 70H
① mov ax,x+2        ; 执行后 (ax)=20H
② mov ax,y          ; 执行后 (ax)=20H
③ mov ax,z-2        ; 执行后 (ax)=20H
④ mov ax,x+3        ; 执行后 (ax)=7000H
⑤ mov ax,z-1        ; 执行后 (ax)=7000H
⑥ mov ax,y-x        ; 执行后 (ax)=2H
```

语句⑥的反汇编结果是 mov ax,2。两个变量相减,实际上是两个变量的地址相减。

一个表达式中不能有两个变量相加,例如,语句"mov ax,y+x"编译时会报错。编译器有此规定是合情合理的。正如两个日期相减,得到的不再是日期类型,而是一个时间间隔类型。一个日期加或减一个时间间隔,得到一个新的日期,但两个日期相加就没有任何意义。

4.5　寄存器间接寻址

4.5.1　寄存器间接寻址的基本用法

在寄存器间接寻址方式中,操作数在存储器中,该操作数所在单元的偏移地址在指令指明的寄存器中,即寄存器的内容为操作数的偏移地址。

寄存器间接寻址在指令中的使用格式为:[R]

寄存器间接寻址的功能:寄存器 R 中的内容为操作数的偏移地址。

从以上格式和功能中可以得到以下要点。

(1) 在 x86-32 中,本书采用的是 32 位段扁平内存管理模式,因此 R 是 8 个 32 位通用寄存器(eax、ebx、ecx、edx、edi、esi、ebp、esp)中的任何一个。

(2) 语法格式是单个寄存器出现在方括号中。

(3) 操作数在内存中,注意与寄存器寻址方式的差异。

(4) 在使用寄存器间接寻址前,先要将待访问单元的地址送入某个 32 位通用寄存器中。

(5) 间接寻址中的寄存器类似于 C 语言中的指针。

【例 4.12】　用寄存器间接寻址方式编写完成指定功能的程序段。

设有如下数据段：

```
.data
x db 1,2,7,8
```

① 将变量 x 的首字节内容送入 al 中。

```
mov ebx,offset x     ;将变量 x 的地址送入 ebx
mov al,[ebx]
```

设 x 的地址是 00EE4000H,寄存器与存储单元之间的关系如图 4.1 所示。

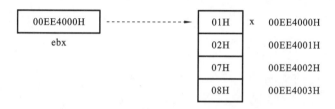

图 4.1　寄存器与存储单元之间的关系

对于例 4.12,若执行 mov eax,[ebx],执行后(eax)＝08070201H,源操作数为寄存器间接寻址。若执行 mov eax,ebx,执行后(eax)＝00EE4000H,源操作数为寄存器寻址。

另外,mov al,[ebx]语法正确,而 mov al,ebx 语法错误,目的操作数和源操作数的类型都明确,但不匹配。

注意:寄存器上有无方括号的差别是很大的,但是对于一个变量,有无方括号是等价的。

② 将变量 x 的第 1 个字节内容改为 32H。

```
mov ebx,offset x+1
mov byte ptr [ebx],32H
```

设 x 的地址是 00EE4000H,offset x 得到一个表示 x 地址的数值常量,表达式 offset x+1 演变为 00EE4000H＋1,编译器完成常量表达式的计算工作,得到 00EE4001H。因此,源操作数是立即寻址方式。反汇编语句是 mov ebx,00EE4001H。

当然,要实现本功能,也可写成如下语句片段:

```
mov ebx,offset x
inc ebx
```

或者:

```
add ebx,1
mov byte ptr [ebx],32H
```

注意:"mov byte ptr [ebx],32H"中的 byte ptr 是不能省略的。语句"mov [ebx],32H" 有语法错误:非法指令操作数(invalid instruction operands),单纯的[ebx]只指明了一个地址而没有类型,32H 也没有类型,两个操作数的类型都不明确是不允许的。

③ 将变量 x 的第 2 个字节内容送入 ah 中。

```
mov esi,offset x+2
mov ah,[esi]
```

④ 将变量 x 的后 2 个字节内容(即第 2 个、第 3 个字节中的内容)送入 ax 中。

```
mov esi,offset x+2
mov ax,[esi]
```

注意:目的操作数是寄存器寻址方式,是字类型;源操作数是寄存器间接寻址方式,其数据类型不明确,编译器会使用指明的类型作为语句的操作数类型。

4.5.2　寄存器间接寻址与 C 语言指针的比较

例 4.12 中的功能②"将变量 x 的第 1 字节内容改为 32H",可用如下 C 语言代码完成。
定义全局变量:

```
unsigned char x[]={1,2,7,8};
char *p;
```

在主程序中有如下代码:

```
p=x;
p=&(x[0]);      //与上一条语句的功能相同
p=p+1;
*p=0x32;
```

如果调试该程序,在反汇编窗口可看到如下代码(注意:指令的地址、变量的地址在不同的机器上或者同一机器上的不同运行时刻都会发生变化)。

```
p=x;
008A1908 C7 05 E8 A5 8A 00 00 A0 8A 00 mov dword ptr [p (08AA5E8h)],offset x (08AA000h)
p=&(x[0]);
008A1912 B8 01 00 00 00        mov     eax,1
008A1917 6B C8 00              imul    ecx,eax,0; (eax)*0→ecx
008A191A 81 C1 00 A0 8A 00     add     ecx,offset x (08AA000h)
008A1920 89 0D E8 A5 8A 00     mov     dword ptr [p (08AA5E8h)],ecx
p=p+1;
008A1926 A1 E8 A5 8A 00        mov     eax,dword ptr [p (08AA5E8h)]
008A192B 83 C0 01              add     eax,1
008A192E A3 E8 A5 8A 00        mov     dword ptr [p (08AA5E8h)],eax
*p=0x32;
008A1933 A1 E8 A5 8A 00        mov     eax,dword ptr [p (08AA5E8h)]
008A1938 C6 00 32              mov     byte ptr [eax],32h
```

在反汇编代码中,"*p=0x32;"是通过寄存器间接寻址方式来实现相应功能的。它首先将变量 p 中的内容(即 p 指向的单元地址)送给寄存器 eax,然后将 32h 传送到以[eax]为地址的单元中。

在 Release 版本下,C 语言程序段对应的汇编代码如下:

```
mov dword ptr p,offset x+1
mov byte ptr x+1,50
```

由此可见,相比 Debug 版本,Release 版本做了很多优化工作。通过阅读优化的汇编代码有助于编写高质量的程序。

【例 4.13】 分析 C 语言程序片段的反汇编代码,理解指针和寄存器间接寻址的对应关系。

```
int *q;……
q=q+1;
*q=50;
```

在反汇编窗口显示如下代码(在反汇编窗口"查看选项"中勾选显示符号地址):

```
q=q+1;
    mov eax,dword ptr [q]
    add eax,4
    mov dword ptr [q],eax
*q=50;
    mov eax,dword ptr [q]
    mov dword ptr [eax],32h
```

q＝q+1 的反汇编代码中是将 q 中的内容加了 4。一个 int 类型数据占 4 个字节,要让 q 指向下一个 int 类型的数时,地址要增加 4 个字节。

4.6 变址寻址

变址寻址方式的操作数存放在存储器中,其偏移地址 EA 是指令中指定寄存器的内容乘以比例因子后再与给定的位移量之和。

其在指令中的使用格式如下:

V[R * F]

或者如下:

[R * F＋V]

或者如下:

[R * F]＋V

功能:寄存器 R 中的内容乘以比例因子 F 后加上给定的位移量 V 作为操作数的地址。

要点如下。

(1) 在 x86-32 中,本书采用的是 32 位段扁平内存管理模式,因此 R 是 8 个 32 位通用寄存器(eax、ebx、ecx、edx、edi、esi、ebp、esp)中的任何一个;寄存器一定要写在方括号之内,否则会有语法错误:非法使用寄存器(invalid use of register)。

(2) F 只能是 1、2、4 或 8;F 为 1 时可省略"* F",简写为 V[R]或[R+V]或[R]+V。

(3) 当 R 为 esp 时,F 只能为 1。

(4) 若 V 是变量,则取 V 的地址参与运算;V 可写在方括号内也可写在方括号外,它们是等价的。

(5) 若 V 是变量,则该操作数的类型是明确的,为定义 V 的类型;若 V 是一个常量,则类型是不明确的。

(6) 变址寻址类似于 C 语言中的一维数组访问。

【例 4.14】 采用变址寻址方式访问操作数,并完成指定的功能。

设在数据段中定义变量 y。

```
y dd 10,20,30,40
```

① 将 y 中的第 1 个双字数据（即 20）送入 eax。

```
mov ebx,1
mov eax,y[ebx*4]              ;等价于 C 语句 eax=y[1];
```

完成该功能的 C 语句段为 ebx＝1；eax＝y[ebx]。编译器完成数组元素下标乘以 4 的工作。

② 将 100 送入 y 的第 2 个双字单元中（即 30 所在的位置）。

方法 1：

```
mov ebx,2
mov y[ebx*4],100             ;等价于 C 语句 y[2]=100;
```

注意：目的操作数是变址寻址，其中有变量 y，类型是明确的。

方法 2：

```
mov ebx,8
mov y[ebx],100
```

方法 3：

```
mov ebx,offset y
mov dword ptr [ebx+8],100
```

这三种方法的目的操作数都是变址寻址方式。推荐使用方法 1，它与 C 语言中的数组访问非常相似：用 y 指明数组的起始地址，用 R 来指明数组的第几个元素，用比例因子表示一个元数的长度。

【例 4.15】 C 语言程序中一维数组的访问与变址寻址的对应关系。

设有如下 C 语言程序段：

```
int y[4]={ 10,20,30,40 };
int i=2;
y[i]=100;
```

"y[i]＝100；"的反汇编代码如下：

```
mov eax,dword ptr [i]
mov dword ptr y[eax*4],64h
```

该例中，先将数组元素的下标 i 的值送入一个 32 位的寄存器 eax 中，通过 V[R * F]的形式来访问元素，其中比例因子 F 是一个元素的长度。

更严格来说，当数组变量是全局变量时，数组元素的访问对应的是变址寻址方式；当数组变量定义为局部变量时，其访问对应的是基址加变址寻址方式。

4.7　基址加变址寻址

基址加变址寻址方式的操作数存放在存储器中，其偏移地址 EA 是指令中指定的基址寄存器的内容、变址寄存器的内容与比例因子的乘积、位移量 V 三项之和。

其在指令中的使用格式如下：

```
V[BR+IR* F]
```

或者如下：

```
[BR+IR* F+V]
```

或者如下：

```
V[BR][IR* F]
```

功能：变址寄存器 IR 的内容乘以比例因子 F，与基址寄存器 BR 的内容和位移量 V 相加，作为操作数的地址。

要点如下。

（1）在 x86-32 中，本书采用的是 32 位段扁平内存管理模式，因此 BR 是 8 个 32 位通用寄存器（eax、ebx、ecx、edx、edi、esi、ebp、esp）中的一个；IR 是除 esp 之外的任一 32 位通用寄存器（BR 和 IR 可以相同）；BR、IR 都必须出现在方括号中。

（2）F 只能是 1、2、4 或 8；F 为 1 时可省略"* F"。

（3）若 V 是变量，则取 V 的地址参与运算；V 在方括号内、外皆可，是等价的。

（4）若 V 是变量，则该操作数的类型是明确的，为定义 V 的类型；若 V 是一个常量，则该操作数的类型是不明确的。

（5）在 V[R1+R2]的形式中，两个寄存器上都没有比例因子时，写在前面的寄存器 R1 是基址寄存器，写在后面的寄存器 R2 是变址寄存器；若写成 V[R2＋R1]，则 R2 是基址寄存器，R1 是变址寄存器。但两者访问的对象相同，只是机器指令编码有差异。

（6）基址加变址寻址方式与 C 语言中的二维数组访问类似。

【例 4.16】　写出实现指定功能的程序段，要求使用基址加变址寻址方式。

设数据段中定义有如下变量：

```
x dd 10,20,30,40,50
  dd 60,70,80,90,100
  dd 110,120,130,140,150
```

这一排列形式，很像 C 语言中的二维数组，类似于 int x[3][5]；一行有 5 个元素（从第 0 列到第 4 列），共 3 行（从第 0 行到第 2 行）。从数据存储的角度来看，它与如下形式定义的变量是完全相同的。

```
x dd 10,20,30,40,50,60,70,80,90,100,110,120,130,140,150
```

这是 C 语言中按行序优先方法存储的结果。

```
i dd 1
j dd 2
```

假设要实现将 x[i][j]送入 eax 的功能，程序段如下：

```
imul ebx,i,5*4
mov  esi,j
mov  eax,x[ebx][esi* 4]
```

程序段分析：按照二维数组元素的存储顺序原则及每个数据的长度计算出一行元素的长度，即每行 5 个元素，每个元素占 4 个字节，共计 5 * 4 ＝ 20 个字节。数组第 i 行的起始元素相对于整个数组开头的字节距离，即为 i * 20，因此，由数组的起始地址加上 i * 20 得到第 i 行的起始元素的地址。对第 i 行第 j 列元素的地址，是在第 i 行的起始地址的基础上再加上 j * 4 个字节。

【例 4.17】　使用指定的寻址方式将 x[i][j] 送入 eax，其中 x、i、j 的定义与例 4.16 相同。

① 用寄存器间接寻址方式访问该单元，程序如下：

```
mov ebx,offset x
imul esi,i,4*5
add ebx,esi
imul esi,j,4
add ebx,esi
mov eax,[ebx]
```

② 用变址寻址方式访问该单元，程序如下：

```
imul ebx,i,5
add ebx,j
mov eax,x[ebx*4]    ;(ebx)中的值是要访问的二维数组中的第几个元素
```

③ 用直接寻址方式访问该单元，程序如下：

```
mov eax,x+1*5*4+2*4     ;mov eax,x+28
```

注意：绝对不能写成 mov eax,x[i][j]，也不能写成 mov eax,x[i * 4 * 5＋j * 4]。一定要改变 C 语言中的写法习惯。i、j、x 都是变量，在编译的时候，编译器只可能用到变量的地址，而不会用到变量中的值，因为变量中的值是可变的。对常量运算的表达式，如 1 * 5 * 4＋2 * 4，编译器计算出表达式的值，即 28，再加上 x 的地址，得到要访问单元的地址。

当然，单纯从实现一个给定的功能来看，是很容易将变址寻址方式变成基址加变址寻址方式的，只需要增加一个基址寄存器，并且让该寄存器中的内容为 0。例如，mov eax,x[ebx * 4] 完成的功能等价于如下两条指令运行后的功能。

```
mov esi,0
mov eax,x[esi+ebx*4]
```

4.8　寻址方式综合举例

在 6 种寻址方式中，立即寻址、寄存器寻址相对比较简单。另外 4 种寻址方式，即直接寻址、寄存器间接寻址、变址寻址、基址加变址寻址，都是访问内存单元，使用比较灵活。本节给出一个例子，分别用 4 种寻址方式访问存储单元。

【例 4.18】　求以变量 x 为起始地址的 4 个双字数据的和，并显示出结果（显示的结果为100）。

在下面的程序中给出了 4 种实现方法，在程序中以注释的方式给出了寄存器的分配和算

法思想。完整的程序如下。

```
    .686P
    .model flat,stdcall
     ExitProcess proto:dword
     printf        proto c:ptr sbyte,:vararg
     includelib  libcmt.lib
     includelib  legacy_stdio_definitions.lib
    .data
     lpFmt db "%d",0ah,0dh,0
     x       dd 10,20,30,40
    .stack 200
    .code
main proc c
     ;方法1:用寄存器间接寻址方式访问数组x中各个单元的内容
     ;用eax来存放所求的和
     ;用ebx来指向要访问的数据,即ebx中的值为操作数的地址
     ;用ecx来控制循环次数,每循环一次,ecx减1。当减到值为0时,循环结束
     ;类似C语句int_eax,*_ebx,_ecx;
     ;          _eax=0;_ebx=&(x[0]);_ecx=4;
     ;          do{_eax+=*_ebx;_ebx+=1;ecx-=1}while(_ecx!=0)
     mov eax,0
     mov ebx,offset x
     mov ecx,4
lp1:
     add eax,[ebx]
     add ebx,4    ;以字节为单位,计算下一个数的地址
     dec ecx      ;(ecx)-1->ecx,当差为0时,ZF=1,否则ZF=0
     jnz lp1      ;当ZF=0(即结果not zero)时,转移到lp1处执行
     invoke printf,offset lpFmt,eax
     ;方法2:用变址寻址方式访问数组x中各个单元的内容
     ;用eax来存放所求的和
     ;用ebx来表示待访问的数组元素的下标
     ;类似C语句eax=0;for(_ebx=0;_ebx<4;_ebx++)_eax+=x[_ebx]
     mov eax,0
     mov ebx,0
lp2:
     cmp ebx,4    ;执行(ebx)-4,不保存差,但根据差设置标志位
     jge exit_2   ;与上一句联合的作用是(ebx)>=4转移到exit_2
                  ;否则不转移,继续执行下面的语句
     add eax,x[ebx*4]
     inc ebx      ;(ebx)+1->ebx
     jmp lp2      ;无条件跳转到lp2处执行
exit_2:
     invoke printf,offset lpFmt,eax
     ;方法3:用基址加变址寻址方式访问数组x中各个单元的内容
     ;用eax来存放所求的和
     ;用ebx来表示待访问的数组的起始地址
```

```
;用 esi 来表示待访问的数组元素的下标
;类似 C 语句 eax=0;for(esi=0;esi<4;esi++)eax+=[ebx][esi]
    mov eax,0
    mov ebx,offset x
    mov esi,0
lp3:
    cmp esi,4
    jge exit_3
    add eax,[ebx][esi*4]
    inc esi
    jmp lp3
exit_3:
    invoke printf,offset lpFmt,eax
    ;方法 4:用直接寻址方式访问数组 x 中各个单元的内容
    ;用 eax 来存放所求的和
    mov eax,x
    add eax,x[4]
    add eax,x+8
    add eax,[x+12]
    invoke printf,offset lpFmt,eax
    invoke ExitProcess,0
main endp
end
```

说明:相同的寻址方式可采用多种不同的形式来表达,本书给出的例子只是一个示例。使用 C 语言程序编译成 Release 版本时,有时会将循环语句翻译成非循环的机器指令序列,以提高程序的运行效率。

编写程序前应该明确寄存器的功能分配,即确定各个寄存器各起什么作用;明确所使用的算法,如程序中给出的几种循环控制方法;这些关键信息应写在程序注释中。之后,严格按照各种寻址方式的语法格式写出指令,对照语法规则检查指令是否有语法错误,例如:双操作数指令中的源操作数、目的操作数是否同时用了存储器寻址方式;两者的类型是否明确和匹配;目的操作数是否使用了立即数等。

当然,写指令需要一个熟练的过程,需要加实验和练习。特别要克服用 C 语言编写复杂表达式的习惯,将复杂表达式要完成的功能拆分成多个简单的步骤。

4.9　x86 机器指令编码规则

本节介绍 x86-32 机器指令的格式及其编码规则,探索 Intel 公司指令编码的设计奥秘。当然,理解机器编码的规定,对理解编译器对汇编语句加工后生成的目标,以及推测汇编语句中应给出哪些组成要素等是有帮助的。学习本节内容时,不需要记忆有关编码的细节,只需理解相关规则即可。

x86 机器指令编码依次由以下部分组成。

● 指令前缀(prefix,非必需)。

- 操作码(opcode,必需)。
- 寻址方式 R/M(ModR/M,非必需)
- 比例因子-变址-基址(SIB,非必需)。
- 地址偏移量(displacement,非必需)。
- 立即数(immediate,非必需)。

指令前缀	操作码	寻址方式 R/M	比例因子-变址-基址	地址偏移量	立即数

下面逐一进行解释。

1. 指令前缀

指令前缀(prefix)可有可无,可以有多个,每一个前缀都用 1 个字节来表示。指令前缀的名称和编码如表 4.1 所示。

表 4.1　指令前缀的名称和编码

种　类	名　称	二进制编码	说　明
Lock	Lock	F0H	让指令在执行时先禁用数据线的复用特性,用在多核的处理器上,一般很少需要手动指定
rep	repne/repnz	F2H	用 cx(16 位下)或 ecx(32 位下)或 rcx(64 位下)作为指令是否重复执行的依据
	rep/repe/repz	F3H	同上,请参见第 9 章
Segment Override	cs	2EH	段重载(默认数据使用 DS 段)
	ss	36H	同上(强制指令使用该段寄存器)
	ds	3EH	同上
	es	26H	同上
	fs	64H	同上
	gs	65H	同上
rex	64 位	40H~4FH	x86-64 位的指令前缀,参见第 18 章中的介绍
Operand size Override	Operand size Override	66H	用该前缀来区分访问 32 位或 16 位操作数;也用来区分 128 位和 64 位操作数
Address Override	Address Override	67H	64 位下指定用 64 位还是 32 位寄存器作为索引

rep 是串操作指令前缀,它又可细分为 rep、repz、repnz 等,重复执行操作指令,直到满足或者不满足某些条件。这三个前缀不会同时使用,最多只使用其中一个。

Segment Override 是跨段前缀。在分段内存管理模式下,使用跨段前缀来强制改变当前指令要访问的段,而不使用该机器指令默认访问的段(依赖于寻址方式的规定,参见第 4.10 节)。在扁平内存管理模式下,依然能在语句中使用跨段前缀,但是指令的功能等同无前缀。例如:

```
mov ebx,offset x     ;x 是 data 段中定义的一个变量
mov eax,cs:[ebx]     ;机器码是 2E 8B 03
mov eax,[ebx]        ;机器码是 8B 03
```

后两条语句执行的结果是相同的。

Operand size Override 为操作数类型重载。在.model flat 下,默认的操作数是 32 位的(如使用 32 位的寄存器来访问操作数),此时不需要前缀。但是该环境下能够使用 16 位的操作数,在机器指令编码中增加前缀 66H,以区分指令是 16 位的操作数还是 32 位的操作数。例如:

```
mov ax,[ebx]          ;机器码是 66 8B 03
mov eax,[ebx]         ;机器码是 8B 03
```

由于 eax 和 ax 的编码是相同的(参见表 4.4),从"8B 03"中区分不出使用的是 eax 还是 ax,故在使用 16 位操作数时,增加了类型重载前缀 66H。

在表 4.4 中,al 的编码也与 eax、ax 的编码相同。"mov al,[ebx]"的机器码是 8A 03,没有前缀。操作码(即 8AH)的最后一个二进制位为 0,表示是对字节进行操作;操作码(即 8BH)的最后一个二进制位为 1,表示是对字进行操作(32 位指令中默认的是 32 位的操作数)。

2. 操作码

操作码(opcode)是操作符的编码,指明了要进行什么操作,长度为 1 个字节、2 个字节或者 3 个字节。大多数通用指令的操作码是单字节的,最多 2 个字节,但有的 FPU 指令、SSE 指令的长度为 3 个字节。在大多数指令的操作码编码中,最后一个二进制位(从右向左的第一个)用于指明操作数的类型,0 表示字节操作,1 表示字操作(32 位指令系统中为双字操作),在有指令前缀 66H 时为对字操作。在大多数双操作数指令中,操作码的倒数第二个二进制位(从右向左的第二个)为 1,表明目的操作数是寄存器寻址,为 0 表明源操作数是寄存器寻址。在有些指令中(如立即数传送给一个寄存器),操作码包含有寄存器的编码。另外,一般在 opcode 的编码中会体现出源操作数是否为立即数。例如:

mov byte ptr [ebx],al 的机器码是 88 03,其中 88H 的最后 2 位为 00,指明了字节运算和源操作数为寄存器。

mov al,[ebx]的机器码是 8A 03,其中 8A 的最后 2 位为 10,指明了字节运算和目的操作数为寄存器。

mov al,11h 的机器码是 B0 11,在操作码中有使用的寄存器编码,同时也指明了源操作数是立即数。

3. 寻址方式 R/M(ModR/M)

如果要有"寻址方式 R/M"编码,则它占 1 个字节,并指明了操作数的寻址方式。该字节分为三个组成部分,Mod(2 个二进制位)、Reg/opcode(3 个二进制位)、R/M(3 个二进制位)。它们的摆放顺序如下。

Mod(6～7 位)	Reg/opcode(3～5 位)	R/M(0～2 位)

Mod 和 R/M 用来共同确定一个操作数的寻址方式,对于基址加变址寻址方式,还要使用比例因子-变址-基址(SIB)。Reg/opcode 中的 opcode 是基本的指令操作码 opcode 的扩展;Reg 则用来指明寄存器寻址方式中的寄存器编号。

在双操作数指令中,有源操作数的寻址方式、目的操作数的寻址方式,规定两个操作数不能同时为存储器寻址方式,立即数不能作为目的操作数的寻址方式。若不考虑源操作数是立即寻址这种情况(有无立即寻址在操作码中体现出来),则在双操作数指令中,一个是寄存器寻址(Reg),另一个是寄存器或存储器寻址(R/M)。它们在指令中的顺序可为〈Reg,R/M〉或者

〈R/M,Reg〉,在操作码的编码(opcode)中指明目的操作数或者源操作数是 Reg,因此,在寻址方式 R/M(ModR/M)编码中,只需要指明有两种组成成分,即寄存器 Reg/opcode 和寄存器或存储器 R/M,而不说明两者之间的前后关系。

1)Mod 的编码规则

Mod 由 2 个二进制位组成,取值只能是 00、01、10、11。它与 R/M 配合使用,以明确一个操作的获取方法。在 32 位寻址方式(32 位段)和 16 位寻址方式(16 位段)中,编码是不同的,分别如表 4.2 和表 4.3 所示。

表 4.2 32 位寻址方式中 Mod R/M 编码

R/M	Mod
[eax]、[ecx]、[edx]、[ebx]、[——][——]、disp32、[esi]、[edi]	00
[eax]+disp8、[ecx]+disp8、[edx]+disp8、[ebx]+disp8、[——][——]+disp8、[ebp]+disp8、[esi]+disp8、[edi]+disp8	01
[eax]+disp32、[ecx]+disp32、[edx]+disp32、[ebx]+disp32、[——][——]+disp32、[ebp]+disp32、[esi]+disp32、[edi]+disp32	10
eax/ax/al/mm0/xmm0、ecx/cx/cl/mm1/xmm1、edx/dx/dl/mm2/xmm2、ebx/bx/bl/mm3/xmm3、esp/sp/ah/mm4/xmm4、ebp/bp/ch/mm5/xmm5、esi/si/dh/mm6/xmm6、edi/di/bh/mm7/xmm7	11

表 4.3 16 位段中 Mod 的编码

R/M	Mod
[bx+si]、[bx+di]、[bp+si]、[bp+di]、[si]、[di]、disp16、[bx]	00
[bx+si]+disp8、[bx+di]+disp8、[bp+si]+disp8、[bp+di]+disp8、[si]+disp8、[di]+disp8、[bp]+disp8、[bx]+disp8	01
[bx+si]+disp16、[bx+di]+disp16、[bp+si]+disp16、[bp+di]+disp16、[si]+disp16、[di]+disp16、[bp]+disp16、[bx]+disp16	10
eax/ax/al/mm0/xmm0、ecx/cx/cl/mm1/xmm1、edx/dx/dl/mm2/xmm2、ebx/bx/bl/mm3/xmm3、esp/sp/ah/mm4/xmm4、ebp/bp/ch/mm5/xmm5、esi/si/dh/mm6/xmm6、edi/di/bh/mm7/xmm7	11

在表 4.2、表 4.3 中的 mm0～mm7 是 8 个 64 位的寄存器,xmm0～xmm7 是 8 个 128 位的寄存器,在第 15 章至第 18 章中介绍。在 32 位寻址方式下,在寄存器间接寻址、变址寻址、基址加变址寻址中用到的寄存器都是 32 位的。在 16 位寻址方式下,在寄存器间接寻址、变址寻址、基址加变址寻址中用到的寄存器都是 16 位的。而对于寄存器寻址,寄存器可以是字节、字、双字、4 字、8 字类型。

2)R/M 的编码规则

从表 4.2、表 4.3 中可以看到,同一个 Mod 值下有 8 种情况。Intel 公司采用 R/M(3 个二进制位)来区分这 8 种情况。R/M 与 Mod 配合使用,以确定某一个操作数的寻址方式和具体细节。例如,在表 4.2 中,当 Mod=00 时,有 8 种情况,即[eax]、[ecx]、[edx]、[ebx]、[——][——]、disp32、[esi]、[edi],这 8 种情况依次编码为 000B～111B;当 R/M 编码为 000 时,所使用的是[eax];当 R/M 编码为 001 时,所使用的是[ecx],依此类推;当 R/M 编码为 100(即[——][——])时,它指明了一种不带偏移量的基址加变址的寻址方式,其基址寄存器、变址寄存器、比例因子由"比例因子-变址-基址（SIB）"来指明；当 R/M 为 101（即 disp32）时，代表地址表达式中有一个 32 位的偏移量，指明这是一种直接寻址方式。

当 Mod＝11 时，R/M＝000，表示有一个操作数使用寄存器寻址，寄存器为 eax、ax、al、mm0、xmm0 之一，即这 5 个寄存器拥有相同的 R/M 编码，至于选用哪一个寄存器，则取决于指令前缀和指令的 opcode。

3）Reg/opcode 的编码规则

对于寄存器，其编码规则如表 4.4 所示，其代表源操作数还是目的操作数的寻址方式，在基本的 opcode（ModR/M 之前的一个字节）中确定。此处的 opcode 是指令中基本 opcode 的扩展。

表 4.4   寄存器的编码规则

000	001	010	011	100	101	110	111
al	cl	dl	bl	ah	ch	dh	bh
ax	cx	dx	bx	sp	bp	si	di
eax	ecx	edx	ebx	esp	ebp	esi	edi
mm0	mm1	mm2	mm3	mm4	mm5	mm6	mm7
xmm0	xmm1	xmm2	xmm3	xmm4	xmm5	xmm6	xmm7

下面给出一些简单的例子，通过这些例子可熟悉指令编码的规定。

- mov ebx,dword ptr [ecx]   ;机器码是 8B 19
- mov dword ptr [ecx],ebx   ;机器码是 89 19
- add ebx,dword ptr [ecx]   ;机器码是 03 19
- add bx,word ptr [ecx]   ;机器码是 66 03 19
- add bl,byte ptr [ecx]   ;机器码是 02 19

对第 1 条指令，opcode 为 8BH，能确定是双字运算，目的操作数使用的是寄存器；寻址方式编码都是 19H，即 00 011 001 B，由 Mod 为 00 且 R/M 为 001 确定一个操作数寻址为[ecx]；另一个操作数由 Reg/opcode 给定，为 011，即 ebx/bx/bl/mm3/xm3 组，且在操作码中指明了操作数是双字类型，可确定为 ebx。结合指令 opcode，指明 Reg/opcode 是目的操作数，故 ebx 是目的操作数地址，[ecx]是源操作数地址。第 2 条指令的 opcode 为 89H，表明 Reg/opcode 为源操作数地址，这样 Mod 和 R/M 已确定目的操作数地址。其他几条指令的编码解析不再赘述。

4. 比例因子-变址-基址

如果需要"比例因子-变址-基址（SIB）"编码，则它占 1 个字节。SIB 字节信息分为三部分，Scale（2 个二进制位）、Index（3 个二进制位）、Base（3 个二进制位）。它们的摆放顺序如下。

Scale（6～7 位）	Index（3～5 位）	Base（0～2 位）

在寻址方式编码中，当 Mod＝00 且 R/M＝100B 时，对应的寻址方式是[－－][－－]；当 Mod＝01 且 R/M＝100B 时，对应[－－][－－]＋disp8；当 Mod＝10 且 R/M＝100B 时，对应[－－][－－]＋disp32。disp8、disp32 分别表示有 8 位和 32 位的偏移量，而[－－][－－]是待定成分，就是在"比例因子-变址-基址"中体现出来。

顾名思义，Scale 表示比例因子，在 00～11 中分别对应 1、2、4、8。Base 表示基址寄存器的编码，Index 表示变址寄存器的编码。寄存器的编码仍采用表 4.4 中的规定。

下面给出几条指令及其机器码的分析。

(1) mov eax,[ebx+ecx * 4]　　;机器码是 8B 04 8B

(2) mov eax,[ecx+ebx * 4]　　;机器码是 8B 04 99

(3) mov eax,[ebx+ecx * 4]+5　;机器码是 8B 44 8B 05

对前两条指令,寻址方式编码都是 04H,即 00 000 100B。Mod=00B,R/M=100B,对应的寻址方式是[——][——]。在该字节后有一个 SIB 字节。8BH 对应 10 001 011,即比例因子(10)对应为 4;基址寄存器(Base)对应为 011,即 ebx;变址寄存器(Index)对应为 001,即 ecx。99H 对应为 10 011 001B,基址寄存器为 ecx,变址寄存器为 ebx,比例因子是乘在变址寄存器上的。

对于第三条指令,44H 对应 01 000 100。同上分析 01 和 100,决定了一种寻址方式是[——][——]+disp8,另一个操作数在 eax 中,SIB 是 8B,与第一条指令相同。之后,有一个字节的偏移量为 05。上述三条指令都由 opcode 决定其目的操作数是寄存器寻址且为双字,加上 Reg/opcode 编码为 000,因此对应的目的操作数地址为 eax。

5. 地址偏移量

地址偏移量(displacement)由 1 个字节、2 个字节或 4 个字节组成,分别对应 8 位、16 位或 32 位的偏移量,数据按照小端顺序存放,即数据的低位存放在小地址单元中。

6. 立即数

立即数(immediate)对应立即寻址方式,占 1 个字节、2 个字节或 4 个字节,按照小端顺序存放。

有兴趣的读者,可阅读《Intel® 64 and IA-32 Architectures Software Developer's Manual, Volume 2》的 Chapter 2 了解指令的编码规则。

面对 x86 复杂的指令编码规则,读者可能感到"困惑"。要注意一点,x86-32 是在 16 位指令系统上发展出来的,之后又扩展为 x86-64 位指令系统。早期 CPU 的指令编码规则设计重点是节省指令所占用的空间,而后期 CPU 的设计重点是保持兼容性。也许当我们面临一个新的设计任务时,能够设计出更好的编码规则。

4.10　8086/80386 的寻址方式

8086/80386 CPU 的寻址方式也包含 6 种:立即寻址、寄存器寻址、直接寻址、寄存器间接寻址、变址寻址、基址加变址寻址。但是在内存分段管理模式下,寄存器间接寻址、变址寻址、基址加变址寻址中有关寄存器的使用规则比 32 位段扁平内存管理模式的复杂得多。本节仅回顾历史,同时与 8086/80386 汇编语言程序设计的书有一个对照,它们在 32 位段扁平内存管理模式下不再适用。

1. 寄存器间接寻址

在 8086 CPU 中,没有 32 位的寄存器。此时的寄存器间接寻址是采用 4 个 16 位通用寄存器(bx、di、si、bp)中的一个。那时的内存管理采用的是 16 位分段管理模式,数据段与堆栈段是两个独立的段。如果使用的寄存器是 bx、si、di,则系统默认操作数在数据段中,等价于

ds:[R]。如果使用的寄存器是 bp,则系统默认操作数在堆栈段中,操作数地址为"ss:[R]"。

在 80386 CPU 中,出现了 32 位的寄存器,但内存管理可采用 32 位分段管理模式和 16 位分段管理模式。此时,寄存器间接寻址可采用 8 个 32 位寄存器(eax、ebx、ecx、edx、edi、esi、ebp、esp)或 4 个 16 位寄存器(bx、di、si、bp)中的一个。当 R 是 bp、ebp、esp 时,系统默认操作数在堆栈段中,等价于 ss:[R]。其他的寄存器均默认操作数在 ds 所指示的段,操作数地址为"ds:[R]"。

2. 变址寻址

在 8086 CPU 中,变址寻址的格式是 V[R],没有比例因子,R 为 4 个 16 位通用寄存器(bx、di、si、bp)中的一个。当 V 是变量时,则使用的段寄存器取决于该变量定义所在的段与哪一个段寄存器建立了联系。当 V 是常量时,如果使用的寄存器是 bx、si、di,则系统默认操作数在数据段中,等价于 ds:[R+V];如果使用的寄存器是 bp,则系统默认操作数在堆栈段中,操作数地址为"ss:[R+V]"。

在 80386 CPU 中,在 32 位分段管理模式下,8 个 32 位寄存器(eax、ebx、ecx、edx、edi、esi、ebp、esp)或 4 个 16 位寄存器(bx、di、si、bp)均可作为变址寄存器。若使用的是 16 位寄存器和 esp,则 F 只能为 1;若使用其他 32 位通用寄存器,则 F 可为 1、2、4 或 8。如果 V 是变量,则取 V 的地址参与运算,此时使用的段依赖于定义 V 所在的段与哪一个段寄存器建立了联系。当 V 是常量时,若 R 是 bp、ebp、esp,则系统默认操作数在堆栈段中,等价于 ss:[R*F+V]。其他的寄存器默认操作数在 ds 所指示的段,操作数地址为"ds:[R*F+V]"。

3. 基址加变址寻址

在 8086 CPU 中,基址加变址寻址的格式是 V[BR+IR],没有比例因子,BR 为 bx、bp 中的一个,IR 为 si、di 中的一个。当 V 是变量时,则使用的段寄存器取决于该变量定义所在的段与哪一个段寄存器建立了联系。当 V 是常量时,如果使用的基址寄存器是 bx,则系统默认操作数在数据段中,等价于 ds:[BR+IR+V];如果使用的寄存器是 bp,则系统默认操作数在堆栈段中,操作数地址为"ss:[BR+IR+V]"。

在 80386 CPU 中,在 32 位分段管理模式下,BR 可为 8 个 32 位寄存器(eax、ebx、ecx、edx、edi、esi、ebp、esp)或者 16 位寄存器 bx、bp。IR 是除 esp 之外的任一 32 位通用寄存器(BR 和 IR 可相同)或者 16 位寄存器 si、di 中的一个。比例因子的规定、V 为变量时使用段寄存器的规定与变址寻址的相同。当 V 是常量时,若 BR 是 bp、ebp、esp,则系统默认操作数在堆栈段中,等价于 ss:[BR+IR*F+V]。其他的寄存器均默认操作数在 ds 所指示的段,操作数地址为"ds:[BR+IR*F+V]"。

不难看出,在第 4.5 节至第 4.7 节中介绍的寻址方式规则要简单多了。在 32 位段扁平内存管理模式下,只能使用 32 位的寄存器作为基址寄存器和变址寄存器。此外,(ds)与(ss)相同,它们是在同一个空间下,不再区分数据段和堆栈段,不存在寄存器与段寄存器的对应关系。因此,编写程序时更简单。

习　题　4

4.1　x86-32 中包含哪 6 种寻址方式? 各种寻址方式的语法符号是什么?

4.2 分别指出下列指令中源操作数和目的操作数各是什么寻址方式。

(1) mov esi,10

(2) mov x,10   ;x 是双字类型的变量

(3) mov x[4],10   ;x 是双字类型的变量

(4) mov di,[eax]

(5) add eax,4[ebx]

(6) sub al,[ebx+ecx* 2+2]

(7) mov [edi* 4+6],ax

(8) mov eax,x+20   ;x 是双字类型的变量

(9) mov x[ebx],30   ;x 是双字类型的变量

4.3 判断下列指令是否有语法错误,若有错误,请指出错误原因。指令中的 x 和 y 都是在数据段中定义的双字类型变量。

(1) mov eax,bx

(2) mov [ebx],20

(3) mov x,y

(4) mov ebx,offset x
    mov [ebx],y

(5) add x+2,20

(6) mov ax,20
    add x+2,ax

(7) mov eax,20
    add x+2,eax

(8) cmp 10,eax

(9) mov eax,ebx+ecx

(10) mov eax,ebx [10]

(11) mov eax,[ebx* 10]

(12) mov eax,x+y

4.4 阅读下列程序,指出程序的功能,并指出访问存储单元时使用的寻址方式,以及程序中的寄存器各自的功能分配(作用)。

```
.686P
.model flat, stdcall
 ExitProcess proto :dword
 includelib  kernel32.lib  ;ExitProcess 在 kernel32.lib 中的实现
 printf proto c :vararg
 includelib  libcmt.lib
 includelib  legacy_stdio_definitions.lib
.data
 lpFmt db "%s",0ah,0dh,0
 buf1  db '00123456789',0
 buf2  db 12 dup(0)         ;12 个字节的空间,初值均为 0
```

```
    .stack 200
    .code
    start:
        mov ebx,0
    L1:
        mov al,buf1[ebx]
        mov buf2[ebx],al
        inc ebx
        cmp ebx,12
        jnz L1
        invoke printf,offset lpFmt,offset buf1
        invoke printf,offset lpFmt,offset buf2
        invoke ExitProcess, 0
    end start
```

4.5 阅读下列程序,指出程序的功能,并指出访问存储单元时使用的寻址方式,以及程序中的
寄存器各自的功能分配(作用)。
.code 段之上的内容同题 4.4 中的。

```
    .code
     start:
         mov esi,offset buf1
         mov edi,offset buf2
         mov ecx,0
    L1:
        mov eax,[esi]
        mov [edi],eax
        add esi,4
        add edi,4
        add ecx,4
        cmp ecx,12
        jnz L1
        invoke printf,offset lpFmt,offset buf1
        invoke printf,offset lpFmt,offset buf2
        invoke ExitProcess,0
    end start
```

4.6 阅读下列程序,指出程序的功能,并指出访问存储单元时使用的寻址方式,以及程序中的
寄存器各自的功能分配(作用)。
.code 段之上省略的程序同习题 4.4 中.code 之上的程序。

```
    ……
    .code
     start:
         mov esi,offset buf1
         mov edi,offset buf2
         mov ecx,0
     L1:
```

```
        mov eax,[esi][ecx* 4]
        mov [edi][ecx* 4],eax
        inc ecx
        cmp ecx,3
        jnz L1
        invoke printf,offset lpFmt,offset buf1
        invoke printf,offset lpFmt,offset buf2
        invoke ExitProcess,0
    end start
```

4.7 阅读下列程序,指出程序的功能,以及程序中的寄存器各自的功能分配(作用)。
.code 段之上省略的程序同习题 4.4 中.code 之上的程序。

```
    ......
    .code
    start:
        mov ecx,0
    L1:
        mov eax,dword ptr buf1 [ecx* 4]
        mov dword ptr buf2 [ecx* 4],eax
        inc ecx
        cmp ecx,3
        jnz L1
        invoke printf,offset lpFmt,offset buf1
        invoke printf,offset lpFmt,offset buf2
        invoke ExitProcess,0
    end start
```

4.8 阅读下列程序,并指出程序显示的结果是什么。
.code 段之上省略的程序同习题 4.4 中.code 之上的程序。

```
    .code
    start:
        mov ecx,0
    L1:
        mov al,buf1
        mov buf2,al
        inc buf1
        inc buf2
        inc ecx
        cmp ecx,3
        jnz L1
        invoke printf,offset lpFmt,offset buf1
        invoke printf,offset lpFmt,offset buf2
        invoke ExitProcess, 0
    end start
```

上机实践 4

4.1 编写如下 C 语言程序,用反汇编的方式观察各个变量的访问形式。

```
int x;
int y[10];
int z[10][5];
int *p;
char c1;
char c2[10];
char *cp;
x=10;
p=&x;
*p=20;
y[5]=30;
*(y+6)=40;
z[5][3]=50;
c1=48;
c2[3]=65;
cp=c2;
*(cp+4)=66;
```

注意:将这些变量定义成全局变量。若定义成局部变量,则其对应的地址会有所不同。在反汇编窗口,不要勾选显示符号地址。

第5章 常用机器指令

Intel x86 的机器指令可分为多个组,包括通用指令、x87 FPU 指令、MMX 指令、SSE/SSE2/SSE3/SSSE3/SSE4 指令、AVX/AVX2/AVX-512 指令、x86-64 位指令等。本章主要介绍 x86 架构的一些通用指令,其他指令将在后续章节介绍。通用指令较多,它们又可分成多个小组,每个小组都有一些共同规律。学习指令时,应注意比较指令之间的相同点和相异点,将它们关联起来并发掘它们之间的一些规律,掌握这些规律,可降低指令记忆的难度。

5.1 通用机器指令概述

通用(general purpose)机器指令为 Intel 公司所有的 x86-32 和 x86-64 中央处理器所支持。除通用机器指令外,还有 x87 FPU(float point unit,浮点运算单元)指令、MMX(multimedia extension,多媒体扩展)指令、SSE(streaming SIMD extensions,单指令多数据流扩展)指令、SSE2 指令、SSE3 指令、SSSE3 指令、SSE4 指令、AVX(advanced vector extensions,高级向量扩展)指令、AVX2 指令、AVX-512 指令、x86-64 位指令、虚拟机扩展指令、安全模式扩展指令、内存保护扩展指令、软件保护扩展指令等。本章仅介绍部分通用机器指令,其他指令在后续章节介绍。

随着处理器的发展,指令的数目在增加,但是 32 位的 x86 指令系统能很好地兼容 8086 的 16 位的指令系统。其特点如下。

- 原有 8086 的 16 位操作指令扩展支持 32 位操作数。
- 原有 16 位存储器寻址的指令扩展支持 32 位的寻址方式。
- 在实方式和虚拟 8086 方式中,段的大小只能为 64 KB,只有在保护方式下才使用 32 位段。

x86 微处理器的通用指令分为以下 10 类。

- 数据传送指令。
- 算术运算指令(二进制算术、十进制算术)。
- 逻辑运算指令。
- 移位指令。
- 位和字节指令。
- 标志位控制指令。
- I/O 指令。
- 控制转移指令。
- 串操作指令。
- 其他指令。

控制转移指令将在第 6 章、第 7 章、第 8 章中介绍。串操作指令将在第 9 章中介绍。

在介绍通用机器指令之前,应先注意以下事项。

（1）大多数指令具有相同的语句格式。

双操作数语句的格式如下：

［标号：］操作符 opd,ops［;注释］

单操作数语句的格式如下：

［标号：］操作符 opd/ops［;注释］

其中：方括号中的内容是可选项，可出现也可不出现；opd 是目的操作数的寻址方式；ops 是源操作数的寻址方式。

（2）数据类型的一致性要求。

一般的双操作数指令都要求目的操作数与源操作数的类型相同。如果两者的类型都明确，则两者应相同；如果两者都不明确，则一定要使用类型定义符（byte ptr、word ptr、dword ptr 等）使其明确；如果有一个操作数的类型明确而另一个操作数的类型不明确，则采用明确的类型。操作数的类型编码在指令前缀或者指令操作码中。例如：

```
mov ebx,ecx   ;指令机器码为 8B D9
mov bx,cx     ;指令机器码为 66 8B D9
mov bl,cl     ;指令机器码为 8A D9
```

（3）源操作数和目的操作数不能同时为存储器操作数。

在双操作数指令中，假如一个操作数在数据存储单元中，则另一个操作数要么是立即操作数，要么是寄存器操作数。

（4）目的操作数不能是立即操作数。

（5）运算结果送入目的地址中（少数指令除外），而源操作数不变。

再次强调，在没有指出指令特别规定的情况下，都应遵循上述一般性要求。

5.2　数据传送指令

数据传送指令主要包括以下几类。

（1）一般数据传送指令（mov、movsx、movzx、xchg、xlat）。

（2）带条件的数据传送指令（cmove、cmovne、cmova、cmovae、cmovb、cmovbe、cmovg、cmovge、cmovl、cmovle、cmovc、cmovnc、cmovo、cmovno、cmovs、cmovns、cmovp、cmovnp）。

（3）堆栈操作指令（push、pusha、pushad、pop、popa、popad）。

（4）标志寄存器传送指令（pushf、pushfd、popf、popfd、lahf、sahf）。

（5）地址传送指令（lea、lds、les、lfs、lgs、lss）。

在这些指令中，除 sahf、popf 两个指令外，其他均不影响标志位。其他杂项指令还有字节交换指令 bswap、比较并交换指令 cmpxchg 等。

5.2.1　一般数据传送指令

1. 数据传送指令格式

数据传送指令的语句格式如下：

mov opd,ops

功能：将源操作数传送至目的地址中，即(ops)→opd。

用途：在通用寄存器之间、通用寄存器和存储器之间传递数据；还可以将一个立即数送给一个通用寄存器或存储单元。如果 opd、ops 中有段寄存器，则一般会有较多的约束。

2. 符号扩展传送指令

符号扩展传送指令的语句格式如下：

movsx opd,ops

功能：将源操作数的符号向前扩展，生成与目的操作数相同类型的数据后，送入目的地址对应的单元中。

符号扩展传送指令的要求如下。

（1）ops 不能为立即操作数。

（2）opd 必须是 16 位或 32 位的寄存器。

（3）源操作数的位数必须小于目的操作数的位数。

【例 5.1】 阅读下列程序段，指出运行结束后 eax、ebx 的值。

```
byte0 db 0F8H,56H
mov dl,byte0          ;(dl)=0F8H
movsx eax,dl          ;(eax)=0FFFFFFF8H,
movsx ebx,byte0+1     ;(ebx)=00000056H
```

本例中，两条 movsx 指令都是将一个字节的有符号数扩展为 32 位有符号数。

3. 无符号扩展传送指令

无符号扩展传送指令，也称零扩展传送（move with zero-extend）指令，语句格式如下：

movzx opd,ops

功能：将源操作数扩展成与目的操作数相同的数据，扩展的高位部分全部为 0，结果送入目的地址中。

无符号扩展传送指令的要求：该指令的使用规定与 movsx 的相同。

4. 一般数据交换指令

一般数据交换指令的语句格式如下：

xchg opd,ops

功能：(opd)→ops,(ops)→opd，即将源地址、目的地址对应单元中的内容互换。

一般数据交换指令的要求如下。

（1）ops 不能为立即操作数，当然 opd 也不能为立即操作数。

（2）ops、opd 不能同时为存储器寻址方式。这是前面已明确的规定，不要只记住了数据交换，而忘了此规定。

【例 5.2】 写出交换 x 和 x+4 单元中内容的指令段，即 10 与 20 互换位置。

```
x dd 10,20
```

方法 1：全部使用 mov 指令，如下：

```
mov eax,x
```

```
mov ebx,x+4
mov x,ebx
mov x+4,eax
```

方法 2:混用 mov 指令和 xchg 指令,如下:

```
mov eax,x
xchg eax,x+4
mov x,eax
```

方法 3:全部使用 xchg 指令,如下:

```
xchg eax,x
xchg eax,x+4
xchg eax,x
```

5. 查表转换指令

查表转换指令的语句格式如下:

xlat

功能:([ebx+al])→al,即将(ebx)为首地址、(al)为位移量的字节存储单元中的数据送入 al。

【例 5.3】 将(al)指明的十六进制数码(0~9、A~F 之一)转换为对应的 ASCII,结果放在(al)中。

(al)中存放一个十六进制数码,即对应十进制数 0~15 中的一个数。当(al)=0~9 时,对应的 ASCII 是 30H~39H,即(al)+30H→al;当(al)=10~15 时,对应的 ASCII 是"A"~"F",即 41H~46H,此时(al)+37H→al,亦可写成(al)-10+"A"→al。如果按此算法写出程序段,无疑是比较麻烦的。下面给出用查表转换指令的实现方式。

```
tab db '0123456789ABCDEF'
mov ebx,offset tab   ;变量 tab 的地址→ebx
mov al,10            ;查找十六进制数码(A)对应的 ASCII
xlat                 ;([ebx+al])=(TAB+10)=41H→al
```

当然,上述功能可用一般的数据传送指令来实现,程序段如下:

```
movzx eax,al
mov al,tab[eax]
```

例 5.3 表明,通过构造一个信息表来有规律地存放数据,可极大简化信息编码之间的转换工作。例如,对文本数据进行编码和译码,实现简单的加密和解密功能时,可构造一个密码信息表,然后查表得到转换结果。

5.2.2 带条件的数据传送指令

带条件的数据传送指令虽然有很多条,但实际上它们有共同的规律,即根据某一个或某几个标志位的值来判断条件是否成立。如果条件成立,则执行语句中的数据传送操作;否则不执行语句中的数据传送操作。这些语句的语法格式也是相同的。

带条件的数据传送指令的语句格式如下：

```
cmov***   r32,r32/m32
```

其中：cmov 是 conditional move 的缩写。

功能：当条件"＊＊＊"成立时，将源操作数传送至目的地址中，即(r32/m32)→r32。

带条件的数据传送指令的要求如下。

(1) 目的地址是一个 32 位的寄存器，记为 r32。

(2) 源操作数地址是一个 32 位的寄存器或者 32 位的内存地址（记为 m32）；m32 对应直接寻址、间接寻址、变址寻址或基址加变址寻址。

(3) m32 对应单元的数据类型是双字，即 32 位。

"＊＊＊"表示的条件成立与否通过标志位的值来判断，有些指令使用单个标志位，例如 cmove/cmovz、cmovc、cmovs、cmovo、cmovp 分别是在 ZF=1、CF=1、SF=1、OF=1、PF=1 时条件成立，执行后面的数据传送操作；与此相对的 cmovne/cmovnz、cmovnc、cmovns、cmovno、cmovnp 是在这些标志位为 0 时条件成立，执行数据传送操作；有些指令通过多个标志位的值来判断，如 cmova、cmovb、cmovg、cmovl 分别对应高于（above，CF=0 且 ZF=0）、低于（below，CF=1 且 ZF=0）、大于（great，SF=OF 且 ZF=0）、小于（little，SF≠OF 且 ZF=0）的条件。它们还有完全等同的同名词（机器码相同），如高于、等价于、不低于、等于，即 cmova 等价于 cmovnbe。除此之外，还有 cmovae、cmovbe、cmovge、cmovle 对应的条件为高于或等于、低于或等于、大于或等于、小于或等于。第 6 章会详细介绍相关标志位、指令及其用法。

带条件的数据传送指令是转移指令和数据传送指令的结合，它的引入使得程序编写更简单、执行更高效。

【例 5.4】　设有无符号双字类型变量 x、y、z，将 x 和 y 中的大者放到 z 中。

```
x dd 10
y dd 20
z dd 0
mov    eax,x
cmp    eax,y        ;比较指令,根据(eax)-(y)设置标志位
cmovb  eax,y        ;使用前一条指令设置的标志位,决定是否执行数据传送操作
                    ;和前一条语句连在一起的功能:若(eax)<(y),则(y)→eax;
                    ;否则不执行传送操作
mov z,eax
```

注意：带条件的数据传送指令在 16 位指令系统、64 位指令系统下都是支持的，它们分别是 cmov＊＊ r16,r16/m16 及 cmov＊＊ r64,r64/m64。由于在 32 位环境下编程使用的地址是 32 位的，因此不能使用 16 位内存地址的寻址方式。

5.2.3　堆栈操作指令

堆栈是主存中的一片数据存储区，它的访问和其他内存单元的访问并没有本质区别，同样由段寄存器(ss)和段内偏移(esp)、(ebp)计算出待访问单元的物理地址。只不过用 esp 指向栈顶，通过入栈(push)、出栈(pop)将数据压入堆栈和从堆栈中弹出数据，esp 自动地变化。

x86 允许用户建立自己的字或双字堆栈,其存储区位置由堆栈段寄存器(ss)给定,并固定采用 esp 作为指针,即 esp 的内容为栈顶相对于 ss 的偏移地址。空栈时,esp 指向堆栈段的最高地址即栈底,存入数据时栈顶均由高地址向低地址变化。在 32 位扁平内存管理模式下,(ss)与(ds)相同,但是数据段中的数据与堆栈段中的数据是在同一大片空间中的不同位置,两者是分离的。

堆栈是非常重要的数据存储空间。当调用子程序(即函数)时,一般都是通过堆栈来传递参数。函数中定义的局部变量的空间分配同样在堆栈中。当然,这些局部变量和函数参数的空间分配地址还是很巧妙的,在第 8 章中会详细介绍。

存取堆栈中的数据一般通过专门的指令进行。

1. 进栈指令

进栈指令的语句格式如下:

push ops

功能:将立即数或寄存器、段寄存器、存储器中的一个字/双字数据压入堆栈中。

说明:当将立即数压入堆栈时,在 32 位段下,立即数为一个 32 位数。

【例 5.5】 (1) push 1234H;(2) push ax; (3) push x。

(1) push 1234H

执行前:(esp)=0021FA96H

执行时:① (esp)−4→esp   ;(esp)=0021FA92H

        ②00001234H→↓(esp)   ;([esp])=00001234H

由此可见,esp 始终指向栈顶元素,即(esp)为当前栈顶元素的偏移地址。

执行 push 1234H 后的堆栈示意图如图 5.1 所示。

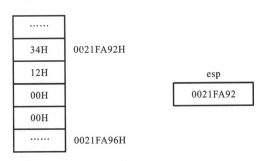

图 5.1 执行 push 1234H 后的堆栈示意图

(2) push ax

执行前:(esp)=0021FA96H   ;(ax)=1234H

执行时:① (esp)−2 →esp   ;(esp)=0021FA94H

        ②1234H→↓(esp)   ;([esp])=1234H

在压入一个字数据时,(esp)减 2;在压入一个双字数据时,(esp)减 4。由此可见,esp 的减小量由数据所占的字节数决定。在 32 位段中,默认的立即数占 4 个字节。

(3) push x

x 是一个定义在数据段的双字类型变量。

执行时:① (esp)−4 →esp

　　　　② (x)→↓(esp)

push 指令默认了目的操作数的地址是堆栈栈顶,因此在指令中只需给出源操作数的寻址方式。

2. 出栈指令

出栈指令的语句格式如下:

pop opd

功能:将栈顶元素弹出送至某一寄存器、段寄存器(除 cs 外)或存储器中。

【例 5.6】　pop ebx。

设执行前: (esp)=0021FA92H,堆栈的双字数据为([esp])=00001234H。

执行时:① ([esp]) → ebx　　　　　;(ebx)=00001234H

　　　　② (esp)+4 →esp　　　　　;(esp)=0021FA96H

出栈操作可记为:↑(esp)→ebx

注意:执行该操作后,原来(esp)所指向的数据并没有发生变化,这与我们生活中从一个箱子里取出一个物品是不同的,它实际上做数据传送(拷贝)工作,只是执行完传送操作后,(esp)发生了变化,指向了下一个单元。请看下面的例子。

```
push 1234H
pop eax
mov ebx,[esp-4]
```

三条语句执行后,(eax)=(ebx)=00001234H。

【例 5.7】　下面程序段执行后,(ebx)的值是什么?

```
mov eax,-1
mov [esp],eax
pop ebx
```

我们在分析程序时不需要关心(esp)的值是多少,只需要知道各指令的功能是什么,各完成了什么操作即可。在执行“mov [esp],eax”语句时,(esp)是不会发生变化的,只是将(eax)传送到(esp)指向的单元,即堆栈的栈顶,执行 pop ebx 语句时,从栈顶取一个双字送给 ebx,故(ebx)=0FFFFFFFFH,或者写成(ebx)=−1。

【例 5.8】　设数据段中定义了 2 个双字类型的变量 x 和 y,写出完成(x)→y 的指令段。

```
x dd 10
y dd 20
```

实现该功能的方式有多种,但千万不能写成“mov y,x”。请读者对照双操作数指令的规则,想想为什么。

方法 1:

```
mov eax,x
mov y,eax
```

方法 2:

```
push x
pop y
```

方法 3：

```
mov eax,x
xchg eax,y
```

3. 将 8 个寄存器内容顺序入栈指令

该指令分为 8 个 16 位通用寄存器入栈指令 pusha 和 8 个 32 位通用寄存器入栈指令 pushad 两种。

（1）8 个 16 位通用寄存器入栈指令的语句格式如下：

pusha

功能：将 8 个 16 位通用寄存器按 ax、cx、dx、bx、sp、bp、si、di 顺序入栈保存。

说明：在该指令执行时，压入堆栈的 sp 值是执行 pusha 之前的 sp 值。

（2）8 个 32 位通用寄存器入栈指令的语句格式如下：

pushad

功能：将 8 个 32 位通用寄存器按 eax、ecx、edx、ebx、esp、ebp、esi、edi 顺序入栈保存。

说明：其入栈保存的方式同 pusha，只是栈指针 esp 每次减 4。

4. 将 8 个寄存器内容顺序出栈指令

相应的出栈指令为 popa 和 popad，出栈顺序与入栈顺序相反。

提示：严格来说，堆和栈是两个不同的概念。堆（heap）上分配的内存，系统不释放，而且是动态分配的。栈（stack）上分配的内存，系统会自动释放，它是静态分配的。运行时栈叫堆栈。栈的分配是从内存的高地址向低地址分配的，而堆则相反。由 malloc 或 new 分配的内存都是从堆上分配的内存，从堆上分配的内存必须由程序员自己用 free 或 delete 来释放，否则这块内存会一直被占用而得不到释放，因此就出现了"内存泄漏（memory leak）"。这样会造成系统的可分配内存越来越少，导致系统崩溃。

5.2.4 标志寄存器传送指令

x86 微处理器为标志寄存器专门设置了几条操作指令，它们是标志寄存器传送指令、标志寄存器进栈和出栈指令。这几条指令均不带操作数且只能对标志寄存器进行操作，也不能改变标志寄存器中未定义位的值。

1. 将标志位传送到 ah 中

语句格式如下：

lahf(load flags into ah register)

功能：将标志寄存器的低 8 位送入 ah 中，即 $(eflags)_{7\sim0} \rightarrow ah$。该指令的执行对标志位无影响。

说明:eflags 是本书为标志寄存器取的符号名,因此,它不能像寄存器名一样可在机器指令语句中直接引用。

2. 将(ah)传送到标志寄存器

语句格式如下:

sahf(store ah register into flags)

功能:将(ah)送入标志寄存器的低 8 位中,高位保持不变,即(ah)→eflags$_{7\sim0}$。

3. 32 位标志寄存器进栈指令

语句格式如下:

pushfd

功能:将标志寄存器的内容压入堆栈,记为(eflags)→↓(esp)。

4. 32 位标志寄存器出栈指令

语句格式如下:

popfd

功能:将栈顶内容弹出送入标志寄存器中,记为↑(esp)→eflags。

说明:这是一条比较特殊的指令,不能简单地理解为从栈顶取出一个 32 位数送给 eflags,该指令不影响标志位 RF、VM、IOPL、VIF、VIP 和未定义位,即这些位原来是什么值,在 popfd 后保持不变。

【例 5.9】　popfd 指令举例。

执行前:([esp])=00000000H,(eflags)=00003487H,(esp)=00FFFF02H

执行时:↑(esp)→eflags,(esp)+4=00FFFF02H+4=00FFFF06H

执行后:(eflags)=00003002H

说明:由于标志寄存器中的第一位总为 1,原 I/O 特权级为 3,都是不能改变的,因此,标志寄存器的内容为 00003002H。由于该例在执行前与执行后的标志寄存器高 16 位均为 0,因此,未改变 RF、VM、VIF、VIP 的值。

尽管 popfd 有这些"莫名其妙"的规定,但在使用时,一般与 pushfd 配对一起使用,因此使用起来很简单。

5. 16 位标志寄存器进栈指令

语句格式如下:

pushf

功能:将标志寄存器的内容压入堆栈,记为(eflags)$_{15\sim0}$→↓(esp)。

6. 16 位标志寄存器出栈指令

语句格式如下:

popf

功能:将栈顶内容弹出送入标志寄存器中,记为↑(esp)→eflags$_{15\sim0}$。

5.2.5 地址传送指令

1. 传送偏移地址指令

传送偏移地址指令的语句格式如下：

lea opd,ops

功能：按 ops 提供的寻址方式计算偏移地址，并将其送入 opd 中。

说明：

(1)opd 一定要是一个 32 位的通用寄存器。

(2) ops 所提供的一定是一个存储器地址。

(3) 在所有的机器指令中，lea 是非常特殊的一条指令。它只计算了源操作数的地址，然后将计算的结果送到 opd 中，而其他指令都要根据源操作数的地址去取相应的内存单元中的内容。

在 8086 和分段内存管理模式中，opd 可以是 16 位的通用寄存器。在 32 位段扁平内存管理模式下，由于寄存器间接寻址等都要求使用 32 位寄存器，因此给 16 位的寄存器赋值无实际意义。

【例 5.10】 取变量 x 的地址送给寄存器 ebx。

设有如下数据段定义：

```
.data
x db '12345'
p dd x
```

方法 1：

```
lea ebx,x      ;与变量 x 定义的类型无关
```

方法 2：

```
mov ebx,offset x
```

注意：只有当 x 是数据段中定义的全局变量，能够在编译时确定其地址时，才能用 offset 事先得到其地址。当 x 是在子程序(函数)中定义的局部变量时，则只能用"lea ebx,x"。这与局部变量的空间分配方法有关，详见第 8 章中的介绍。

方法 3：

```
mov ebx,p
```

p 是一个双字类型的变量，其后的表达式是变量 x，存放的就是 x 的偏移地址。

【例 5.11】 编写程序段实现(ebx)＋(ecx)→eax。

注意：千万不要写成"mov eax,ebx＋ecx"，请读者根据 6 种寻址方式的语法格式判断其错误的原因。

方法 1：

```
mov eax,ebx
add eax,ecx
```

方法 2：

```
lea eax,[ebx+ecx]
```

请读者一定要注意"mov eax,[ebx＋ecx]"和"lea eax,[ebx＋ecx]"两条语句的本质区别。前者要根据源操作数地址取相应单元的内容送给 eax；而后者是将计算出的源操作数的有效地址直接送给 eax。

2. 传送偏移地址及数据段首址指令

在 8086 和分段管理模式下，用户完全可以根据自己的需要，在一个程序中定义多个代码段、多个堆栈段和多个数据段。如果 CPU 需要访问 6 个段以外的存储区，则只要改变相应段寄存器的内容即可。当程序中使用多个数据段时，lds、les、lfs、lgs、lss 指令为随时改变段寄存器的内容提供了极大方便。它们的格式是一样的。

其语句格式如下：

lds opd,ops

功能：(ops)→opd，(ops＋2)→ds。

说明：

(1)opd 一定是一个 16/32 位的通用寄存器。

(2) ops 所提供的一定是一个存储器地址，且类型为 dd/df。

在 32 位扁平内存管理模式下，不再需要使用这些指令。

5.3　算术运算指令

算术运算指令分为二进制数算术运算指令和 BCD 码算术运算调整指令，本节将对二进制数算术运算指令进行详细介绍，而 BCD 码算术运算调整指令只需读者有一般性了解。

二进制数算术运算指令是指对二进制数进行加、减、乘、除运算的指令，主要包括以下几类。

- 加法类指令(inc、add、adc)。
- 减法类指令(dec、sub、sbb、neg、cmp)。
- 乘法类指令(imul、mul)。
- 除法类指令(idiv、div)。
- 符号扩展指令(cbw、cwd、cwde、cdq)。

除此之外，还有带进位的无符号整数加法 adcx、带溢出位的无符号整数加法 adox 等指令。在这些指令中，除符号扩展指令外，均会不同程度地影响标志寄存器中的标志位。第 2 章中已介绍了常见的根据运算结果设置标志位的规则。

十进制数算术运算指令有 daa(decimal adjust after addition)、das(decimal adjust after subtraction)、aaa/aas/aam (ASCII adjust after addition/subtraction/multiplication)、aad (ASCII adjust before division)。它们是对采用 BCD 码表示的十进制数进行运算，运算后再进行调整，使得结果仍然采用 BCD 码表示。

例如，设有十进制数运算 37＋35＝72。对于十进制数 37 采用压缩 BCD 码表示为 37H。

注意,37 的数值表示是 25H。

```
mov al,37h
mov bl,35h
add al,bl  ;(al)=6CH
daa        ;(al)=72H
```

daa 将(al)的内容调整压缩为 BCD 码。

如果 al 的低 4 位大于 9 或 AF＝1,则(al)＋6→al,并将 AF 置 1。

如果 al 的高 4 位大于 9 或 CF＝1,则(al)＋60H→al,且将 CF 置 1。

直观上看,加法运算后调整 BCD 码,当个位数大于 9 时,应向前产生进位(即加 10H 或表示为 16),同时该数码应减 10,故对该数加 6。当十位数大于 9 时,则要加 60H。其他的十进制数算术运算指令的基本思想类似,此处不再赘述。

5.3.1　加法指令

1. 加 1 指令

其语句格式如下:

inc opd

功能:(opd)＋1→opd。

2. 加法指令

其语句格式如下:

add opd,ops

功能:(opd)＋(ops)→opd,即将目的操作数与源操作数相加,结果存入目的地址中,而源地址中的内容并不改变。

3. 带进位的加法指令

其语句格式如下:

adc opd,ops

功能:(opd)＋(ops)＋(cf)→opd,即将目的操作数、源操作数及标志位 cf 相加,结果存入目的地址中,而源地址中的内容并不改变。

【例 5.12】　用 32 位寄存器实现 64 位数的加法。

```
x dd 0F2345678H, 30010205H    ;从(x)取到的 64 位数是 30010205F2345678H
y dd 10000002H, 55667780H     ;从(y)取到的 64 位数是 5566778010000002H
z dd 0,0
mov eax,x
add eax,y                     ;(eax)=0234567AH,CF=1,ZF=0,SF=0,OF=0
mov z,eax                     ;mov 指令不影响标志位
mov eax,x+4
adc eax,y+4                   ;(eax)=85677986H,CF=0,ZF=0,SF=1,OF=1
mov z+4,eax                   ;z 中的 64 位数是 856779860234567AH
```

5.3.2　减法指令

1.　减 1 指令

其语句格式如下：

dec opd

功能：(opd)－1→opd。

2.　求补指令

其语句格式如下：

neg opd

功能：将目的操作数的每一位取反(包括符号位)后加 1 再传入 opd。

求补指令是求(opd)中相反数的补码，这与求(opd)的绝对值是有区别的。若要求(opd)的绝对值，首先要判断(opd)的最高二进制位是否为 1，若为 1，则再求补；若为 0，则直接返回。

3.　减指令

其语句格式如下：

sub opd,ops

功能：(opd)－(ops)→opd。

4.　带借位的减指令

其语句格式如下：

sbb opd,ops

功能：(opd)－(ops)－(cf)→opd。

用法与 adc 的用法类似，用 32 位寄存器实现 64 位数的减法时，先做低 32 位的减法，然后做高 32 位的减法时就要减去前面产生的借位。

5.　比较指令

其语句格式如下：

cmp opd,ops

功能：(opd)－(ops)。

cmp 指令根据(opd)－(ops)的差来设置标志位，但该结果并不存入目的地址，该语句执行结束后，源地址和目的地址对应单元中的内容均不改变。一般情况下，此语句的后面常常是条件转移语句，用来根据比较的结果实现程序的分支。

【例 5.13】　　分析下面两条语句的功能。

```
cmp eax,0
jne L        ;等价语句是 jnz L,即 ZF=0 时转移
```

第一条语句将(eax)与 0 进行比较；第二条语句是转移语句，根据前面一条语句的比较结

果确定转移方向。如果(eax)≠0,则转移至标号 L 处执行;否则顺序执行。

【**例 5.14**】　阅读下列程序段,指出它所完成的运算。

```
cmp eax, 0
jge exit    ;如果(eax)≥0,则转移至 exit
neg eax     ;如果(eax)＜0,则(eax)求补→eax
exit:……
```

该程序段可用于实现将(eax)绝对值送入 eax。

本例中可用 jns 来代替 jge。但是两条语句使用的标志位并不相同,详见第 6 章中有关转移指令的介绍。

下面给出另一种将(eax)绝对值送给 eax 的方法。

```
cmp eax,0
jge exit      ;如果(eax)≥0,则转移至 exit
mov ebx,eax
mov eax,0
sub eax,ebx
exit:……
```

另外,本例中还可用乘法代替求补或减法运算,当(eax)＜0 时,(eax)＊(−1)→eax。

5.3.3　乘法指令

前面介绍的加法、减法运算指令都不区分运算对象是有符号数还是无符号数。有符号数在计算机内采用补码表示,其最高位为符号位,计算机在进行运算时,并不单独处理符号,而是将符号作为数值一起参加运算。当然,若将两个运算数都当成有符号数或者都当成无符号数进行比较,结果都是不同的。但是 cmp 指令不存在有/无符号数的说法,标志位的设置是按规则设定的,只是条件转移指令使用的标志位不同而已。详见第 6 章中转移指令的介绍。

在乘法、除法运算中,要区别有符号数与无符号数的乘法、除法运算。x86 微处理器提供了有符号乘、除指令和无符号乘、除指令。

1. 双操作数的有符号乘指令

其语句格式如下:

imul opd,ops

功能:(opd)＊(ops)→opd

说明:opd 可为 16/32 位的寄存器,ops 可为同类型的寄存器、存储器操作数或立即数。

将两个操作数都当成有符号数,然后看计算的结果,例如:

```
imul eax,ebx                ;(eax)＊(ebx)→eax
imul eax,dword ptr [edi]     ;(eax)＊([edi])→eax
imul eax,5                  ;(eax)＊5→eax
imul ax,bx                  ;(ax)＊(bx)→ax
```

2. 三个操作数的有符号乘指令

其语句格式如下:

```
imul opd,ops,n
```

功能:(ops) *n → opd

说明:opd 可为 16/32 位的寄存器,ops 可为同类型的寄存器、存储器操作数,n 为立即数,例如:

```
imul eax,ebx,-10           ;(ebx)*(-10)→eax
imul eax,dword ptr[edi],5  ;([edi])*5→eax
imul ax,bx,-10             ;(bx)*(-10)→ax
```

3. 单操作数的有符号乘指令

其语句格式如下:

```
imul ops
```

功能:字节乘法为(al)*(ops)→ax;字乘法为(ax)*(ops)→dx,ax;双字乘法为(eax)*(ops)→edx,eax。

说明:

(1) 字节/字/双字乘法中到底选哪一个? 这是由 ops 的类型决定的。当 ops 是字节类型的地址(包括字节类型的寄存器)时,则选字节乘法,依此类推。

(2) 该格式的乘法运算指令只需指定源操作数(乘数),而另一个操作数是隐含的,被乘数和乘积都在规定的寄存器中(不可使用其他寄存器)。源操作数只能是存储器操作数或寄存器操作数而不能是立即数,操作结束后,(ops)不变。

(3) 如果乘积的高位(字节相乘是指结果在 ah 中的部分,字相乘是指 dx,双字相乘是指edx)不是低位的符号扩展,即在 ah(或 dx、edx)中包含有乘积的有效位,则 CF=1、OF=1;否则,CF=0,OF=0。系统未定义乘法指令影响 SF、ZF、AF 和 PF 标志位。

单操作数的乘法指令比多操作数的乘法指令的使用方法要复杂一些,建议初学者在编程时尽量选用多操作数的乘法指令。

4. 无符号乘指令

其语句格式如下:

```
mul ops
```

功能:① 字节乘法为(al)*(ops)→ax;② 字乘法为(ax)*(ops)→dx,ax;③ 双字乘法为(eax)*(ops)→edx,eax。

说明:(1)该指令的使用格式与单操作数的 imul 相同,只是参与运算的操作数及相乘后的结果均是无符号数。

(2) 如果乘积的高位不为 0,即在 ah(或 dx/edx)中包含有乘积的有效位,则 CF=1、OF=1;否则,CF=0,OF=0。系统也未定义该乘法指令影响 SF、ZF、AF 和 PF 标志位。

【例 5.15】 有符号乘法和无符号乘法的比较。

```
mov al,10H
mov bl,-2  ;(bl)=0FEH
imul bl
```

执行后(ax)＝0FFE0H,结果是高字节无有效位,而有 NC(CF＝0)、NV(OF＝0)。

若将 imul bl 换成 mul bl,执行后(ax)＝0FE0H,结果是高字节有有效位,有 CY(CF＝1)、OV(OF＝1)。

5.3.4 除法指令

1. 无符号除指令

其语句格式如下:

div ops

功能:① 字节除法为(ax)/(ops)→al(商),ah(余数);② 字除法为(dx、ax)/(ops)→ax(商),dx(余数);③ 双字除法为(edx、eax)/(ops)→eax(商),edx(余数)。

说明:

(1) 除法类型由 ops 的类型决定。

(2) ops 不能是立即操作数,且指令执行后,(ops)不变。

(3) 如果除数为 0,即(ops)＝0,则产生异常 Integer division by zero。

(4) 如果被除数太大,而除数小,使得商在相应的寄存器中存放不下,则产生溢出异常 Integer overflow。

例如,(ax)＝1234H,(bl)＝1,执行 div bl,按理论结果,商为 1234H,将其送入 al 中,无疑超出了一个字节的表示范围,故溢出。

2. 有符号除指令

其语句格式如下:

idiv ops

功能:① 字节除法为(ax)/(ops)→al(商),ah(余数);② 字除法为(dx,ax)/(ops)→ax(商),dx(余数);③ 双字除法为(edx、eax)/(ops)→eax(商),edx(余数)。

说明:(1)～(4)点的内容与 div 语句的相同。

(5) 相除后,所得商的符号与数学上规定的相同,但余数与被除数同号。

为了避免除法产生溢出错误,应该使用更长的数据类型参与运算。例如,实现(ax)＝1234H 和(bl)＝1 的无符号数除法的指令段如下:

```
mov    dx,0
movzx  bx,bl
div    bx      ;用(dx,ax)作为被除数,(bx)作为除数,商 1234H→ax。
```

在记忆字节除法指令时,是用(al)存放商还是余数,是有诀窍的。假设要将(ax)中的一个十六进制数码转换成二进制串输出,例如,将(ax)＝000AH 转换成"31H 30H 31H 30H",即 1010B 对应 ASCII 串输出。采用除以 2 的方法,(ax)/2 的余数→ah,是最后一位的二进制码,然后用商(al)继续除以 2,直到商为 0。从前面的除法指令规则可知,字节除法的被除数为(ax),这就需要将商(al)扩展为(ax)。由符号扩展的方法可知,是将低位的符号向前扩展,因而将商放在 al 中扩展。

5.3.5　符号扩展指令

1. 将字节转换成字指令

其语句格式如下：

cbw

功能：将 al 中的符号扩展至 ah 中。若(al)的最高二进制位为 1,则(ah)＝0FFH;若(al)的最高二进制位为 0,则(ah)＝00H。

说明：cbw 是 convert byte to word 的缩写。

该语句等效于"movsx ax,al"。

2. 将字转换成双字指令

其语句格式如下：

cwd

功能：将 ax 中的符号扩展至 dx 中。

说明：cwd 是 convert word to doubleword 的缩写。

当使用字除法指令时,被除数是(dx,ax),用该指令将(ax)扩展成(dx,ax)。

在 8086 时代,没有 32 位的寄存器,(ax)符号扩展到(dx)。

3. 将字转换成双字指令

其语句格式如下：

cwde

功能：将 ax 中的有符号数扩展为 32 位数并传入 eax。

说明：cwde 是 convert word to doubleword in eax register 的缩写。

该语句等效于"movsx eax,ax"。

4. 将双字转换成四字指令

其语句格式如下：

cdq

功能：将 eax 中的有符号数扩展为 64 位数并传入 edx、eax。

说明：cdq 是 convert doubleword to quadword 的缩写。

5.4　逻辑运算指令

x86 微处理器提供逻辑运算指令,包含 not(求反)、and(逻辑乘)、test(测试)、or(逻辑加)、xor(按位加)。逻辑运算指令都是按位操作指令,即对应的二进制位上的操作结果与其他位置上的二进制位无关,所有二进制位采用相同的操作规则。

1. 求反指令

其语句格式如下：

not opd

功能：将目的地址中的内容逐位取反后再送入目的地址中，即 $\overline{(opd)}\rightarrow opd$。

注意与 neg 指令的区别，neg 是求补。

2. 逻辑乘指令

其语句格式如下：

and opd,ops

功能：$(opd)\wedge(ops)\rightarrow opd$。

目的操作数和源操作数按位进行逻辑乘运算，其结果存入目的地址中。

说明：逻辑乘的运算法则为 $1\wedge1=1,1\wedge0=0,0\wedge1=0,0\wedge0=0$。

逻辑乘可用来清除某些二进制位。源操作数与目的操作数逻辑乘后，在结果中对应源操作数二进制位置为 0 的那些位一定为 0。例如，保留（ax）的最低 4 位，而让其他位为 0，即第 15～4 位清 0，可用指令"and ax,0FH"来实现。如果要保留（ax）的最高二进制位，则可用指令"and ax,8000H"。

3. 测试指令

其语句格式如下：

test opd,ops

功能：$(opd)\wedge(ops)$。

目的操作数与源操作数进行逻辑乘运算，并根据结果置标志位 SF、ZF、PF，操作结束后，源操作数地址和目的操作数地址中的内容并不改变。

该指令主要用来检测与源操作数中为 1 的位相对应的目的操作数中的那几位是否为 0（或为 1），它的后面往往跟着转移指令，根据测试的结果决定转移方向。例如，测试（ax）中第 7 位和第 15 位是否同时为 0，若为 0，则转 L。可用以下语句实现：

```
test ax,8080H
jz   L
```

4. 逻辑加指令

其语句格式如下：

or opd,ops

功能：$(opd)\vee(ops)\rightarrow opd$。

目的操作数与源操作数进行逻辑加运算，结果存入目的地址中。

说明：逻辑加的运算法则为 $1\vee1=1,1\vee0=1,0\vee1=1,0\vee0=0$。

逻辑加可将某些二进制位置为 1。例如，要使（ax）中的第 0、2、4、6 位均置 1，其余位仍保持不变，则可使用指令"or ax,55H"，55H 对应 01010101B。

5. 按位加指令

其语句格式如下：

xor opd,ops

功能：(opd)$\oplus$(ops)→opd。

目的操作数与源操作数进行按位加运算，其结果送入目的地址中。

说明：按位加的运算法则为 $1\oplus1=0,1\oplus0=1,0\oplus1=1,0\oplus0=0$。

该指令主要将目的操作数中与源操作数置 1 的对应位取反。如果操作数自身进行按位加运算，则其结果为 0。例如"xor ax,ax"等价于语句"mov ax,0"。

5.5　移　位　指　令

移位指令包括算术移位指令(sal、sar)、逻辑移位指令(shl、shr)、循环移位指令(rol、ror、rcl、rcr)和双精度移位指令(shld、shrd)。

前三种移位指令的语句格式相同，如下：

操作符　opd,n

功能：将目的操作数中的所有位按操作符所规定的方式移动 n 所规定的位数，然后将结果送入目的地址中。n 为立即数或者寄存器 cl。

下面将分别介绍各指令的移动方式。

1. 算术左移指令和逻辑左移指令

它们的语句格式如下：

sal opd,n　　　;shift arithmetic left

shl opd,n　　　;shift logical left

功能：将(opd)向左移动 n 指定的位数，而低位补入相应个数的 0。CF 的内容为最后移入位的值。

"sal opd,n"等价于"sal opd,1"连续做 n 次。

sal 和 shl 的功能是相同的，能用来实现有符号数和无符号数乘 2^n 的运算。使用时应注意是否会发生溢出。

2. 逻辑右移指令

其语句格式如下：

shr opd,n　;shift logical right

功能：将(opd)向右移动 n 规定的位数，最高位补入相应个数的 0,CF 的内容为最后移入位的值。

使用 shr 指令很方便实现对无符号数除以 2^n 的运算。

除此之外,逻辑移位指令还有一个很重要的用途,就是将一个字(或字节)中的某一位(或几位)移动到指定的位置,从而达到分离出这些位的目的。

例如,执行 shr ah,4 后,原(ah)的高 4 位就移动到了低 4 位,新的高 4 位为 0,从而使得新的(ah)为原(ah)的高 4 位的值,即原(ah)高 4 位的十六进制数码。

3. 算术右移指令

其语句格式如下:

sar opd,n ;shift arithmetic right

功能:将(opd)向右移动 n 指定的次数且最高位保持不变。CF 的内容为最后移入位的值。

sar 可用来实现对有符号数除以 2^n 的运算。

4. 循环左移指令

其语句格式如下:

rol opd,n ;rotate left

功能:将目的操作数的最高位与最低位连接起来组成一个环,将环中的所有位一起向左移动 n 所规定的位数。CF 的内容为最后移入位的值。

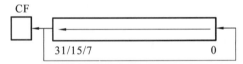

5. 循环右移指令

其语句格式如下:

ror opd,n ;rotate right

功能:该指令的移动方式同 rol,只是向右移动。

6. 带进位的循环左移指令

其语句格式如下:

rcl opd,n ;rotate through carry left

功能:将目的操作数连同 CF 标志一起向左循环移动所规定的位数。

7. 带进位的循环右移指令

其语句格式如下:

rcr opd,n　;rotate through carry right

功能:该指令的移动方式同 rcl,只是向右移动。

8. 双精度左移指令

其语句格式如下:

shld opd,ops,n　;shift left double

功能:将 ops 的最高 n 位移入 opd 低 n 位中,ops 保持不变,opd 最后移出的一位保存在 CF 中。

说明:ops 只能为与 opd 类型相同的 16 位或 32 位的寄存器。

9. 双精度右移指令

其语句格式如下:

shrd opd,ops,n

功能:将 ops 的最低 n 位移入 opd 高 n 位中,ops 保持不变,opd 最后移出的一位保存在 CF 中。

5.6　位操作和字节操作指令

位操作指令实现的功能是测试和修改一个字或者双字中的某一位。字节操作指令根据某种条件是否成立设置一个字节的值,若条件成立,则将该字节的值设为 01H,否则置为 00H。位操作指令有 bt、bts、btr、btc、bsf、bsr;字节操作指令有 sete、sets、seto、setp、seta、setb、setg、setl、setae 等。下面仅以 bt 和 sete 为代表进行介绍。

1. bt 指令

bt 指令的功能是根据位编号来对目的操作数中的位进行测试。对于字节类型,从最低位到最高位的编号是 0 至 7;字是从 0 至 15;双字是从 0 至 31。

其语句格式如下:

bt opd,ops

功能:将目的操作数中的指定位的值送入 CF,该位的编号由源操作数指定。操作结束后,opd、ops 的内容并不改变。

说明:

(1) opd 必须为 16/32 位的寄存器或存储单元。

(2) ops 只可为立即数或与 opd 同类型的寄存器操作数,不能是存储器操作数。

(3) ops 的值应为 $-128 \sim +127$。当 ops 的绝对值大于 opd 的位数时,系统则取 ops 除 16 或 32(由 opd 的类型决定)后的余数作为 opd 的位号。

2. sete 指令

其语句格式如下:

sete r8/m8

功能：当 ZF＝1 时，将目的操作数设置为 01H，否则将目的操作数设置为 00H。

说明：

(1) r8 表示一个字节寄存器。

(2) m8 是一个数据类型为字节的地址表达式，对应直接寻址、寄存器间接寻址、变址寻址或基址加变址寻址。

在指令 sete＊＊＊中，"＊＊＊"与带条件的数据传送指令的条件表达是相同的。

5.7　标志位控制指令和杂项指令

涉及标志寄存器中标志位的指令除了前面已介绍过的 lahf、sahf、pushf、popf、pushfd、popfd 外，还有 stc、clc、cmc、std、cld、sti、cli。这些指令后面都没有操作数，它们都隐含规定了操作对象。

stc、std、sti：分别置进位标志(carry flag)位、方向标志(direction flag)位、中断允许标志(interrupt flag)位为 1。

clc、cld、cli：分别清除(clear)CF、DF、IF，即将相应的标志位设为 0。

cmc 是对 CF 求反。

杂项指令包括 nop、cpuid、rdrand 等。

1. nop

该指令后无操作数，仅占一个字节，CPU 执行该指令时，不执行任何操作(no operation)。

2. cpuid

该指令用于获取当前 CPU 的信息，包括 CPU 的系列代号(family，如 PentiumIII 为第 6 代)、型号(model)、CPU 步进(stepping ID)、CPU 字串、CPU 的缓存等信息。该指令是一个无操作数的指令，但是可用(eax)来指明要获取什么信息(相对于函数 CPUID 的入口参数)；获取结果存放在 eax、ebx、ecx、edx 中，这些寄存器中各个位代表什么含义都比较繁杂。可以使用获取的信息判断当前 CPU 是否具有某种处理能力。

3. rdrand r32

产生一个 32 位的随机数，结果放在 32 位的寄存器中。

5.8　I/O 指令

计算机主机(CPU 和内存)从外部设备获取数据称为输入(input)，向外部设备传送数据称为输出(output)，简称 I/O。外部设备通过外部设备寄存器与主机之间交换数据。外部设备寄存器也称端口(port)。

按作用的不同，外部设备寄存器可分为设备状态寄存器(状态端口)、设备控制寄存器(控制端口)和数据寄存器(数据端口)三大类。每种寄存器的数量由具体的外部设备决定。CPU 访问内存需要知道被访问单元的地址。同样,访问外部设备需要知道外部设备的地址。每个设备寄存器均分配了一个唯一的编号,即端口地址。这些地址形成了 I/O 空间,其集合不应超过 64 KB(如果所需寄存器的容量超过 64 KB,则必须通过其他机制转换地址空间)。

在 x86 系统中,I/O 空间的编址方式与主存的相同,地址范围为 0000H~0FFFFH,共 64 KB。I/O 空间与主存空间不同的是,I/O 空间只能由 I/O 指令访问(I/O 指令可使 I/O 读/写控制线有效),而对其他任何指令的访问一律视为无效。

1. 输入指令

其语句格式如下:

in al/ax/eax,dx/n

功能:从端口号为(dx)或 n 的设备寄存器中取数据送入 al、ax 或 eax 中。

说明:

(1) n 为一个立即数,取值范围是 0~255。

(2) 外设寄存器的地址大于 255 时,要使用 dx 存放待访问的端口号。

(3) 从端口中输入一个字节、字、双字数据,并分别存放在 al、ax、eax 中。

(4) 当输入一个字或双字时,数据存放在连续的两个或四个端口中,指令中给出的端口号是最低字节对应端口的编号。

【例 5.16】　设有指令 in al,60H

执行前:(60H)=41H,(al)=56H

执行后:(al)=41H,(60H)不变

说明:60H 是键盘的端口地址,该端口中存放当前按键的键码。

当(dx)=60H 时,指令"in al,dx"与本例指令的功能相同。

2. 输出指令

其语句格式如下:

out dx/n,al/ax/eax

功能:将(al)、(ax)或者(eax)输出到端口号为(dx)或 n 的设备寄存器中。

3. 串输入指令

其语句格式如下:

insb　　　;输入一个字节

insw　　　;输入一个字

insd　　　;输入一个双字

ins opd,dx

功能:

(1) insb、insw、insd 是无操作数的指令;隐含了([dx])→es:[edi]。

(2) opd 的作用是为了确定输入的是字节、字还是双字。

(3) "ins opd,dx"将被翻译成 insb、insw 或 insd。

当 DF=0 时,(edi)增量 1(字节操作)或 2(字操作)或 4(双字操作)。

当 DF＝1 时,(edi)减量 1(字节操作)或 2(字操作)或 4(双字操作)。

如果同 rep 前缀连用,则 ins 可以从一输入端口传送信息块到一连续的存储器空间。例如,通过磁盘控制器的端口读入一个文件,通过网卡适配器的端口读入数据帧等。

4. 串输出指令

其语句格式如下:

outs dx,ops

outsb　　;输出一个字节

outsw　　;输出一个字

outsd　　;输出一个双字

功能:(ds:[esi])→[dx]。

当 DF＝0 时,(esi)增量 1(字节操作)或 2(字操作)或 4(双字操作)。

当 DF＝1 时,(esi)减量 1(字节操作)或 2(字操作)或 4(双字操作)。

如果同 rep 前缀连用,outs 可将一连续的主存储器的内容传送到一输出端口中(ops 为源串的符号首址)。

值得注意的是,在 Windows 系统中,应用程序不能直接使用 I/O 指令。尽管程序中使用 I/O 指令后编译和链接正常,但执行程序时会出现异常,指出 I/O 指令是特权指令(privileged instruction)。标志寄存器(eflags)中的 IOPL 位定义了使用 I/O 指令的权利,一般特权级为 0 和 1 的程序具有对 I/O 指令的访问权,而应用程序的特权级是最低的,为 3 级,无权利使用 I/O指令。

当然,每个程序的任务状态段 TSS 中用二进制序列存放着每个任务可访问的端口地址映像关系,称为允许图。每个端口对应着一个二进制位,用 0 或 1 表示能否访问该端口。在不满足特权级要求的情况下,CPU 会检查 I/O 允许图。如果 I/O 允许图中不允许访问该端口,CPU 就发出一般保护异常信号。如果允许访问,则 I/O 操作可继续执行。

在 Windows 的保护机制下,应用程序要访问外部设备,就要通过 Windows 操作系统提供的 API 来实现。本书的例子程序中使用 printf、scanf 之类的函数实现输入/输出。printf 通过调用 Windows API 函数 GetStdHandle 来得到标准设备 Std 的句柄,然后使用 WriteFile 这个 API 来写该设备,从而实现在屏幕上显示信息。

习　题　5

5.1　设有如下数据段,要求将(x)和(x＋2)中的字数据交换位置。按要求写出实现该功能的语句或语句片段。

```
.data
x dw 10,20
```

(1) 只使用 mov 指令。

(2) 只使用 xchg 指令。

(3) 混合使用 mov 和 xchg 指令。

(4) 使用 push、pop 指令。

(5) 使用循环左移指令。

(6) 使用循环右移指令。

5.2　对于习题 5.1 所示的语句片段,请写出将(x+2)中的字数据送入 ax 中的指令或指令段,
　　要求访问(x+2)时使用以下指定的寻址方式。

(1) 直接寻址。

(2) 寄存器间接寻址。

(3) 变址寻址。

(4) 基址加变址寻址。

5.3　编写程序段,判断(ax)的最高位是否为 1,若是,则转移到 L 处。判断时要求使用以下指
　　定的指令。

(1) cmp 指令。

(2) test 指令。

(3) or 指令。

(4) shl 指令。

(5) rol 指令。

5.4　编写程序段,求(ax)的绝对值,结果仍保留在 ax 中,要求使用指定的指令。

(1) 求补指令。

(2) 乘法指令。

(3) 减法指令。

(4) 求反指令。

5.5　编写程序段,求(ax)＊2→ax,不考虑溢出,要求使用指定的指令。

(1) 加法指令。

(2) 乘法指令。

(3) 移位指令。

5.6　运行如下程序段,给出每条语句执行后 ax 中的十六进制内容是什么?

```
mov ax,0
add ax,7FFFH
xchg ah,al
dec ax
add ax,0AH
not ax
sub ax,0FFFFH
or  ax,0ABCDH
and ax,0DCBAH
sal ax,1
rcl ax,1
```

上机实践 5

5.1　设有如下 C 语言程序段:

```
int x=10;
int y=20;
x=x-y;
y=x+y;
x=y-x;
```

试说明该段程序的功能。请用反汇编观察其生成的代码,并用汇编语言写出实现同等功能的优化代码。

5.2　设有如下 C 语言程序段:

```
int x=10;
int y=20;
x=x^y;
y=x^y;
x=x^y;
```

请说明该段程序的功能。请用反汇编观察其生成的代码,并用汇编语言写出实现同等功能的优化代码。

5.3　编写程序,统计 (ax) 的二进制数中数码 1 出现的次数。例如 (ax)＝7000H,数码 1 出现 3 次。

第6章 顺序和分支程序设计

在汇编语言程序中,最常见的形式有以下几种:顺序程序、分支程序、循环程序、子程序。这几种程序的设计方法是汇编语言程序设计的基础。本章首先介绍一般程序设计应注意的问题以及程序的基本结构,重点介绍分支程序设计方法和分支程序设计应注意的问题。本章给出的例子程序都是 x86 下 32 位段扁平内存管理模式的程序。

6.1 概　　述

设计一个程序通常从两个方面入手:一是要认真分析任务需求,选择好解决方法;二是要针对选定的算法选用合适的指令,编写高质量的程序。一个高质量的程序不仅要满足设计的要求,而且应尽可能实现以下几点。

- 结构清晰、简明、易读、易调试。
- 执行速度快。
- 占用存储空间少。

速度和空间问题有时是矛盾的,这就需要加以权衡,解决矛盾的主要方面。一般情况下,要优先考虑程序的易读性。目前计算机的 CPU 性能都很高,内存也比较大,因此对于小规模程序,速度和空间都不存在问题。

为了方便阅读和调试,还要写出程序的注释。并不需要在每条语句后都写注释,例如 mov ax,0;,若写注释"将 0 送入 ax 中",这是毫无意义的注释,因为阅读程序的人是懂语句含义的。写注释的主要目的是让别人或自己更易读懂程序。

在写程序前,先写注释,理清思路,只有逻辑清晰,才不容易犯错误。注释的内容包括:一段程序的功能、算法思想、寄存器的功能分配。对于比较简单明了的算法,可简写算法思想,没有必要详细描述,但对于绕弯较多的算法,要仔细写出算法思想。

1. 汇编语言程序设计的一般步骤

汇编语言程序设计的一般步骤如下。

(1) 分析问题,选择合适的解题方法,将程序设计成多个模块(即子程序、函数)的形式,每个模块相对独立,各自完成一定的功能。

(2) 根据具体问题,确定输入/输出数据的格式,分配存储区并给变量命名。

(3) 对于每一个模块,分别确定使用的寄存器功能。

(4) 绘制程序的流程图,将解题方法和步骤用程序流程图的形式表示出来。

(5) 根据流程图编写程序。

(6) 静态检查程序是否达到所需要的目标。静态检查就是在上机调试之前,采用人工阅读程序的方法检查程序是否满足设计要求,有无语法或逻辑错误等。程序经过静态检查且修改完善之后,再上机调试、运行,将事半功倍。

对于初学者来说,特别要注意画流程图。流程图由特定的框、图形符号及简单的文字说明组成,它用来表示数据处理过程的步骤,能形象地描述逻辑控制结构及数据的流程,能清晰地表达算法的全貌,具有简洁、明了、直观等特点,便于简化结构、推敲逻辑关系、排除设计错误、完善算法,对设计程序很有帮助。初学者不习惯画流程图,总喜欢一动手就写指令,这样容易出漏洞,造成逻辑上的混乱,在上机调试时出现语法错误或逻辑错误,程序很难顺利通过,不仅浪费时间,而且难以写出高质量的程序。

流程图的详细程度依据问题的复杂程度而定。对于复杂的问题,应首先考虑程序的总体结构,画出各功能模块间的结构图;然后将各模块的问题细化,画出各模块的流程图。依据细化了的流程图编写程序,工作效率会高得多。另外,在确定输入/输出数据格式、分配存储区、寄存器、变量命名时,应依据机器硬件的特性,精确到字节、字或双字等。

在编写程序的过程中,不需要等待程序都写完后再进行编译。建议写完一部分程序后就进行编译,检查有无语法错误。特别是初学者,编写汇编语言程序时,可能会忘记一些语法规则,尽早发现语法错误,增强对语法规则的理解,就会在后面的编程中少犯错误。

编写完程序,先别急着上机调试程序,因为阅读程序比调试程序能更快地发现逻辑错误,阅读程序一般能找出 70%～80% 的错误。当然,在阅读程序时,需要将自己的大脑当成一个 CPU,边读边想语句执行后对寄存器、内存等有何影响。调试程序时,按模块调试,检查进入模块时的数据是否正确,模块处理结束后加工结果是否正确。需要强调的是,在读、写、上机调试程序的过程中,一定要仔细、认真地逐条推敲所学指令的功能、用途。马马虎虎、似是而非是不可能设计出好程序的。

下面给出汇编语言程序流程图中常用符号的说明。

2. 流程图中常用符号的说明

流程图中常用符号包含以下几种。

(1) 起始、终止框(⬭):用来表示程序的开始和结束。

(2) 输入、输出框(▱):用来表示程序的输入和输出信息,在平行四边形框中,写出输入和输出的信息名称。

(3) 判断框(◇Y/N):表示进行条件判断以决定程序的流向,判断的条件写在菱形框中。它有两个出口,在每个出口处应标明出口的条件,一般用"Y"表示条件满足,用"N"表示条件不满足。

(4) 处理说明框(▭):用来代表一段程序(或一条指令)的功能。其功能应在框内进行简单、明确的说明,尽量采用直观、自然的语言和符号,不要书写指令语句。

(5) 子程序或过程调用框(▯):用来说明要调用的子程序或过程。框中要标明子程序或过程的名字。

(6) 指向线(→ ← ↓ ↑):亦称流程线,它总是指向下一个要执行的操作,即表示流程的方向。在画图时,指向线尽量不要交叉,当两条指向线不得已而交叉时,可将其中一条指向线的交叉处用圆弧隔开,且指向线上是有箭头的。

(7) 连接框(①):框中可标入字母或数字。当框图较复杂或分布在几张纸上时,就用连接框来表示它们之间的关系。相同符号的连接框是互相连接的。

图 6.1 所示的为算法流程图连接框的用法示意图。左、右两个虚线矩形框表示两张不同的纸。在左边的纸内，连接框 3 的程序是相连的；在左、右两张纸中，连接框 1 的程序是前后相连的，连接框 2 的程序也是前后相连的。

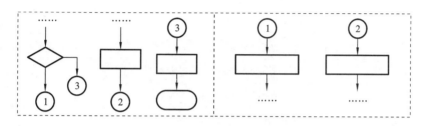

图 6.1　算法流程图连接框的用法示意图

在画流程图时，要注意画图的规范性、准确性、美观性和紧凑性。

进行程序调试时，要注意测试的充分性，特别是对一些边界条件，要检查程序的运行结果是否正确。例如，比较两个字符串是否相同，可设其中一个串为"ABCD"，让它与"ABCF"、"ABC"、"ABCDE"进行比较，看比较的结果是否正确。

6.2　程序中的伪指令

汇编语言源程序由机器指令和伪指令组成。第 5 章已经介绍了常用的机器指令，本节介绍常用的一些伪指令。有些伪指令在前面的例子中已出现过，这里给出更详细的介绍。还有一些伪指令将在后面的章节中介绍。

Visual Studio 2019 中的编译器支持如下几类伪指令。

- 处理器选择伪指令。
- 存储模型说明伪指令。
- 数据定义伪指令。
- 符号定义伪指令。
- 段定义伪指令。
- 过程定义伪指令。
- 程序模块的定义与通信伪指令。
- 宏定义伪指令。
- 条件汇编伪指令。
- 格式控制、列表控制及其他功能伪指令。

其中有些伪指令前面介绍过，有些伪指令将在后面用到的时候再介绍。

6.2.1　处理器选择伪指令

x86 系列微处理器的功能向下兼容，但每高一档的 CPU 都会在前一档 CPU 上增加若干功能更强的新指令，因此编写程序时，要合理选择所使用的处理器，即告诉汇编程序（编译器）选择何种 CPU 所支持的指令系统。编译器根据处理器选择伪指令判断程序中所用指令是否合法。处理器选择伪指令的格式和功能列表如表 6.1 所示。

表 6.1　处理器选择伪指令的格式和功能列表

. 8086	接受 8086 指令（默认方式）
. 186	接受 80186 指令
. 286	接受除特权指令外的 80286 指令
. 286P	接受全部的 80286 指令，包括特权指令
. 386	接受除特权指令外的 80386 指令
. 386P	接受全部的 80386 指令，包括特权指令
. 387	接受 80387 数学协处理器指令
. 486	接受除特权指令外的 80486 指令，包括浮点数指令
. 486P	接受全部的 80486 指令，包括浮点指令、特权指令
. 586	接受 Pentium 指令，特权指令除外
. 586P	接受全部的 Pentium 指令
. 686	接受 Pentium Pro 指令，特权指令除外
. 686P	接受全部的 Pentium Pro 指令
. MMX	接受 MMX 指令
. XMM	接受 SSE、SSE2、SSE3 指令

在源程序中，处理器选择伪指令一般放在程序的开始处，表示下面的段均使用该处理器所支持的指令系统。

提示：对一个 C 语言程序，编译时可让其生成汇编语言程序。设置"项目属性→C/C++→输出文件→汇编程序输出"为"带源代码的程序集(/FAs)"。打开生成的汇编语言程序，看到的处理器选择伪指令为".686P"和".XMM"。

6.2.2　存储模型说明伪指令

存储模型说明伪指令的格式如下：
.model　*存储模型*　［,*语言类型*］
功能：(1)"存储模型"用于指定内存管理模式，常用的存储模型如表 6.2 所示。对于 Win32 程序来说，由于内存是一个连续的 4 GB 段，因此应该选择平坦模型 flat。

表 6.2　常用的存储模型

存储模型	段的大小	代码访问范围	数据访问范围	备　　注
tiny	16 位	NEAR	NEAR	代码和数据全部放在同一个 64 KB 段内，常用于生成.com 程序
small	16 位	NEAR	NEAR	代码和数据在各自的 64 KB 段内，代码总量和数据总量均不超过 64 KB

存储 模型	段的 大小	代码访 问范围	数据访 问范围	备　　注
compact	16 位	NEAR	FAR	代码总量不超过 64 KB,数据总量可超过 64 KB
medium	16 位	FAR	NEAR	代码总量可超过 64 KB,数据总量不超过 64 KB
large	16 位	FAR	FAR	代码和数据总量均可超过 64 KB,但单个数组不超过 64 KB
huge	16 位	FAR	FAR	代码和数据总量均可超过 64 KB,单个数组可超过 64 KB
flat	32 位	NEAR	NEAR	代码和数据全部放在同一个 4 GB 空间内

本书中的例子所使用的存储模型都是 flat。

(2)"语言类型"是一个可选项,可出现也可不出现。在不给出"语言类型"的情况下,要在函数(子程序)定义和函数原型说明中给出"语言类型"。若存储模型说明中出现了"语言类型",且函数的语言类型与之一致,则可在函数定义和函数原型说明中默认"语言类型"。在第 8 章中给出了完整的函数原型说明和函数定义语句。

"语言类型"用于指定函数参数的传递方法和释放参数所占用空间的方法。语言类型有 c、pascal、stdcall 等。对于 Windows 操作系统提供的 API 函数(如 ExitProcess),其语言类型为 stdcall 类型,采用堆栈法传递参数,参数进栈次序为:函数原型描述中最右边的参数最先入栈、最左边的参数最后入栈;由被调用者(即函数内)在返回时释放参数占用的堆栈空间。对于 C 语言的标准库函数(如 printf),语言类型为 c。C 语言类型的参数传递方式与 stdcall 的相同,不同之处在于由调用函数释放参数所占用的空间。存储模型说明伪指令必须放在源文件中所有其他段定义伪指令之前且只能使用一次。

注意:函数定义语句中的语言类型与函数原型说明中的语言类型应一致。

6.2.3　段定义及程序结束伪指令

汇编语言程序由多个段组成。一个段的开始也是前一个段的结束。

定义数据段伪指令如下:

. data 或者. data?

定义代码段伪指令如下:

. code ［段名］

定义堆栈段伪指令如下:

. stack ［堆栈字节数(省略时为 1024)］

定义常数(只读)数据段伪指令如下:

. const

定义程序结束伪指令如下:

end［表达式］

该语句为源程序的最后一条语句,用以标志整个程序的结束,即告诉汇编程序,汇编工作到此为止。其中表达式为可选项。如果 end 后面带有表达式,其值必须是一个存储器地址。该地址为程序的启动地址,即该程序在计算机上运行时第一条被执行指令的地址。一般情况下,表达式为一个标号,或者是一个子程序(函数)的名字。在多模块程序设计中,至多一个模块的 end 语句后有表达式,指明程序执行的入口点。当然也可以在编译器中设置程序执行的入口点。

编程时一定要注意不可将 end 语句错误地安排在程序中间。因为汇编程序在将源程序汇编成目标程序时,是以 end 为汇编工作的结束标记的,这样一来,end 后面的语句就不可能被翻译成目标代码了。

前面程序中已用过的伪指令还有:函数说明伪指令(如 proto)、包含库伪指令(如 includelib)、数据定义伪指令(如 db、byte、sbyte 等)、符号常量定义伪指令(如 equ)、数据对齐伪指令(如 enev、align、org)、函数调用伪指令等,此处不再赘述。

6.3 转 移 指 令

转移指令包含条件转移指令和无条件转移指令,其特点是改变程序的执行顺序,即改变指令指针 cs:EIP 的值。条件转移指令根据条件标志的状态判断是否转移。无条件转移指令则不做任何判断,无条件地转移到指令中指明的目的处执行。转移指令较多,下面分条件转移和无条件转移两种情况介绍这些指令。

除这些转移指令外,还有一些指令也会改变程序的执行顺序,包括循环指令、子程序调用和返回指令、中断调用和返回指令。这些指令将在后面的章节介绍。

6.3.1 转移指令概述

根据条件转移指令在转移时所依据的条件的特点,可将其分成以下 4 类。
(1) 简单条件转移指令。这类指令是根据单个标志的状态来决定是否转移,共有 10 条。
(2) 无符号条件转移指令。这类指令共有 4 条。
(3) 有符号条件转移指令。这类指令共有 4 条。
(4) 无条件转移指令。这类指令只有 1 条。
前三类转移指令的语句格式如下:
〔标号:〕 操作符 标号
功能:如果转移条件满足,则(EIP)+位移量→EIP,否则,执行紧跟转移指令之后的那条指令。

在转移指令语句中,操作符后面的标号指向满足转移条件时程序准备执行的指令语句的位置。经过汇编程序汇编后,该标号被翻译成紧跟转移指令后的那条指令的(EIP)到转移目的地址处之间的字节距离(称为位移量)。根据汇编程序计算的结果,位移量将确定为一个 8 位的有符号数。当它为正数时,表示往前(下)转移;当它为负数时,表示往回(上)转移。对于转移距离在 −128〜127 之间的标号称为短标号。

6.3.2 简单条件转移指令

在 x86 机器中,标志 CF、ZF、SF、OF、PF 分别为 1 或 0,可表示 10 种状态,每条简单条件转移指令只简单地关心某一个标志的一种状态,因而设置了 10 条简单条件转移指令,如表 6.3 所示。

表 6.3　简单条件转移指令

指 令 名 称	助记符	转移条件	功 能 说 明
相等或等于 0 转移	je/jz	ZF＝1	前次操作结果是否相等或等于 0
不相等或不等于 0 转移	jne/jnz	ZF＝0	前次操作结果是否不相等或不等于 0
为负转移	js	SF＝1	前次操作结果是否为负
为正转移	jns	SF＝0	前次操作结果是否为正
溢出转移	jo	OF＝1	前次操作结果是否溢出
未溢出转移	jno	OF＝0	前次操作结果是否未溢出
进位为 1 转移	jc	CF＝1	前次操作结果是否有进位或借位
进位为 0 转移	jnc	CF＝0	前次操作结果是否无进位或借位
偶转移	jp/jpe	PF＝1	前次操作结果中 1 的个数是否为偶数(even)
奇转移	jnp/jpo	PF＝0	前次操作结果中 1 的个数是否为奇数(odd)

前次操作结果是指在本转移指令执行前最后执行的且影响标志位的指令的运算结果。

在这 10 条简单条件转移指令中,有 6 条指令(je/jz、jne/jnz、jc、jnc、jp/jpe 和 jnp/jpo)不受数的符号位的影响,因此,也可将它们划到无符号条件转移指令的类别中。剩下的 4 条指令(js、jns、jo 和 jno)属于有符号条件转移指令的类别。

6.3.3　无符号条件转移指令

无符号条件转移(unsigned conditional jumps)指令往往跟在比较指令之后,根据运算结果设置的条件标志状态确定是否转移。这类指令视比较对象为无符号数。根据状态的不同,设置了高于、高于或等于、低于、低于或等于 4 条指令。

1. ja/jnbe

ja 即高于转移(jump if above),jnbe 即不低于等于转移(jump if not below or equal),两者是完全等价的指令,机器码相同。ja/jnbe 是当 CF＝0 且 ZF＝0 时转移,它用于两个无符号数 a、b 的比较,若 a＞b,则条件满足,实现转移。例如:

```
mov ah,0FFH
cmp ah,1      ;执行后 ZF=0,CF=0,SF=1,OF=0
ja  L1        ;应转移到 L1 处
```

将(0FFH)看成一个无符号数为 255,它大于 1,因而转移。

2. jae/jnb

jae 即高于或等于转移(jump if above or equal),jnb 即不低于转移(jump if not below)。jae/jnb 是当 CF＝0 或 ZF＝1 时转移。由于 jae/jnb 指令用在比较、减运算之后的语义才是符合实际需要的,而此时 ZF 若为 1,则 CF 也必然为 0,因此,CPU 在执行该指令时只判断 CF 标志,即该指令与 jnc 指令是等价的。

3. jb/jnae

jb 即低于转移(jump if below),jnae 即不高于且不等于转移(jump if not above or not equal)。jb/jnae 是当 CF＝1 且 ZF＝0 时转移。该指令与 jc 指令等价（在比较、减运算之后，当 CF＝1 时,ZF 就为 0)。

4. jbe/jna

jbe 即低于或等于转移(jump if below or equal),jna 即不高于转移(jump if not above)。jbe/jna 是当 CF＝1 或 ZF＝1 时转移。

4 条指令的共同特点是判断 CF、ZF 的状态是否满足转移条件,当满足条件时转移,否则顺序执行。它们一般都跟在比较指令之后,从人类习惯的思维来看,就是将两个比较对象视为无符号数,根据它们之间的关系决定下一步的工作。

为了更好地理解无符号条件转移指令,可看下面 C 语言程序的运行结果和反汇编代码。

```
int flag=0;
unsigned int ux=-1;
unsigned int uy=3;
if (ux>uy)
    flag=1;
```

这里定义了两个无符号整型变量,比较二者的大小,执行后,flag＝1。其对应的反汇编代码如下。

```
int flag=0;
00A517C8 C7 45 F8 00 00 00 00 mov        dword ptr [flag],0
unsigned int ux=-1;
00A517CF C7 45 EC FF FF FF FF mov        dword ptr [ux],0FFFFFFFFh
unsigned int uy=3;
00A517D6 C7 45 E0 03 00 00 00 mov        dword ptr [uy],3
if (ux>uy)
00A517DD 8B 45 EC             mov        eax,dword ptr [ux]
00A517E0 3B 45 E0             cmp        eax,dword ptr [uy]
00A517E3 76 07                jbe        main+4Ch (0A517ECh)
flag=1;
00A517E5 C7 45 F8 01 00 00 00 mov        dword ptr [flag],1
00A517EC ……
```

在反汇编代码中,比较 ux 和 uy 时,未使用"cmp ux,uy",因为两个操作数不能同时采用存储器寻址方式。它首先是将(ux)送入 eax,然后对(eax)和(uy)进行比较。在选用转移指令时,它对条件"＞"求反为"＜＝",即"＜＝"时,转移到 if 语句的结束处。jbe 的含义是低于或等于转移(jump if below or equal)。由 ux＝0ffffffffh,uy＝3,将两者视为无符号数,ux＞uy,jbe 的条件不成立,故会执行 flag＝1。执行该语句后,再执行 00A517EC 处的语句。

在反汇编结果中,jbe main＋4Ch(0A517ECh)中给出的地址正是转移的目的地址,但是其机器指令码是 76 07,07 就是转移的位移量。当将 jbe 指令取出后,EIP 增加本指令的长度,此时(EIP)＝00A517E5h,即 jbe 之下一条指令的地址。0A517ECh 与 00A517E5h 之间的间距正好是 7。若 below or equal 的条件成立,则(EIP)＋位移量→EIP,转移到目标位;若条件不成立,则(EIP)不变,即执行"mov dword ptr [flag],1"。

对于本节中的示例(eax)＝0FFFFFFFFh, (uy)＝3,执行 cmp eax,[uy]后,ZF＝0,CF＝

0,SF＝1,OF＝0。由 jbe 转移的条件 CF＝1 或 ZF＝1 可知,其条件不成立,故不转移,因而 flag＝1。

6.3.4 有符号条件转移指令

在程序设计中,有时把处理对象视为有符号数(负数用补码表示)。当判断两个有符号数的大小时,要选用有符号条件转移(signed conditional jumps)指令。有符号条件转移指令根据条件标志 ZF、SF、OF 的特定组合来决定是否转移,共设置了大于、大于或等于、小于、小于或等于 4 条转移指令,与无符号转移指令相对应。

1. jg/jnle

jg 即大于转移(jump if greater),jnle 即不小于等于转移(jump if not less or equal)。jg/jnle 是当符号标志 SF 与溢出标志 OF 具有相同状态(即 SF＝OF)且 ZF＝0 时转移。该指令用于两个有符号数 a、b 的比较,若 a＞b,则条件满足,实现转移。例如:

```
mov ah,0FFH
cmp ah,1      ;执行后 ZF=0,CF=0,SF=1,OF=0
jg  L1        ;应转移到 L1 处
```

将(0FFH)看成一个有符号数,为−1,因它不大于1,故不转移。

2. jge/jnl

jge 即大于或等于转移(jump if greater or equal),jnl 即不小于转移(jump if not less)。jge/jnl 是当 SF＝OF 或 ZF＝1 时转移(当两数相等时,在比较、减运算之后,不仅会使 ZF＝1,而且 SF 也会等于 OF;所以,执行 jge/jnl 时,CPU 只判断 SF 是否等于 OF)。

3. jl/jnge

jl 即小于转移,jnge 即不大于等于转移。jl/jnge 是当 SF≠OF 且 ZF＝0 时转移(与 jge/jnl 类似,CPU 在执行 jl/jnge 时,只需判断 SF≠OF 即可)。

4. jle/jng

jle 即小于或等于转移,jng 即不大于转移。jle/jng 是当 SF≠OF 或 ZF＝1 时转移。

有符号条件转移指令判断两个有符号数的大小时利用了 SF 和 OF 标志,而不是单用 SF 标志。这是为了避免当运算结果出现溢出时,SF 表示的语义错误。

对于第 6.3.3 节中的例子,将变量 ux 和 uy 前的 unsigned 删除掉,即可看到以下反汇编代码。

```
int flag=0;
000817C8 C7 45 F8 00 00 00 00  mov     dword ptr [flag],0
int ux=-1;
000817CF C7 45 EC FF FF FF FF  mov     dword ptr [ux],0FFFFFFFFh
int uy=3;
000817D6 C7 45 E0 03 00 00 00  mov     dword ptr [uy],3
```

```
if (ux>uy)
000817DD 8B 45 EC          mov      eax,dword ptr [ux]
000817E0 3B 45 E0          cmp      eax,dword ptr [uy]
000817E3 7E 07             jle      main+ 4Ch (0817ECh)
flag=1;
000817E5 C7 45 F8 01 00 00 00  mov   dword ptr [flag],1
000817EC……
```

对本例而言,(eax)＝0FFFFFFFFh,(uy)＝3,执行 cmp eax,[y]后,ZF＝0,CF＝0,SF＝1,OF＝0。这与第 6.3.3 节执行后的结果是一样的。由 jle 转移的条件当 SF≠OF 或 ZF＝1 可知,其条件成立,故转移,从而未执行 flag＝1,因此 flag＝0。

总结如下。

(1) cmp 指令不区分有符号数、无符号数的比较,只按结果设置标志位。

(2) 无符号条件转移,记住两个单词 above 和 below,由它们很容易想到 4 条转移指令。

(3) 有符号条件转移,记住两个单词 great 和 less,由它们很容易想到 4 条转移指令。

(4) CPU 判断转移条件是否成立有其固定的规则,但是编程者完全能用人类更易理解的方法判断,即将两个数看成无符号数来比较其大小,或者将两个数看成有符号数来比较其大小。

(5) 选择正确的转移指令。

6.3.5 无条件转移指令

无条件转移指令能使 CPU 无条件地转移到指令指明的目的地址处执行,包括 jmp、call、ret、int、iret 和 into 指令。本节介绍 jmp 指令。call 和 ret 是子程序的调用和返回指令(相当于 C 语言的函数),将在后面章节中介绍。int、iret 是中断处理程序调用和返回指令,into 是溢出中断指令。

虽然 jmp 指令看起来很简单,不看任何条件都要转移,但是,jmp 指令是一条较复杂的指令。它实现转移的基本形式有直接方式和间接方式两种,可通过相应的寻址方式得到要转移的目的地址。也正是因为有间接转移方式,所以使得编程非常灵活。

jmp 指令的直接转移方式的语句格式如下:

jmp 标号

jmp 指令的间接转移方式的语句格式如下:

jmp opd ;(opd)为转移的目的地址

设有如下数据段和程序段:

```
.data
    p  dd  lp
.code
 start:
    jmp lp              ;方法 1,直接转移到标号 lp 处
    mov ebx, p
    jmp ebx            ;方法 2,寄存器寻址,转移到 (ebx)处,即 lp 处
    jmp p              ;方法 3,直接寻址,转移到 (P)处,即 lp 处
```

```
        mov ebx, offset p
        jmp dword ptr [ebx] ;方法 4,寄存器间接寻址,转移到([ebx])处
    lp: ……
```

上述 4 种方式的转移结果完全相同。使用间接转移方式的优点是增加了编程的灵活性。另外,为了防止他人破解程序,有意使用一些"奇怪"的间接转移方式会增加程序跟踪的难度。

6.4 简单分支程序设计

在 C 语言中,实现分支的方法有 if 语句、switch 语句。本节介绍 if 语句的汇编语言实现。通过分析 C 语言中 if 语句的形式、if 语句的执行流程,以及与汇编语言语句的对应关系,帮助读者掌握用汇编语言编写分支程序的方法。

6.4.1 C 语言的 if 语句与汇编语句的对应关系

从程序设计的角度看,不论是 C 语言程序还是汇编语言程序,算法都是一样的,只是将算法翻译成语句时,对应的语句形式有所区别。

1. 单分支的 if 语句

设有 C 语言单分支的 if 语句如下:

```
if (x==y) {        //括号中应该写"条件表达式"
                   //为了入门,便于用汇编语言写程序,先给出一个最简单的条件表达式
    statements ……  //statements 是一组语句的抽象表示
}
```

该语句用来判断条件是否成立,若条件成立,则执行 then 分支语句,再跳转到 if 语句之下;若条件不成立,则直接跳转到 if 语句之下。

在汇编语言中,同样要先判断条件是否成立,但是转移指令都是"某条件成立"才转移。为了在原条件成立时直接执行其下的 then 分支,将条件取反,即"! 原条件"成立时转移。对于转移指令,有一个转移目的地,因而在 if 语句结束处要增加一个标号。使用汇编语言表示,结果如下。

```
        mov eax,x       ;设 x、y 都是双字类型的变量
        cmp eax,y
        jne lp          ;不相等,转移到 lp 处
        statements ……
    lp:
```

注意:编写程序时要记住汇编语言的语法规定,双操作数不能同时是存储器寻址方式,不能直接写"cmp x,y"。

2. 双分支的 if-else 语句

设有 C 语言单分支的 if 语句:

```
if (x==y){
    statements1 ……   //statements1 是一组语句的抽象表示
} else {
    statements2 ……   //statements2 是一组语句的抽象表示
}
```

该语句用来判断条件是否成立,若条件成立,则执行 then 分支语句,then 分支语句执行完成后,无条件转移到后面的 if 语句之下;若条件不成立,则跳转到 else 分支语句,else 分支语句执行完成后,也直接转移到 if 语句之下。因此,整个语句有两处转移,在判断条件时有一个条件转移,then 分支结束处有一个无条件转移。有两个地方要设置标号,一个是 else 分支语句的开头,一个是 if 语句结束处。

同样,在汇编语言程序中,为了保持 then 分支语句和 else 分支语句的顺序,将条件取反,即原条件不成立时转移。用汇编语言表示,结果如下。

```
mov eax,x          ;设 x、y 都是双字类型的变量
cmp eax,y
jne l1             ;不相等,转移到 l1 处
statements1 …… ;then 分支语句
jmp l2             ;一定要给 then 分支语句出口,否则就会继续执行 else 分支的语句
l1:
statements2 …… ;else 分支语句
l2:
```

3. 复杂条件表达式的翻译

条件表达式有多个子条件时,要根据子条件之间的逻辑运算关系来判断条件是否成立。

假设条件表达式为:(条件 1 && 条件 2),显然,当条件 1 不成立时,可直接跳转;当条件 1 成立时,再判断条件 2,当条件 2 不成立时跳转。如果条件表达式为:(条件 1 || 条件 2),则在条件 1 成立时,直接跳转到 then 分支语句;否则继续判断条件 2 是否成立,当条件 2 不成立时,跳转到 else 分支语句。在 then 分支结束处无条件跳转到 if 语句的结尾(下一条语句开始)处。下面给出了 C 语言程序段及其反汇编后的结果。C 语言程序段如下:

```
int flag;
int x=3;
int y=-1;
if (x>0||y>0)
    flag=1;
else
    flag=0;
```

反汇编结果如下:

```
00241828 C7 45 EC 03 00 00 00    mov dword ptr [x],3
0024182F C7 45 E0 FF FF FF FF    mov dword ptr [y],0FFFFFFFFh
00241836 83 7D EC 00             cmp dword ptr [x],0
0024183A 7F 06                   jg  main+42h (0241842h)
0024183C 83 7D E0 00             cmp dword ptr [y],0
```

```
00241840 7E 09                        jle main+4Bh (024184Bh)
00241842 C7 45 F8 01 00 00 00         mov dword ptr [flag],1
00241849 EB 07                        jmp main+52h (0241852h)
0024184B C7 45 F8 00 00 00 00         mov dword ptr [flag],0
00241852……
```

4. 程序的优化

编写分支语句时,将 if 后的条件表达式求反、then 和 else 分支交换位置,程序的功能不变。将哪一个分支作为 then 分支,哪一个作为 else 分支更好呢?从程序的可读性来看,将语句组少的那个分支作为 then 分支更好,这样可避免头重脚轻,相对容易找到 else 分支从何处开始。

当 if 后的条件表达式有多个子条件时,怎样摆放子条件的顺序会更好呢?假设两个子条件是 and 关系,70%的测试用例都会使子条件 1 成立,而只有 30%的测试用例会使条件 2 成立。将条件 2 放在前面,70%的测试用例都不会使其成立,因此也就不会去判断另一个条件,即只有 30%的情况要判断两个条件,否则,将条件 1 放在前面,就是有 70%的情况要判断两个条件。当然,将条件 2 放在前面,程序的执行速度更快。

6.4.2　分支程序设计示例

本节通过一个示例来介绍如何编写分支程序。

【例 6.1】　编写计算下面函数值的程序。

$$r=\begin{cases} 1, & x\geq 0,y\geq 0 \\ -1, & x<0,y<0 \\ 0, & x、y 异号 \end{cases}$$

其中:x、y、r 是三个双字类型的有符号整型变量。

分析题目,可得如下一次只对一个变量进行判断的方法。

$$\begin{cases} x\geq 0 \begin{cases} y\geq 0, & r=1 \\ y<0, & r=0 \end{cases} \\ x<0 \begin{cases} y\geq 0, & r=0 \\ y<0, & r=-1 \end{cases} \end{cases}$$

在数据段,需要定义变量 x、y、r,并赋予某个初值。程序流程图如图 6.2 所示。

图 6.2 中的两个虚框代表两个分支,每个虚框都是单入口、单出口,这样模块化程度较高。

为了更好地与程序对应,将图 6.2 的程序流程图做了一个变形,如图 6.3 所示,各个框出现的顺序就是程序中语句的排列顺序。

源程序如下:

```
.686P
.model flat,      stdcall
    ExitProcess      proto:dword
    printf           proto C    :ptr sbyte,:vararg
    includelib       kernel32.lib
    includelib       libcmt.lib
```

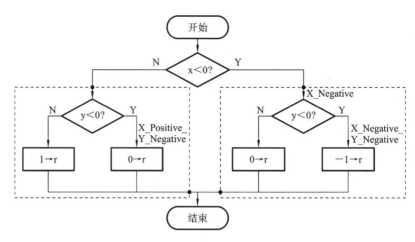

图 6.2　程序流程图

```
        includelib     legacy_stdio_definitions.lib.data
        lpFmt db "x=%d y=%d r=%d",0ah,0dh,0
        x sdword 5
        y sdword 6
        r sdword 0
.stack 200
.code
 main proc c
        cmp x,0
        js X_Negative
        ;以下是 x>=0 的情况
        cmp y,0
        js X_Positive_Y_Negative
        mov r,1
        jmp exit
 X_Positive_Y_Negative:
        mov r,0
        jmp exit
        ;至此,x>=0 的情况处理结束
        ;以下是 x<0 的情况
 X_Negative:
        cmp y,0
        js X_Negative_Y_Negative
        mov r,0
        jmp exit
 X_Negative_Y_Negative:
        mov r,-1
 exit:
        invoke printf,offset lpFmt,x,y,r
        invoke ExitProcess,0
main endp
end
```

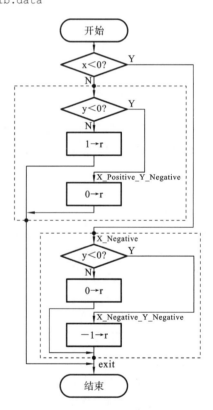

图 6.3　图 6.2 程序流程图的变形

　　程序中用"js"判断 x 是否为负,用"jl"判断 y 是否小于 0。此处,选用 js 或 jl 都可以,但不能选用 jb。因为 jb 是无符号条件转移指令。在判断 y 是否大于等于 0 时选用了有符号条件转移指令"jge",如果选用"jae",则会造成运行时的转移混乱。

　　程序中"mov r,0"出现了两次,可以将其优化,只让其出现一次。

　　修改前:

```
js X_Negative_Y_Negative
mov r,0
jmp exit
```

　　修改后:

```
js X_Negative_Y_Negative
jmp X_Positive_Y_Negative
```

　　从以上程序的可读性来看,先采用 x>=0 将 X_Positive 和 X_Negative 分为两类,再采用 y>=0 将每一个类分为两类,共 4 种情况,程序的模块化会清楚一些。

　　在程序设计中,我们也尽可能地使用一些含义比较清楚的名字,如 X_Negative 表示 x<0;X_Negative_Y_Negative 表示 x<0 且 y<0。

　　在编写分支程序时,会出现较多的标号,标号不得同名。但在程序中,有些标号只给紧靠它的转移指令使用,其取名并没有多大的实际意义。在 Microsoft 的汇编语言程序设计中,引入了符号@@作为一个标号,在一个程序中可有多个@@标号。在转移指令中,采用@F 表示转移到离该语句最近的下一个标号@@处,采用@B 表示转移到离该语句最近的上一个标号@@处。下面给出了例 6.1 中核心代码修改后的形式。

```
        cmp x,0
        js   X_Negative     ;以下是 X>=0 的情况
        cmp y,0
        js   @F
        mov r,1
        jmp exit
    @@ :
        mov r,0
        jmp exit
        ;至此,x>=0 的情况处理结束,以下是 x<0 的情况
  X_Negative:
        cmp y,0
        js   @F
        mov r,0
        jmp exit
    @@ :
        mov r,-1
  exit:
```

　　该程序编译后的结果与例 6.1 的程序是一样的。采用@@、@F、@B 减少了一些标号的命名,同时有助于培养不随意跳转、模块化组织程序的习惯。

6.4.3 分支程序设计注意事项

在分支程序设计中,要注意以下问题。

(1) 选择合适的转移指令,否则就不能转移到预定的程序分支。

(2) 要为每个分支安排出口。如果漏写了出口跳转,则程序运行时会产生逻辑错误。

(3) 应把各分支中的公共部分尽量提到分支前或分支后的公共程序段中,这样可使程序简短、清晰。

例如:编写程序段|(eax)|＋(ebx)→x,即(eax)的绝对值＋(ebx)→x,x 是双字类型的变量。

```
        or  eax,eax
        js  l1              ;若(eax)为负,则转移到 l1
        add eax,ebx         ;(eax)为正时,直接与(ebx)相加
        mov x,eax
        jmp exit            ;无条件转移到 exit
    l1: neg eax             ;(eax)为负时,转换为绝对值后与(ebx)相加
        add eax,ebx
        mov x,eax
    exit:……
```

其中指令"add eax,ebx"和"mov x,eax"是两个分支共有的,故程序可简化为:

```
        or   eax,eax
        jns  l1              ;若(eax)为正,则转移到 l1
        neg  eax
    l1: add  eax,ebx
        mov  x,eax
    exit:……
```

(4) 当分支比较多时,流程图中对每个分支判断的先后次序应尽量与问题提出的先后次序一致。而编写程序时也要与流程图中各分支的先后次序一致。这样编写的程序出错机会少,且清晰、易读、易检查。

(5) 当调试分支程序时,要假定各种可能的输入数据,沿着每一支路逐一检查,测试程序是否正确。只有当所有分支都满足设计要求时,才能保证整个程序满足设计要求。

(6) 不要在程序中随意摆放各个分支和随意跳转,最好是将两个分支紧靠在一起,使得整个条件语句像一个小模块,有一个起始点和一个终止点,从起始点到终止点之间的语句全部都是该条件语句的组成部分,而不包含其他语句。

(7) 当有两个分支时,一般将语句少的分支(短分支)作为 then 分支,写在前面;将语句多的分支(长分支)作为 else 分支,写在后面,这样可读性更好。

(8) 当一个分支由多个条件组合而成时,将最不容易满足的条件写在前面,优先判断该条件是否成立,减少其他"判而不断"指令的运行概率,提高程序的运行速度。

6.5 多分支程序设计

6.5.1 多分支向无分支的转化

【例 6.2】 编写一个程序,统计一个全部由小写字母组成的字符串中各字母出现的次数。首先,使用 C 语言编程知识快速地设计算法和有关的数据结构。

① 定义一个数组 int count[26],用于存放各字母出现的次数,count[0]表示 'a'出现的次数,count[1]表示 'b'出现的次数,依此类推。

② 使用循环来依次处理字符串中的各个字符。

③ 对于字符串的一个字符 c,判断其是否为 'a',若是,则 count[0]加 1;否则判断其是否为'b',若是,则 count[1]加 1,依此类推。

显然,③给出的算法并不好。使用该算法编写程序,不但程序长,而且执行效率低。利用字母 ASCII 的规律,完全可以避开多分支的比较。

修改后的算法:③对于字符串的一个字母 c,直接 count[c— 'a']增 1。

使用汇编语言完成的数据定义和程序片段如下:

```
        count dd 26 dup(0)
        buf   db '……',0          ;由小写字母组成的串,串以 0 结束
       ;使用 ebx 来指示是字符串中的第几个元素
       ;使用 al 来存放读到的字母的 ASCII,进而演变成是字母表中的第几个字母
        mov   ebx,0
l1:
        mov   al,buf[ebx]
        cmp   al,0
        je    exit              ;当读到的字符为 0 时,循环结束
        sub   al,'a'
        movzx eax,al
        inc   count[eax* 4]
        inc   ebx
        jmp   l1
exit:……
```

例 6.2 给出了多个分支语句向无分支语句转换的示例。

【例 6.3】 编写一个程序,当 x==1 时,显示'Hello,One';当 x==2 时,显示'Two';当 x==3时,显示'Welcome,Three',等等,即 x 为不同的值时,显示不同的串。

显然,可使用多个条件转移指令完成该程序功能,例如:

```
        cmp  x,1
        je   l1
        cmp  x,2
        je   l2
        cmp  x,3
```

```
        je   l3
11:显示串 1
        jmp  exit
12:显示串 2
        jmp  exit
        ……
```

如果 x 的值很多,则会使程序显得冗长,同时进行很多次比较,程序运行效率低。

换一种思路显示不同的串,只是给 printf("%s",串首地址)提供不同的串首地址。通过构造一个地址表,即将各个串的首地址依次排列在一个表中,然后从地址表中取出某个地址作为 printf 的一个参数即可。汇编语言程序如下。

```
        .686P
        .model flat,  stdcall
        ExitProcess  proto:dword
        printf proto c:ptr sbyte, :vararg
        includelib   kernel32.lib
        includelib   libcmt.lib
        includelib   legacy_stdio_definitions.lib
        .data
        lpFmt    db "%s",0ah,0dh,0
        x        dd 3
        msg1     db 'Hello,One',0
        msg2     db 'Two',0
        msg3     db 'Welcome,Three',0
        vtable dd msg1,msg2,msg3          ;地址表
        .stack 200
        .code
        main proc c
            mov ebx,x
            dec ebx                       ;ebx 用于存放是第几个串,从 0 开始编号
            mov eax,vtable[ebx*4]
            invoke printf,offset lpFmt,eax
            invoke ExitProcess,0
        main endp
        end
```

当然,程序中可删除 dec ebx,之后直接使用语句"mov eax,vtable[ebx * 4 −4]"代替"mov eax,vtable[ebx * 4]"。

该例说明,将一些无规律的信息通过某种方式组织在一起,能够变得有规律,从而提高了程序的可读性。

【例 6.4】 编写一个程序,当 x==1 时,转移到 l1 处执行;当 x==2 时,转移到 l2 处执行;当 x==3 时,转移到 l3 处执行。

同样,我们采用指令地址表法,将要转移的目的地址放在一个表中,进而在该表中获得要转移的目的地址。

```
        .686P
```

```
.model flat,    stdcall
ExitProcess     proto stdcall:dword
printf          proto c:ptr sbyte,:vararg
includelib      kernel32.lib
includelib      libcmt.lib
includelib      legacy_stdio_definitions.lib
.data
lpFmt   db "%s",0ah,0dh,0
X       dd 3
msg1    db 'Hello,One',0
msg2    db 'Two',0
msg3    db 'Welcome,Three',0
ptable dd l1,l2,l3
.stack  200
.code
main proc   c
    mov     ebx,x
    mov     eax,ptable[ebx* 4 -4]
    jmp     eax
l1:
    invoke printf,offset lpFmt,offset msg1
    jmp     exit
l2:
    invoke printf,offset lpFmt,offset msg2
    jmp     exit
l3:
    invoke printf,offset lpFmt,offset msg3
exit:
    invoke ExitProcess,0
main endp
    end
```

在数据段中有"ptable dd l1,l2,l3"，ptable 中的内容为各个标号的地址，代表程序的某个位置。在指令地址表中可以出现标号、子程序的名字（函数名）。在 C 语言程序编译优化中，经常使用该方法构造地址列表，从表中获取转移的目的地址。

6.5.2　switch 语句的编译

C 语言程序中的 switch 语句是一个典型的多分支语句。下面给出一个例子，通过例子的反汇编分析 switch 语句的处理过程。

程序的功能是对两个数进行运算，输入运算符，若输入'＋'或'a'，则执行加法；若输入'－'或's'，则执行减法。程序如下。

```
#include <stdio.h>
int main(int argc,char* argv[])
{
```

```
    int   x=3;
    int   y=-1;
    int   z;
    int   i=1;
    char c;
    c=getch();
    switch (c) {
        case '+':
        case 'a':        //使用字符'a'来表示'+'
            z=x+y;
            break;
        case '-':
        case 's':        //使用字符's'来表示'-'
            z=x-y;
            break;
        default:
            z=0;
        }
    printf("%d %c %d=%d \n",x,c,y,z);
    return 0;
}
```

在 case 语句结束处有 break 语句，它产生了跳转到 switch 语句结束处的 jmp 语句。如果漏写了 break，则会在该分支执行完后继续执行下面分支上的语句。

```
switch (c) {
00C21855 0F BE 45 CB              movsx    eax,byte ptr [c]
00C21859 89 85 00 FF FF FF        mov      dword ptr [ebp-100h],eax
00C2185F 8B 8D 00 FF FF FF        mov      ecx,dword ptr [ebp-100h]
00C21865 83 E9 2B                 sub      ecx,2Bh;2Bh 是'+'的 ASCII
00C21868 89 8D 00 FF FF FF        mov      dword ptr [ebp-100h],ecx
00C2186E 83 BD 00 FF FF FF 48  cmp     dword ptr [ebp-100h],48h
        ;'s'的 ASCII 是 73h,73h-2Bh=48h
        ;'-'的 ASCII 是 2Dh,case 中用到的字符是 2Bh-73h
00C21875 77 2A                    ja       $LN5+0Bh (0C218A1h)
        ;当输入字符 c 的 ASCII 低于 2B 时,用 c-2BH,是一个负数
        ;将差当成一个无符号数,是大于 48h 的,因而会转到 default 分支
        ;当输入字符 c 的 ASCII 大于 73h 时,同理,会转到 default 分支
00C21877 8B 95 00 FF FF FF        mov      edx,dword ptr [ebp-100h]
00C2187D 0F B6 82 E8 18 C2 00  movzx    eax,byte ptr [edx+0C218E8h]
00C21884 FF 24 85 DC 18 C2 00  jmp      dword ptr [eax* 4+0C218DCh]
    case '+':
    case 'a':
        z=x+y;
00C2188B 8B 45 F8                 mov      eax,dword ptr [x]
00C2188E 03 45 EC                 add      eax,dword ptr [y]
00C21891 89 45 E0                 mov      dword ptr [z],eax
```

```
            break;
00C21894 EB 12              jmp      $ LN5+12h (0C218A8h)
    case '-':
    case 's':
        z=x-y;
00C21896 8B 45 F8           mov      eax,dword ptr [x]
00C21899 2B 45 EC           sub      eax,dword ptr [y]
00C2189C 89 45 E0           mov      dword ptr [z],eax
break;
00C2189F EB 07              jmp      $ LN5+12h (0C218A8h)
    default:
        z= 0;
00C218A1 C7 45 E0 00 00 00 00  mov     dword ptr [z],0
    }
00C218A8……
```

switch 语句在调试时的内存窗口如图 6.4 所示。

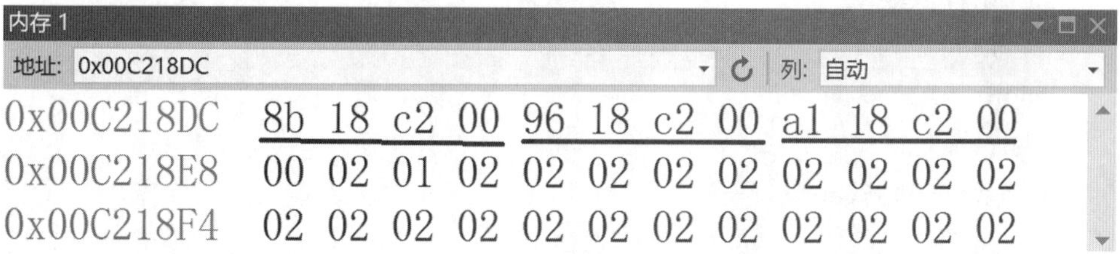

图 6.4　switch 语句在调试时的内存窗口

在反汇编程序中,没有跳转到各分支的语句,只有:

```
00C21884 jmp dword ptr [eax* 4+0C218DCh]
```

在内存窗口中,观察地址 0C218DCh 中的内容,会发现内存单元中依次存放了三个分支的入口地址,即 00C2188B、00C21896、00C218A1。(eax)是该表中的第几项,通过间接无条件跳转到目的地。有兴趣的读者可通过各种调试手段更深入地研究编译器对程序进行翻译时采用的技巧,本书不再详述。

注意,Visual Studio 2019 等开发环境中,在代码生成时设置不同的代码优化参数,将产生不同的结果。通过研究代码优化的结果,能够学到不少巧妙编写汇编源程序的方法。

6.6　条件控制流伪指令

使用汇编语言编写分支程序要注意选择正确的转移指令,为各个分支安排入口和出口。在分支中又包含分支时,还要注意分支的摆放顺序,避免随意跳转。采用模块化的方法编写程序,可提高程序的可读性。

与 C 语言程序相比,由于缺乏一些"显眼"的符号,如 if、else、{、},使得用汇编语言编写的分支程序比使用 C 语言编写的程序的可读性要差。但是从机器语言的角度来看,分支程序的核心指令就是转移指令,包括转入分支的转移指令和从分支跳出的转移指令。C 语言程序要通过编译器将其转换为机器语言程序。为了简化汇编源程序的编写，很多汇编编译器支持条件流控制伪指令。当然，对初学者来说，我们并不推荐使用条件控制流伪指令。初学者的重点要放在选择合适的机器指令、安排分支出口等方面。

条件流控制伪指令的格式如下。

　　　.if　条件表达式1
　　　　　语句序列1
　　[[.elseif 条件表达式2　　　;.elseif 语句可以有 0 条或多条
　　　　　语句序列2]]……
　　[.else　　　　　　　　　　;.else 语句只能为 0 或 1 条
　　　　　语句序列3]]
　　　.endif　　　　　　　　　　;分支判断结束标志，必须与.if 配对使用

上述语句中，中括号"[……]"中的内容是可选的。

条件流控制伪指令有如下几种形式。

（1）只有一个单分支。

　　　.if　条件表达式1
　　　　　语句序列1　　　　　　;条件表达式 1 为真时执行
　　　.endif

（2）有两个分支。

　　　.if　条件表达式1
　　　　　语句序列1　　　　　　;条件表达式 1 为真时执行
　　　.else
　　　　　语句序列2　　　　　　;条件表达式 1 为假时执行
　　　.endif

（3）有多个分支。

　　　.if　　　条件表达式1
　　　　　语句序列1
　　　.elseif　条件表达式2
　　　　　语句序列2　　　　　　;条件表达式 1 为假且条件表达式 2 为真时执行
　　　.else
　　　　　语句序列3　　　　　　;条件表达式 1、条件表达式 2 皆为假时执行
　　　.endif

注意，在语句序列中能够再包含 if 语句，即包含".if… .endif"，形成 if 语句的嵌套。

条件表达式一般是由关系运算和逻辑运算组成的有意义的式子。关系运算包括：相等（＝＝）、大于（＞）、大于等于（＞＝）、不等于（!＝）、小于（＜）、小于等于（＜＝）。逻辑运算包括：逻辑非（!）、逻辑与（&&）、逻辑或（||）。除此之外，条件表达式中还包括如下条件：位测试（表达式 & 位号）、进位标志置位（CARRY?）、符号标志置位（SIGN?）、零标志置位（ZERO?）、溢出标志置位（OVERFLOW?）、奇偶标志置位（PARITY?）。

对于由多个式子组成的表达式，有一个运算优先级的问题。简单的处理方法是在式子上加小括号"（……）"，这样其内的式子会被优先计算。

下面使用条件流控制伪指令来实现例 6.1 中的分支功能，程序如下。

```
        .686P
        .model flat,    stdcall
          ExitProcess   proto stdcall:dword
          printf        proto C:ptr sbyte,:VARARG
          includelib    kernel32.lib
          includelib    libcmt.lib
          includelib    legacy_stdio_definitions.lib
        .data
          lpFmt db"x=%d y=%d r=%d",0ah,0dh,0
          x sdword -5      ;注意,不能使用 dd 来定义
          y sdword 6       ;dd 定义的变量会认为是一个无符号类型的变量
                           ;两种定义会导致下面的 if x>=0 翻译的结果不同
          r dd 0
        .stack 200
        .code
         main proc c
             .if x>=0
                 .if y>=0
                     mov r,1
                 .else
                     mov r,0
                 .endif
             .else
                 .if y>=0
                     mov r,0
                 .else
                     mov r,-1
                 .endif
             .endif
             invoke printf,offset lpFmt,x,y,r
             invoke ExitProcess,0
         main endp
         end
```

对这一程序进一步优化,改写后的程序的前一部分如下:

```
        mov r,0
        .if x>=0 && y>=0
            mov   r,1
        .endif
        .if x<0 && y<0
            mov r,-1
        .endif
```

条件控制流伪指令的语法格式与 C 语言的类似。条件表达式与 C 语言的相同。下面给出了上段改写后的程序的反汇编结果。

```
        start:
```

```
00592030 mov       dword ptr [r (0595019h)],0
0059203A cmp       dword ptr [x (0595011h)],0
00592041 jl        _start+26h (0592056h)
00592043 cmp       dword ptr [y (0595015h)],0
0059204A jl        _start+26h (0592056h)
0059204C mov       dword ptr [r (0595019h)],1
@C0001:
00592056 cmp       dword ptr [x (0595011h)],0
0059205D jge       _start+42h (0592072h)
0059205F cmp       dword ptr [y (0595015h)],0
00592066 jge       _start+42h (0592072h)
00592068 mov       dword ptr [r (0595019h)],0FFFFFFFFh
@C0004:
00592072 ……
```

当使用汇编语言编写程序时,要正确地选择转移指令。例如,对于关系运算 x>0,当 x 是一个有符号数时,应采用 jg,当 x>0 成立时,jg 的条件成立,发生转移;当 x 是一个无符号数时,应采用 ja,当 x>0 成立时,ja 的条件成立,发生转移。

对于条件控制流伪指令中出现的变量,编译器会根据变量定义的类型选择对应的转移指令。使用 sbyte、sword、sdword、sqword 定义的变量是有符号类型,而使用 db、byte、dw、word、dd、dword、dq、qword 定义的变量是无符号类型。对无符号数之间的关系运算会翻译成无符号条件转移指令,而对有符号数之间的关系运算会翻译成有符号条件转移指令。有兴趣的读者可以通过观察反汇编代码比较它们的不同。

习　题　6

6.1　简单条件转移指令有哪些? 各自的转移条件是什么?

6.2　无符号条件转移指令有哪些? 有符号条件转移指令又有哪些?

6.3　设(ax)=0D000H,(bx)=2000H,执行

```
cmp ax,bx
ja  l1
```

请问程序是否会转移到 l1 处? 若将 ja 换成 jg,结果又如何? 若将 ja 换成 js,结果又如何?

6.4　请编写实现下面功能的汇编代码(不要使用条件流控制伪指令)。x、y、z 都是有符号双字类型的变量。

```
if (z> y)
    z= x;
else z= y;
```

6.5　使用汇编语言编写双分支的功能时,在 then 分支结束处,应该有什么语句? 若漏写了该语句,程序运行结果会如何?

6.6　将下列程序段简化(x、y 为字变量,p1、p2、p3、p4、p5 为标号)。

```
        mov ax,x
        cmp ax,y
        jc  p1
        cmp ax,y
        jo  p2
        cmp ax,y
        je  p3
        cmp ax,y
        jns p4
    p3:add ax,Y
        jc  p5
```

6.7 阅读下列程序段,指出程序段的功能。

```
        ……
        cmp eax,ebx
        jg  p1
        je  p2
        mov ecx,-1
        jmp exit
    p1: mov ecx,1
        jmp exit
    p2: mov ecx,0
    exit: ……
```

6.8 在分支转移指令的机器编码中是如何表示转移目的地址的?

上机实践 6

6.1 设在一个缓冲区中存放了 N 个有符号双字类型的数据,编写一个程序,将该缓冲区中所有的负数依次拷贝到另一个缓冲区中。

6.2 编写一个程序,统计一个字符串(包括大写字母、小写字母、数字、其他符号)中各个字母出现的次数,字母不区分大小写。最后显示在字符串中出现过的字母及其出现的次数。例如:

buf db 'Good',0

显示如下:

d or D:1

g or G:1

o or O:2

6.3 阅读下面的程序,指出程序的运行结果。

试分析条件表达式 x<y 与 x-y<0 是否等价。

```
#include <stdio.h>
int main(int argc,char* argv[])
```

```
{
    short x=100;
    short y=-32700;
    short z;
    if (x<y)
        printf("condition1:%d<%d \n",x,y);
    z=x-y;
    if (z< 0)
        printf("condition2:%d<%d \n",x,y);
    return 0;
}
```

6.4　阅读下面的程序,指出程序的运行结果。

```
#include <stdio.h>
int sum(int a[],unsigned length)
{
    int i;
    int result=0;
    for (i=0;i<=length -1;i++)
        result+=a[i];
    return result;
}
int main(int argc,char*  argv[])
{
    int  a[5]={ 1,2,3,4,5 };
    int  z;
    z=sum(a,0);
    printf("sum:%d\n",z);
    return 0;
}
```

试分析条件表达式 i<length 与 i<=length−1 是否等价,试用所学知识解释程序运行时出现的现象。

第7章 循环程序设计

实际处理程序的过程中,常常需要按照一定的规律多次重复执行一串语句,这类程序叫循环程序。在前面的例子中也多次出现过循环程序。本章将进一步深入介绍循环程序的结构、循环控制方法、循环控制指令、单重循环程序设计和多重循环程序设计的方法,最后介绍循环控制伪指令以及用伪指令编写程序的示例。

7.1 循 环 程 序

7.1.1 循环程序的结构

循环程序一般由以下 4 部分组成。

1. 置循环初值部分

为了保证程序能正常进行循环操作而必须做的初始化工作。循环初值分为两类,一类是循环工作部分的初值,另一类是控制循环结束条件的初值。它们在循环之外,只执行一次。

2. 工作部分

需要重复执行的程序段。这是循环程序的核心,称为循环体。

3. 修改部分

按一定规律修改操作数地址及控制变量,以便每次执行循环体时得到新的数据。

4. 控制部分

控制部分用来保证循环程序按规定的次数或特定的条件正常循环。

循环程序的两种结构如图 7.1 所示。其中的工作部分与修改部分有时相互包含、相互交叉,不一定能明显分开。图 7.1(a)所示的结构形式是先执行工作部分的代码后再进行条件判断,因此,工作部分至少被执行一次。图 7.1(b)所示的结构形式是先进行条件判断,条件成立时再执行工作部分的代码,因此,工作部分可能不被执行。

在 C 语言程序设计中,do…while 语句属于图 7.1(a)所示的结构,while 语句属于图 7.1(b)所示的结构,for 语句的本质也是图 7.1(b)所示的结构。从机器语言的角度来看,它们的核心都是根据条件是否成立进行转移。在不引入新指令的情况下,采用分支转移指令是完全能够实现程序循环的。

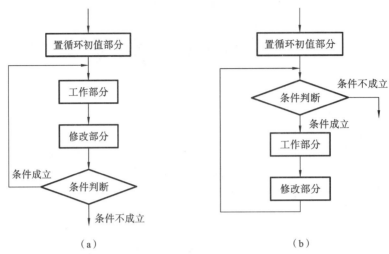

（a） （b）

图 7.1 循环程序的两种结构

7.1.2 循环控制方法

循环控制是循环程序中的一个重要环节。最常见的控制方法有固定循环次数的计数控制和循环次数不固定的条件控制，下面将分别介绍。

1. 固定循环次数的计数控制

当循环次数已知时，通常使用计数控制方法。假设循环次数为 n，常用以下两种方法实现计数控制。

（1）先将循环次数 n 送入循环计数器中，然后每循环 1 次，计数器减 1，直至循环计数器中的内容为 0 时结束循环。基本结构如下。

```
        mov ecx,n        ⎫
             ⋮           ⎬ 置循环初值部分
pwork:       ……          ;工作部分
             ⋮           ;修改部分
        dec  ecx         ⎫
        jnz  pwork       ⎬ 控制部分
```

其中：工作部分、修改部分被重复执行 n 次，即当（ecx）＝n，n－1，…，1 时重复执行，当（ecx）＝0 时结束循环。循环次数 n 应为一个大于 0 的无符号数。

（2）先将 0 送入循环计数器中，然后每循环 1 次，计数器加 1，直至循环计数器的内容与循环次数 n 相等时退出循环。基本结构如下。

```
        mov ecx,0        ⎫
             ⋮           ⎬ 置循环初值部分
pwork:       ……          ;工作部分
             ⋮           ;修改部分
        inc  ecx         ⎫
        cmp  ecx,n       ⎬ 控制部分
        jne  pwork       ⎭
```

其中:工作部分、修改部分被重复执行 n 次,即当(ecx)=0,1,…,n-1 时重复执行,当(ecx)=n 时结束循环。

上述两种计数方法的共同特点是每循环 1 次之后,在计数器中计数 1 次。它们的区别在于:第一种方法每计数 1 次之后,计数器的内容减 1,称为倒计数;而第二种方法每计数 1 次之后,计数器的内容增 1,称为正计数。

计数控制中的计数器可选用任一通用寄存器,包括字节、字或者双字寄存器,也可采用一个存储单元(即变量)。在实际应用中,常用寄存器 ecx(extented counter register)作循环计数器。

2. 循环次数不固定的条件控制

在循环程序中,经常出现循环次数不固定但与某些条件是否成立有关的情况。此时,通过指令来测试这些条件是否成立,决定是继续循环还是结束循环。

例如,将以某个地址开头的一个字符串拷贝到另一个区域,字符串以字节 0 结束。在重复拷贝的过程中,若读到的字节内容为 0,则循环结束。

循环语句中的条件控制与分支转移程序中的条件控制并没有区别。使用汇编语言编写程序时,注意将复杂条件拆解成多个简单关系表达式的逻辑组合。按照逻辑组合关系,逐个处理子条件。

下面给出一个例子,分别用固定循环次数的计数控制和循环次数不固定的条件控制方法来完成同一任务。

【例 7.1】 编写程序统计(ax)二进制编码中 1 的个数并存入 cl 中。

方法 1:依次判断(ax)中的各个二进制位上的数是 0 还是 1,若是 1,则将(cl)增 1。因此,固定循环 16 次,每次将(ax)左移 1 位,判断移到标志位 CF 中的值是否为 1,若是 1,则将(cl)加 1,否则(cl)不变。用(bx)来控制循环次数。程序片段如下。

```
        mov cl,0
        mov bx,16
     p:sal ax,1
        jnc next
        inc cl
  next:dec bx
        jnz p
```

在上面的程序中,"sal ax,1"换成"shl ax,1"、"shr ax,1"、"rol ax,1"、"ror ax,1"都是正确的。当然,还可以设置(dx)=1,由"test ax,dx"的结果是否为 0 确定(ax)的最后一个二进制位是否为 1;之后,将(dx)左移 1 位,重复"test ax,dx"及之后的判断,进而统计(ax)中 1 出现的次数。本例中,也"有意"地未用 ecx 来控制循环次数。

方法 2:当(ax)=0 时,一定有(cl)=0,此时不需要用移位指令,就能知道(ax)中 1 的个数为 0;在对(ax)不断左移 1 位的过程中,由于每次(ax)左移 1 位后,它的最右二进制位补 0,在经过一定次数的移动后,也许不需要移动 16 次,(ax)=0,从而也不需要重复移位就可以判断后面的位中是否含有 1 了。程序片段如下。

```
        mov cl,0
     p:and ax,ax
```

```
        jz  exit      ;(ax)=0 时,结束循环转移到 exit
        sal ax,1      ;将 ax 中的最高位移入 CF 中
        jnc p         ;如果 CF=0,转移到 p
        inc cl        ;如果 CF=1,则(cl)+1→cl
        jmp p         ;转移到 p 处继续循环
   exit:……
```

以上介绍的条件都比较简单。当遇到复杂问题时,需要仔细分析问题,将复杂条件变成多个能用机器指令测试是否成立的子条件,根据这些子条件成立与否的转移逻辑组合成复杂条件。循环条件控制的本质与分支程序设计的条件处理是相同的,本章不再赘述复杂条件控制的编程方法。

7.1.3　循环控制指令

除了使用分支转移指令外,x86 还为循环控制提供了 4 条机器指令。虽然用前面的方法能实现循环控制,但新指令的应用可提高程序执行效率,同时简化程序的编写。

1. 一般循环转移指令

一般循环转移指令的使用格式如下:

loop 标号

功能:(ecx/cx)－1→ecx/cx,若(ecx/cx)不为 0,则转移到标号处执行。

基本等价于:

dec　ecx　或者　dec cx

jnz　标号

但是它们之间有细微的差别。直接采用指令"dec ecx"会影响标志位,在循环刚结束时,标志位是指令"dec ecx"所设置的。而 loop 指令不影响标志位。当然,大多数情况下,循环结束后并不需要对标志位的值进行判断,此时,上述两种写法可认为"等价"。

注意:在 32 位段程序中,使用的是 32 位的寄存器 ecx。在 16 位程序段中,使用的是 16 位的寄存器 cx。

2. 相等循环转移指令

相等循环转移指令的使用格式如下:

loope/loopz　标号

功能:(ecx/cx)－1→ecx/cx,如果(ecx/cx)不等于 0 且 ZF 等于 1,则转移到标号处执行,否则顺序执行。

与 loop 指令一样,loope 也不影响标志位,ZF 在 loope 执行之前和执行之后保持不变。loope 也使用 ecx 来控制循环次数,当(ecx)=0 时,不再循环,但是,当(ecx)不为 0 而 ZF=0时,循环同样要终止。

【例 7.2】 判断以 buf 为首地址的 n 个字节中是否有非 0 字节。若有非 0 字节,则变量 x 置为 1,否则 x 置为 0。

基本思想:逐个判断元素是否为 0,最多循环 n 次,在找到非 0 字节时,结束循环;在所有

字节都是 0 时，比较完所有元素后结束循环。

用 ecx 来控制循环次数，用 ebx 来作为数组元素的下标。

程序核心片段如下：

```
buf     db 6 dup(0),20,10 dup(0)
n       = ($-buf)
x       dd 0
......
mov     ecx,
mov     ebx,-1
lopa:
inc     ebx
cmp     buf[ebx],0
loope   lopa
jz      all_zeros
mov     x,1
jmp     exit
all_zeros:
mov     x,0
exit: ......
```

假设 buf 缓冲区中的字节全为 0，则每次执行"cmp buf[ebx],0"后 ZF＝1。当循环结束时，一定有(ecx)＝0，ZF＝1。

假设 buf 缓冲区中只有最后一个字节非 0，则最后一次执行"cmp buf[ebx],0"后 ZF＝0，此时执行"loope lopa"，先完成(ecx)－1→ecx，然后判断条件"(ecx)≠0 且 ZF＝1"不成立，结束循环，此种情况下，(ecx)＝0，ZF＝0。

因此，综合上述两种情况，不能用(ecx)是否为 0 来判断 buf 缓冲区中是否全为 0，而应该使用 ZF 来判断。ZF＝1，则缓冲区中所有字节都为 0。

在程序中，还要留意 ebx 的变换控制方法。假设采用通常的做法，ebx 作为数组元素的下标，初值为 0，每执行一次比较，ebx 增 1，程序段如下：

```
mov     ebx,0
lopa:
cmp     buf[ebx],0
inc     ebx
loope   lopa
```

上面的程序段是有逻辑错误的，loope 使用的 ZF 是执行"inc ebx"后设置的，而不是"cmp buf[ebx],0"所设置的。因此，第一次执行 inc ebx 后，ZF＝0；loope 循环的条件不满足，循环结束。

如果写成如下的程序，同样有逻辑错误。

```
mov     ebx,0
lopa:
cmp     buf[ebx],0
loope   lopa
inc     ebx
```

上述程序段在循环中没有改变 ebx,若 buf 的首个元素为 0,则会反复地((ecx)次)将该元素与 0 进行比较。上述这些例子表明,编写汇编语言程序时要小心,语句的位置稍有偏差都会导致错误。

3. 不等于循环转移指令

不等于循环转移指令的使用格式如下:

loopne/loopnz　标号

功能:(ecx/cx)−1→ecx/cx,如果(ecx/cx)不等于 0 且 ZF 等于 0,则转移到标号处执行,否则顺序执行。

【例 7.3】　找出以 buf 为首地址的 n 个字节中的第一个空格字符出现的位置,若无空格字符,则将−1 传入 x,否则空格将在串中出现的位置传入 x。

算法思想类似于例 7.2 的算法思想,从 buf 的首个元素开始,逐个将字符和空格字符进行比较,不相等则继续循环,相等则退出循环。程序核心片段如下:

```
buf       db 'This is a test'
n         =  ($-buf)
x         dd 0
……
mov       ecx,n
mov       ebx,-1
lopa:
inc       ebx
cmp       buf[ebx],' '
loopne    lopa
jz        space_occur
mov       x,-1
jmp       exit
space_occur:
mov       x,ebx
exit: ……
```

当然,不使用 loopne 也能完成相同的功能,程序片段如下:

```
mov       ecx,n
mov       ebx,-1
lopa:
inc       ebx
cmp       buf[ebx],' '
jz        space_occur
loop      lopa
mov       x,-1
jmp       exit
space_occur:
mov       x,ebx
exit: ……
```

4. 跳转指令

跳转指令的使用格式如下：

jecxz/jcxz　标号

功能：当寄存器(ecx/cx)的值为 0 时,转移到标号处执行,否则顺序执行。

该指令常放在循环开始前,用于检查循环次数是否为 0,为 0 时跳过循环体;也常与比较指令等组合使用,用于判断是由于计数值的原因还是由于满足比较条件而终止循环。

说明：

(1) 所有的循环转移指令本身实施的对(ecx/cx)减 1 的操作不影响标志位。

(2) 在 16 位段的程序中,loop、loopz、loopnz 三条指令默认使用 cx 寄存器;在 32 位段的程序中则默认使用 ecx 寄存器。

(3) 上述 4 条循环转移指令的位移量只能为 8 位,即转移的范围在 $-128 \sim +127$ 字节之内。

7.2　单重循环程序设计

所谓单重循环,即循环体内不再包含循环结构。编写循环程序并不复杂,只要构思好算法,分配好寄存器的用途,甚至写好 C 代码或者伪代码,然后翻译成汇编语句即可。编写 C 伪代码的过程也是理清算法和变量空间分配的过程。

【例 7.4】　将以 buf1 为首地址的字符串的内容拷贝到以 buf2 为首地址的缓冲区中,字符串以 0 结束。

如果用 C 语言描述,则定义 char buf1[n],buf2[n],数组元素的下标为 i：

```
i=0;
for (; ;) {
    if (buf1[i]==0)
        break;
    buf2[i]=buf1[i];
    i++;
}
```

明确算法思想后,在汇编语言编程前,先对寄存器用途进行分配。

用 ebx 来对应 i,存放要访问的数组元素的下标,这样 buf1[ebx]就对应 buf1 的第(ebx)个字符;用 al 来缓存当前读到的字符。程序数据段和代码段如下：

```
.data
    buf1 db 'Hello',0
    n=$-buf1
    buf2 db n dup(0)
.code
main proc c
    mov ebx,0
p:  mov al,buf1[ebx]
```

```
    cmp al, 0
    jz   exit
    mov buf2[ebx], al
    inc ebx
    jmp p
exit:……
main endp
```

程序的其他部分参见以前的示例。

【例 7.5】　已知以 buf1 为首地址的字存储区中存放着 n 个有符号数,试编写程序,将其中大于等于 0 的数依次送入以 buf2 为首地址的字存储区中,小于 0 的数依次送入以 buf3 为首地址的字存储区中。

同样,先用 C 语言表述一下。定义三个数组 short buf1[n]、buf2[n]、buf3[n],用 i、j、k 分别表示要访问的各个数组元素的下标。代码段如下:

```
for (i=0;i<n;i++)
    if (buf1[i]>=0) {
        buf2[j]=buf1[i];j++;
      } else {
        buf3[k]=buf1[i];k++;
    }
```

用 ebx 来对应 i,用 esi 来对应 j,用 edi 来对应 k,它们的初值均为 0。程序的数据段和代码核心片段如下:

```
.data
    buf1 sword 10,20,-100,30,-5,70
    n=($-buf1)/2
    buf2 sword n dup(0)
    buf3 sword n dup(0)
.code
start:
    mov ebx,0
    mov esi,0
    mov edi,0
p_loop:
    cmp ebx,n
    jae exit
    mov ax,buf1[ebx*2]
    cmp ax,0
    jl   p_negative
    mov buf2[esi*2],ax
    inc esi
    jmp p_modify
p_negative:
    mov buf3[edi*2],ax
    inc edi
```

```
p_modify:
    inc ebx
    jmp p_loop
exit:
```

注意：在程序中选择正确的转移指令，若要判断(ax)<0转移，则要用jl而不能用jb。而对于"cmp ebx,n"之后的转移指令采用"jae exit"，因为数组元素的个数应看成一个无符号数，应该用无符号数比较转移指令。当然，当n不是一个很大的数(n<=7FFFFFFFH)时，将它看成一个有符号数，也是正数，因此用"jge exit"可实现相同的功能。

7.3 多重循环程序设计

多重循环即循环体内再套有循环。设计多重循环时，应从外层循环到内层循环一层一层地进行设计。通常在设计外层循环时，仅把内层循环看成一个处理粗框。在设计内层循环时，再将该粗框细化，分成置初值、工作、修改和控制4个组成部分。当内层循环设计完之后，使用其替代外层循环体中被视为一个处理粗框的对应部分，这样就构成一个多重循环。下面以两重循环为例说明多重循环程序的设计。

【例7.6】 设以buf为首地址的双字存储区中存放着n个有符号数，试编写程序，将其中的数按从小到大的顺序排列，并输出排序结果。

我们先使用高级语言或者伪代码来表达算法思想。数组定义如下：

```
int buf[n];
for (i=0;i<n-1;i++) {
    将数组中第i小的数排在buf[i]的位置
}
```

由于在排第i小的数时，buf[0],…,buf[i-1]是已经排好的，因此第i小的数只能从buf[i]到buf[n-1]中找。此时算法思想有了进一步细化，可表示如下：

```
for (i=0;i<n-1;i++) {
    从buf[i]到buf[n-1]中找最小的数,将其排在buf[i]的位置
}
```

再进一步细化，将buf[i]和数组后面的数逐个进行比较，若发现后面的数比buf[i]小，则交换两者的顺序。这又是一个循环。算法细化结果如下：

```
for (i=0;i<n-1;i++) {
    //从buf[i]到buf[n-1]中找最小的数,将其排在buf[i]的位置
    for (j=i+1;j<n;j++)
        if (buf[i]>buf[j])    交换buf[i]和buf[j]
}
```

至此，通过由粗到细、逐步细化的方法，将算法细化到每个步骤能用一条或几条语句来描述。在编写汇编语言源程序之前，还要分配寄存器的用途。例如，用esi来对应i，用edi来对应j，用eax来表示中间读到的数据。

编写程序时，同样按照模块化的思想，先写外循环的语句，内循环处暂时以"……"或者

注释等代替。写好外循环，阅读感觉无误后，再补充内循环的语句。本例中外循环程序段如下。

```
    mov esi,0
Out_Loop:       ;外循环
    cmp esi,n-1
    jae exit
    ……            ;此处是内循环
Inner_Loop_Over:
    inc esi
    jmp Out_Loop
exit:
```

对于输出排序结果，用一个循环次数固定的单循环来实现，算法思想和寄存器用途的分析从略。完整的程序如下。

```
.686P
.model flat,c
ExitProcess proto stdcall:dword
includelib   kernel32.lib
printf       proto :ptr sbyte,:vararg
includelib   libcmt.lib
includelib   legacy_stdio_definitions.lib
.data
lpFmt db "%d",0
buf   sdword -10,20,30,-100,25,60
n=($-buf)/4
.stack 200
.code
main proc
    mov esi,0
Out_Loop:   ;外循环
    cmp esi,n-1
    jae exit
            ;下面是内循环
    lea edi,[esi+1]     ;等价于 mov edi,esi 和 inc edi 两条语句的功能
    Inner_Loop:
        cmp   edi,n
        jae   Inner_Loop_Over
        mov   eax,buf[esi*4]
        cmp   eax,buf[edi*4]
        jle   Inner_Modify
        xchg  eax,buf[edi*4]
        mov   buf[esi*4],eax
    Inner_Modify:    ;修改内循环的控制变量
        inc   edi
        jmp   Inner_Loop
    Inner_Loop_Over:
```

```
        inc esi
        jmp Out_Loop
exit:                        ;使用循环输出结果
        mov esi,0
display:
        cmp esi,n
        jae Program_Over
        invoke printf,offset lpFmt,buf[esi*4]
        inc esi
        jmp display
Program_Over:
        invoke ExitProcess,0
main endp
        end
```

注意,使用变址寻址方式访问数组元素是非常方便的。使用 32 位寄存器作为元素索引,它乘以一个比例因子,比例因子对应每个元素的长度。

当然,在程序中添加适当的注释,给标号取一个好记忆且易理解的名字,都有助于提高程序的可读性。

7.4　循环程序中的细节分析

编写循环程序时,也有许多需注意的细节,若不仔细,就可能出现各种各样的问题。下面通过示例来分析修改一个循环程序后导致的结果。

【例 7.7】　已知有 n 个元素存放在以 buf 为首地址的双字存储区中,试统计其中负元素的个数并将其存放到变量 r 中。

显然,每个元素为一个 32 位有符号二进制数。统计其中负元素个数的工作可使用循环程序实现。

存储单元及寄存器分配如下。

ebx:为 buf 存储区的地址指针,初值为 buf 的偏移地址,每循环一次之后,其值增 4,并指向下一个元素。

ecx:为循环计数器,初值为 buf 存储区中元素的个数 n,每循环一次之后,其值减 1。

eax:用来记录负元素的个数,初值为 0。

双字变量 r:用来存放负元素的个数。

统计负元素个数的程序流程图如图 7.2 所示。统计负元素个数的程序流程图的循环结构类似于图 7.1(a)。在循环结束之后,使用(eax)→r 将负元素的个数送入字变量 r 中。

统计负元素个数的程序如下:

```
.686P
.model flat,c
ExitProcess proto stdcall:dword
includelib  kernel32.lib
printf      proto:ptr sbyte, :vararg
```

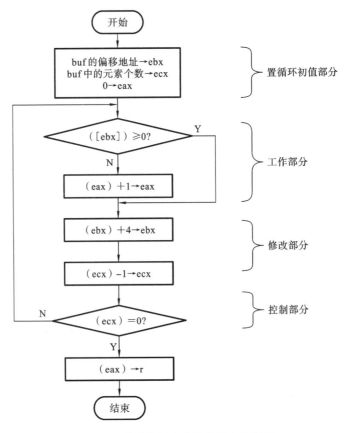

图 7.2　统计负元素个数的程序流程图

```
includelib  libcmt.lib
includelib  legacy_stdio_definitions.lib
.data
lpFmt db "%d",0ah,0dh,0
buf dd -20,50,-30,6,100,-200,70
n=($-buf)/4                          ;buf 存储区中的元素个数
r dd 0
.stack 200
.code
main proc
    lea ebx,buf                      ;置循环初值部分
    mov ecx,n
    xor eax,eax
lopa:
    cmp dword ptr [ebx],0            ;工作部分(循环体)
    jge next
    inc eax
next:
    add ebx,4                        ;修改部分
    dec ecx
    jnz lopa                         ;控制部分
```

```
        mov r,eax
        invoke printf,offset lpFmt,r        ;显示负数个数
        invoke ExitProcess,0
    main endp
    end
```

该程序的循环体被重复执行了 n 次,即当(ecx)=n,n−1,…,1 时执行循环,当(ecx)=0时结束循环,将负元素个数送入字变量 r 中之后,返回操作系统状态。程序执行后,显示 3,表示有 3 个负数。

程序虽然简单,但编写程序时要注意一些细节问题,如语句的摆放顺序、标号的位置等,稍有不慎,就可能导致各种问题。下面将对例 7.7 中的程序进行细小的修改,分析修改后程序运行的变化。

(1) 交换置循环初值部分中的语句的位置,代码如下:

```
    xor eax,eax
    lea ebx,buf
    mov ecx,n
```

这三条语句之间是没有先后次序的,交换前后的功能完全等价。

(2) 交换修改部分的语句。

设调整后的程序的核心段如下:

```
lopa:cmp dword ptr [ebx],0
        jge next
        inc eax         ;eax 用来记录负元素的个数
next:dec ecx            ;ecx 用来记录待判断的元素个数
        add ebx,4       ;ebx 为待访问的元素的地址
        jnz lopa
```

由于 dec、add 指令都会影响标志位,所以交换 add 和 dec 指令的顺序后,jnz lopa 中所用的 ZF 通过“add ebx,4”设置。此时的循环次数已不受 ecx 控制,相当于语句“dec ecx”成了“废语句”。

下面更深入地分析修改后的程序运行的结果。程序会死循环吗?

从表面上看,只要(ebx)的初值是 4 的倍数,通过不断地加 4,最后就会变成 0。例如(ebx)=7FFFFFFCH,加 4 后会变成 80000000H,再加 4 后,会变成 80000004H,依此类推,最后加到(ebx)=0FFFFFFFCH,此时再加 4,(ebx)=0,ZF=1。jnz 的条件不成立,不转移到 lopa 处,循环结束。也许有读者会问,若(ebx)的初值不是 4 的倍数,那不论怎样加 4,永远都得不到结果为 0 的情况,程序成为死循环。其实这两种情况都不会发生,程序运行后,会出现一个异常界面,提示在程序指令地址为＊＊＊处出现了“访问冲突”,表示程序要访问一个不被允许访问的内存单元。编写过 C 语言程序的读者对此异常窗口应该不陌生,在指针、数组等使用不正确时可能出现该问题。

回顾一下第 2.6 节所学的内容,是不难解释为什么会出现这种情况的。因为在保护模式下,各个程序都有自己的空间,通过分段来限制自己只访问它内部的空间,不能越界去访问别人的空间。在循环过程中,(ebx)在不断地增加,到一定的时候就会冲出本程序限定的空间,从而触发异常。

提示:如果单击异常窗口中的"中断"按钮,则会出现程序的调试窗口。在该窗口中有一个指示标志,表明程序执行"cmp dword ptr [ebx],0"时出现了异常。再打开寄存器窗口观察 ecx,(ecx)的初值是 n(n=7),每循环 1 次,(ecx)减 1,减到 0 后,再减 1,就是 0FFFFFFFFH,持续不断地减 1,直到出现异常。异常发生时(ecx)=0FFFFF009H,表明循环次数为 0FFEH 次(0FFFFF009H+0FFEH=7)。

(3)置循环初值部分语句写到循环中。

设调整后的程序的核心段如下:

```
lopa:
    lea ebx,buf
    cmp dword ptr [ebx],0
    jge next
    inc eax
next:add ebx,4
    dec ecx
    jnz lopa
```

程序运行后,将显示 7,即统计出缓冲区中有 7 个负数,这显然是错误的。原因就在于每次循环访问的数据都是缓冲区的第一个数据,数据元素指针在循环中被错误地复原到数组的开始位置。

(4)将 ecx 赋初值语句写到循环中。

```
lopa:mov ecx,n
```

表面上看是死循环,但实际运行结果与(2)相同,因为 ebx 的不断增加,使得[ebx]访问的单元超出了本程序的保护范围,程序运行崩溃。

(5)程序段的优化。

前面的程序中使用 ecx 来控制循环次数,使用 ebx 来指明访问单元的地址。下面由变址寻址方式来访问存储单元。使用 ebx 来指示元素下标,因此也可用于控制循环次数。减少使用寄存器的核心程序段如下。

```
    xor eax,eax
    xor ebx,ebx
lopa:
    cmp buf[ebx*4],0
    jge next
    inc eax
next:
    inc ebx
    cmp ebx,n       ;每循环一次,ebx 加 1,当 ebx 等于 n 时,循环结束
    jnz lopa
```

本例中如果将标号 lopa 上移一行,变成"lopa:xor ebx,ebx",就会导致死循环。

从上面的这些例子可以看到,编写程序时要仔细。稍有不慎,就会导致程序不能实现预定的功能。在阅读和分析程序时,要仔细思考每条语句带来的变化,前后语句能否按算法有机地结合在一起,对执行结果也不能想当然,还要考虑 Windows 保护模式下所起的作用。

7.5 与 C 循环程序反汇编的比较

C 语言源程序和反汇编代码的一个作用是了解 C 语言程序的执行步骤、编译器所做的工作。在阅读反汇编代码时，亦可思考对汇编代码能做的优化工作。

【例 7.8】 阅读并分析下面 C 语言程序的反汇编代码。该程序的功能是将一个数组数据按照从小到大的顺序排序，并输出排序结果。

C 语言程序如下。

```c
#include <stdio.h>
#define n 6
int main(int argc,char*  argv[])
{
    int buf[n]={ -10,20,30,-100,25,60 };
    int x;
    int i;
    int j;
    for (i=0;i<n-1;i++) {
        for (j=i+1;j<n;j++)
            if (buf[i]>buf[j]) {
                    x=buf[i];
                    buf[i]=buf[j];
                    buf[j]=x;
                }
        }
    for (i=0;i <N;i++)
        printf("%d",buf[i]);
    return 0;
}
```

若对该程序进行反汇编调试（Debug 版本），则可得到以下结果（注意指令前的地址不可重现，每次运行都会有变化）。

```
        int buf[n]={-10,20,30,-100,25,60};
00A813DE mov        dword ptr [buf],0FFFFFF6h
00A813E5 mov        dword ptr [ebp-18h],14h
00A813EC mov        dword ptr [ebp-14h],1Eh
00A813F3 mov        dword ptr [ebp-10h],0FFFFF9Ch
00A813FA mov        dword ptr [ebp-0Ch],19h
00A81401 mov        dword ptr [ebp-8],3Ch
        int x;
        int i;
        int j;
        for (i=0;i<n-1;i++) {
00A81408 mov        dword ptr [i],0
```

```
00A8140F jmp         main+5Ah (0A8141Ah)
00A81411 mov         eax,dword ptr [i]
00A81414 add         eax,1
00A81417 mov         dword ptr [i],eax
00A8141A cmp         dword ptr [i],5
00A8141E jge         main+0B0h (0A81470h)
    for (j=i+1;j<n;j++)
00A81420 mov         eax,dword ptr [i]
00A81423 add         eax,1
00A81426 mov         dword ptr [j],eax
00A81429 jmp         main+74h (0A81434h)
00A8142B mov         eax,dword ptr [j]
00A8142E add         eax,1
00A81431 mov         dword ptr [j],eax
00A81434 cmp         dword ptr [j],6
00A81438 jge         main+0AEh (0A8146Eh)
    if (buf[i]>buf[j]) {
00A8143A mov         eax,dword ptr [i]
00A8143D mov         ecx,dword ptr [j]
00A81440 mov         edx,dword ptr buf[eax* 4]
00A81444 cmp         edx,dword ptr buf[ecx* 4]
00A81448 jle         main+0ACh (0A8146Ch)
    x=buf[i];
00A8144A mov         eax,dword ptr [i]
00A8144D mov         ecx,dword ptr buf[eax* 4]
00A81451 mov         dword ptr [x],ecx
    buf[i]=buf[j];
00A81454 mov         eax,dword ptr [i]
00A81457 mov         ecx,dword ptr [j]
00A8145A mov         edx,dword ptr buf[ecx* 4]
00A8145E mov         dword ptr buf[eax* 4],edx
    buf[j]=x;
00A81462 mov         eax,dword ptr [j]
00A81465 mov         ecx,dword ptr [x]
00A81468 mov         dword ptr buf[eax* 4],ecx
        }
    }
00A8146C jmp         main+6Bh (0A8142Bh)
00A8146E jmp         main+51h (0A81411h)
    for (i=0;i<n;i++)
00A81470 mov         dword ptr [i],0
00A81477 jmp         main+0C2h (0A81482h)
00A81479 mov         eax,dword ptr [i]
00A8147C add         eax,1
00A8147F mov         dword ptr [i],eax
```

```
00A81482 cmp        dword ptr [i],6
00A81486 jge        main+0E9h (0A814A9h)
      printf("%d",buf[i]);
00A81488 mov        esi,esp
00A8148A mov        eax,dword ptr [i]
00A8148D mov        ecx,dword ptr buf[eax* 4]
00A81491 push       ecx
00A81492 push       0A85858h
00A81497 call       dword ptr ds:[0A89114h]
00A8149D add        esp,8
00A814A0 cmp        esi,esp
00A814A2 call       __RTC_CheckEsp (0A81136h)
00A814A7 jmp        main+0B9h (0A81479h)
    return 0;
00A814A9 xor        eax,eax
}
……
```

当然,使用不同的优化级别,生成的目标文件会有差异。

在本例中,C 语言程序编译成 Debug 版本后的代码长度比例 7.6 的要长得多,执行效率也很低。最主要的缺点是未将变量与寄存器"绑定"。修改一个变量的值时,先将其值送到一个寄存器中,然后修改寄存器的值,最后又送回变量中。例如,实现 j++时的对应语句如下:

```
mov eax,dword ptr [j]
add eax,1
mov dword ptr [j],eax
```

显然,若将变量与某个寄存器建立固定联系,就能避免不断地存取变量。在 Release 版本中,生成的程序对此进行了优化。双重循环对应的汇编代码如下:

```
    mov edi,1
    Lea ecx,DWORD PTR _buf$[ebp]
    Lea ebx,DWORD PTR [edi+4]
$LL4@main:
;13:for (j=i+1;j<N;j++)
    mov eax,edi
    cmp edi,6
    jge SHORT $LN2@main
$LL7@main:
;14: if (buf[i]>buf[j]) {
    mov edx,DWORD PTR _buf$[ebp+eax* 4]
    mov esi,DWORD PTR [ecx]
    cmp esi,edx
    jle SHORT $LN5@main
;15: x=buf[i];
;16: buf[i]=buf[j];
    Mov DWORD PTR [ecx], edx
;17: buf[j]=x;
```

```
    mov DWORD PTR _buf$[ebp+eax*4],esi
$LN5@main:
;13: for (j=i+1;j<N;j++)
    inc eax
    cmp eax,6
    jl SHORT $LL7@main
$LN2@main:
;12: for (i=0;i<N-1;i++) {
    inc edi
    add ecx,4
    sub ebx,1
    jne SHORT $LL4@main
```

寄存器分配说明如下。

edi:对应内层循环的控制变量 j,初值为 1,内层循环结束后增 1。

ebx:对应外层循环的控制变量 i,初值为 5,采用倒计数控制。

ecx:对应 buf[i]的地址,在内层循环中保持不变,外层循环中值每次增 4,初值为 buf[0]的地址(即 i=0)。

esi:对应 buf[i]。

edx:对应 buf[j]。

eax:对应 j,控制内层循环。

中间变量 x 被优化掉了。

在 Release 版本对代码优化的同时,也应注意到程序仍存在进一步优化的空间。

7.6　循环控制伪指令

与分支程序设计中的条件判断伪指令类似,Microsoft 公司的汇编语言程序编译器同样支持循环控制伪指令。使用这些伪指令能够简化程序的编写,但对初学者不推荐使用。从理论知识的学习角度来看,还是应该使用对应的机器指令,理解机器工作的基本原理。

1. 循环执行伪指令

其指令格式如下:

.while　条件表达式 1

语句序列 1

[.break [.if　条件表达式 2]]

[.continue [.if　条件表达式 3]]

语句序列 2

.endw

当条件表达式 1 为真时,条件成立,执行.while 和.endw 之间的语句序列,然后回到.while 处进行条件判断,重复此过程,直到条件不成立,转移到.endw 之后的位置。在循环体中,可以包含中断循环伪指令(.break)或者继续循环伪指令(.continue)。这些语句与 C 语言中相应语句的作用是相同的。

2. 重复执行伪指令

其指令的语句格式如下：

.repeat

　　　　语句序列

.until　条件表达式

该语句的执行流程与 C 语言中的"do…while"语句的执行流程是类似的，即先执行语句序列，然后判断条件表达式是否成立。若条件不成立，则继续执行 repeat 后的语句序列，直到成立时结束循环。两者的区别是："do…while"是 while 中的条件成立时循环，不成立则退出循环。其语句序列与 while 语句一样，可包含中断循环伪指令（.break）或者继续循环伪指令（.continue）。

repeat 伪指令还有另外一种格式，如下：

.repeat

　　　　语句序列

.untilcxz［条件表达式］

在该语句中，条件表达式是可选项。当无条件表达式，只有 untilcxz 时，它等价于 loop 指令，即先执行（ecx）$-1\rightarrow$ecx，然后判断（ecx）是否为 0，若不为 0，则继续执行.repeat 后的语句序列；若（ecx）为 0，则循环结束。在.untilcxz 后，有条件表达式时，类似于 loopne 指令，当条件表达式不成立且（ecx）$\neq$0 时循环，直到条件表达式成立或者（ecx）=0。

3. 中断循环伪指令

中断循环伪指令的语句格式如下：

.break　［.if　条件表达式］

在无".if　条件表达式"时，该语句是简单的无条件的 break 语句，等价于 jmp，无条件地跳转到循环语句的下方。在有".if　条件表达式"时，若条件表达式成立，则跳出循环，否则继续执行.break 之下的语句。

4. 继续循环伪指令

继续循环伪指令的语句格式如下：

.continue［.if　条件表达式］

在无".if　条件表达式"时，语句的执行流程与 C 语言中的 continue 的执行流程是相同的，表示结束本次循环，从头开始下一次循环。在有".if　条件表达式"时，若条件表达式成立，则结束本次循环，从头开始下一次循环；否则继续执行本次循环，即执行.continue 之下的语句。

【例 7.9】　已知有 n 个元素存放在以 buf 为首地址的双字存储区中，试统计其中负元素的个数并存放到变量 r 中。

该功能与例 7.7 的功能相同，要求使用条件流控制伪指令编写程序，如下。

```
.686P
.model flat,c
```

```
ExitProcess proto stacall:dword
printf       proto:vararg
includelib  libcmt.lib
includelib  legacy_stdio_definitions.lib
.data
lpFmt   db "%d",0ah,0dh,0
buf     sdword -20,50,-30,6,100,-200,70
n=($-buf)/4
r dd 0
.stack 200
.code
main proc
    xor eax,eax     ;eax 用于存放负数的个数
    xor ebx,ebx     ;数组元素的下标
    mov ecx,n       ;数组元素的个数
.repeat
    .if buf[ebx*4]<0
        inc eax
    .endif
    inc ebx
.untilcxz
    mov r,eax
    invoke printf,offset lpFmt,r
    invoke ExitProcess,0
main endp
end
```

注意,在定义 buf 时应使用 sdword 而不使用 dd 或者 dword。只有这样,编译器才会选择有符号数的比较转移指令。

习　题　7

7.1　指令 loop、loope、loopne、jecxz 的功能分别是什么?

7.2　编写出完全与"loope lp"等效的程序段。

7.3　设以 buf 为首地址的双字存储区中存放着 n 个有符号数,试编写程序,找出其中的最大数并显示出来。

7.4　设分别以 str1 和 str2 为首地址的字节存储区中存放着以 0 为结束字节的字符串,试编写程序比较两个串是否相等,若相等,则输出 equal,否则输出 not equal。

7.5　对习题 7.4 进行修改,两个字符串在程序的运行过程中由用户输入。输入串的方法使用 scanf 函数。

数据段中定义的变量如下:

```
lpFmt db "%19s",0
str1 db 20 dup(0) ……
```

```
invoke scanf,offset lpFmt,offset str1
```

7.6　设以 buf 为首地址的双字存储区中存放着 n 个有符号数,试编写程序,使用冒泡排序的方法对其按照从小到大的顺序排列,之后输出排序结果。

7.7　对习题 7.6 进行修改,n 个有符号数在程序的运行过程中由用户输入。

7.8　分析例 7.8 中的反汇编代码,找出一个或者几个不够优化的地方,以其为代表,分析不够优化的原因,并给出优化方法。

上机实践 7

7.1　编写一个程序,实现将一个数字 ASCII 串转换为整数的功能(类似 C 语言中的 atoi)。

7.2　编写一个程序,实现将一个整数转换成 ASCII 串的功能(类似 C 语言中的 itoa)。

7.3　编写一个程序,实现一个二维数组的求和功能。要求不能使用二重循环,只能使用单循环。

7.4　设数据段定义有如下字符串表,其中每个字符串都是 10 个字节,以 0 结束。

```
stringstab db 'good',0,(10+stringstab -$ ) dup(0)
           db 'hello',0,(20+stringstab -$ ) dup(0)
           db 'asm',0,(30+stringstab -$ ) dup(0)
           db 'language',0,(40+stringstab -$ ) dup(0)
```

编写一个程序,输入一个字符串,在 stringstab 中查找该串是否出现(两个串完全相同才算出现)。

第8章 子程序设计

在 C 语言程序设计中会大量使用函数。在汇编语言中也将函数称为子程序。函数或子程序是模块化程序设计或模块化设计发展的产物。子程序设计是程序设计中最重要的方法与技术之一。本章首先重点介绍子程序的概念、主程序调用子程序的指令、从子程序返回主程序的指令、主程序向子程序传递参数及子程序向主程序返回结果的方法、子程序中对寄存器的保护、子程序中局部变量的空间分配。然后在介绍基本概念和方法后,通过具体实例讨论简单子程序、递归子程序的设计方法。最后根据所学原理,通过反汇编的手段,分析 C 语言程序中函数调用的实现方法。读者应熟练地掌握子程序设计的基本技术及子程序的调用方式,并能独立地编制各种功能的子程序。

8.1 子程序的概念

汇编语言中的子程序也就是 C 语言程序设计中的函数。函数之间存在调用与被调用的关系。当然,一个函数既能被调用,又能调用其他函数,甚至自己调用自己,形成递归调用。根据调用关系,可将函数分为主函数和子函数。

在汇编语言中,同样将程序分成若干个子程序(函数)。子程序之间存在调用与被调用的关系,调用子程序的程序称为主程序(或称调用程序),被调用的程序称为子程序。图 8.1 展示了主程序和子程序之间的关系。

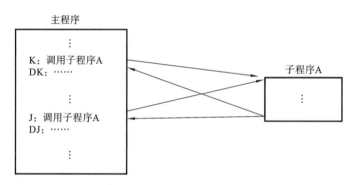

图 8.1 主程序和子程序之间的关系示意图

图 8.1 中,主程序在 K 处和 J 处均调用了子程序 A。当主程序调用子程序后,CPU 就转去执行子程序,执行完毕后返回主程序的断点处继续往下执行。断点是指转子指令的直接后继指令的地址。如在 K 处调用子程序 A,断点就是 DK,子程序 A 执行完毕后,返回 DK 处继续往下执行。同理,在 J 处调用子程序 A,DJ 就是断点,子程序 A 执行完毕后,返回 DJ 处继续往下执行。

根据计算机的工作原理,计算机中待执行的指令的地址由 cs:EIP 确定。不论是顺序、分支还是循环程序,其本质都是改变 EIP。主程序、子程序中必须有相应的语句来改变 EIP。图 8.1 中,子程序返回主程序的 DK 和 DJ 处。读者不妨思考一下,如何从子程序转移到主程序的不同位置?

8.2　子程序的基本用法

8.2.1　子程序的定义

子程序是一段程序,它的基本格式如下:

```
子程序名　proc
          子程序体的语句
子程序名　endp
```

其中:子程序名由用户定义,其命名应符合标识符的命名规定。子程序要放在代码段中。从语法上看,虽然子程序可以放在代码段的任何位置,但是从程序运行的逻辑上看,还是有限制的。一般将其放在主程序结束之后,或者放在主程序开始之前。子程序放在主程序之后的结构如下:

```
.code
main proc
    ......
main endp      ;主程序运行到此处结束,返回操作系统
func1 proc     ;子程序 func1
    ......
func1 endp
func2 proc     ;子程序 func2
    ......
func2 endp
end
```

子程序放在主程序之前的结构如下:

```
.code
func1 proc     ;子程序 func1
    ......
func1 endp
    ......      ;其他子程序
main proc
    ......
        ;主程序运行到此处结束,返回操作系统
main endp
```

注意:main 是一个特殊的子程序,类似于 C 程序的 main 函数,它是默认的程序执行的入口点。

8.2.2 子程序的调用和返回

图 8.1 中的 K 处和 J 处都调用了子程序 A,若使用指令"jmp A",将 EIP 设置为希望转移的目的地址,当然能够进入子程序。但是在不同的位置调用同一个子程序后,从子程序返回的目的地址不同,不可能在子程序中固定写死返回到一个位置。因此,在某个地方调用子程序时,要将从子程序返回的目的地址保存在某个位置,在返回时从该位置读取返回地址送给 EIP,从而实现程序的跳转。为了实现这些功能,x86 设计了两条机器指令 call 和 ret。

1. 子程序调用指令

1)直接调用

语句格式如下:

call   过程名

功能:(1)(EIP)→↓(esp),表示保存断点地址到堆栈的栈顶。

(2)过程名对应的地址(EA)→EIP。

2)间接调用

语句格式如下:

call dword ptr opd

功能:(1)(EIP)→↓(esp),表示保存断点地址到堆栈的栈顶。

(2)(opd)→EIP。

opd 表示寄存器寻址、寄存器间接寻址、变址寻址、基址加变址寻址或者直接寻址,这与 jmp 的间接转移指令中所使用的表达式是一样的。与 jmp 指令相比,call 多执行了一步,第一步保存断点地址到堆栈的栈顶,第二步与 jmp 相同,即通过直接调用的方式得到目的地址,或者通过某种寻址方式间接从(opd)单元中获取转移地址。例如:设数据段定义有变量 func_table dd myfunc,在代码段中有子程序 myfunc,则以下语句的功能是等价的。

① call   myfunc   ;直接调用,call 后为子程序名

② call   func_table   ;间接调用,用直接寻址方式得到转移地址

③ mov eax,func_table

call eax   ;间接调用,用寄存器寻址方式得到转移地址

④ lea   eax,func_table

call dword ptr [eax]   ;间接调用,用寄存器间接寻址方式得到转移地址

⑤ mov eax,0

call func_table[eax]   ;间接调用,用变址寻址方式得到转移地址

注意:在分段管理模式中,子程序调用分为段内直接调用、段内间接调用、段间直接调用、段间间接调用。所谓段内是指主程序与子程序在同一代码段内;段间是指主程序与子程序不在同一个代码段内。对于段间调用,就要先将段寄存器(cs)的值压到堆栈中,之后再将断点的偏移地址压到堆栈中。在 32 位段扁平内存管理模式下(对应本书中的.model flat)变得简单了,只有断点的 32 位偏移地址压入堆栈。

2. 返回指令

ret 指令用在子程序中,控制 CPU 返回主程序的断点处继续往下执行。ret 有两种语法格式,如下:

语句格式 1:ret

功能:从堆栈栈顶弹出一个双字送给 EIP,即↑(esp)→EIP。

语句格式 2:ret n

功能:

(1) 从堆栈栈顶弹出一个双字送给 EIP,即↑(esp)→EIP。

(2) (esp)+n→esp。

说明:n 是正整数且为偶数,n 应为原参数所占字节数的和。当主程序与子程序采用堆栈法传递参数时,可利用这种返回形式释放不再使用的入口参数对堆栈空间的占用。释放入口参数所占用的空间是很有必要的。若不释放参数所占用的空间,而该子程序又被反复调用,则堆栈空间就会被消耗完,从而引发访问错误。

对于参数所占用的空间,除了能在子程序中释放外,还能在主程序中通过执行"add esp,n"来消除参数所占用的空间。实际上,C 语言程序中的函数调用都是在主程序中来清除参数所占用的空间。因为有像 printf 这类参数个数不确定的函数。子程序中并不知道主程序传递过来了多少个参数,占据了多少个字节。而在主程序中有函数调用语句,其中就给定了参数的个数和大小,因而主程序是知道自己传递了多少个字节的信息的。

8.2.3 在主程序与子程序之间传递参数

主程序在调用子程序之前,必须把需要子程序处理的数据传递给子程序,即为子程序准备入口参数。子程序对其入口参数进行一系列处理之后得到处理结果,该结果必须返回给调用它的主程序,即提供出口参数以便主程序使用。这种主程序为子程序准备入口参数、子程序为主程序提供出口结果的过程称为参数传递。

主程序与子程序之间传递参数的方式是事先约定好的。每个子程序设计之前,必须确定其入口参数来自哪里,处理后的结果送往何处。一旦子程序按此约定设计出来,无论在何处对它进行调用,都必须满足子程序的要求,否则,子程序将无法正常运行,或者得不到正确的结果。

常用的参数传递方式有寄存器法、约定单元法和堆栈法三种。

1. 寄存器法

寄存器法就是将子程序的入口参数和出口参数都存放在约定的寄存器中。该方法使用起来简单,但由于寄存器的个数有限,因此只适合要传的参数个数较少的情况。在约定使用某个或某些寄存器传递参数后,在子程序中使用这些寄存器时应小心,以免发生错误。

2. 约定单元法

约定单元法是将子程序的入口参数和出口参数都放到事先约定好的存储单元中。该方法的优点是每个子程序要处理的数据或送出的结果都有独立的存储单元,编写程序时不易出错;参数的数量可多可少。该方法的致命缺点是子程序中要用到全局变量,这样子程序就很难在多个程序间共享,模块的独立性受到很大影响。

3. 堆栈法

堆栈法通过堆栈来传递参数。该方法的优点是参数不占用寄存器,也无需另开辟存储单元,而是存放在公用的堆栈区,处理完之后堆栈恢复原状,仍可供其他程序段使用;参数的数量可多可少,具有较好的灵活性。

高级语言的编译器一般都将函数调用时的参数传递翻译成堆栈参数传递方式。如 C、Pascal 等语言主要采用堆栈法传递参数,并规定了各参数压栈的次序以及清除栈顶参数的方法等。采用堆栈法传递参数的优点是降低了子程序之间、子程序与主程序之间的关联程度,有利于提高程序的模块化程度,因此推荐使用该方法。

在使用堆栈法传递参数时,一定是先将参数压入堆栈,然后执行子程序调用 call 语句。因为一旦执行 call 语句,就要先将断点地址压入堆栈,然后将 EIP 改为子程序的入口地址,之后再取指令,就是子程序的开始位置的指令。

下面通过一个 C 语言程序段的反汇编代码来观察参数传递的方法。C 语言程序片段如下:

```
int x=20;
int y=30;
printf("x=%d y=%d \n", x, y);
```

调试程序时,在反汇编窗口可看到如下代码:

```
int x=20;
00941653 mov dword ptr [x],14h
int y=30;
0094165A mov dword ptr [y],1Eh
printf("x=%d y=%d\n",x,y);
00941661 mov eax,dword ptr [y]
00941664 push eax                                    ;参数 y 的值(即 30)压栈
00941665 mov ecx,dword ptr [x]
00941668 push ecx                                    ;参数 x 的值(即 20)压栈
00941669 push offset string "x=%d y=%d \n" (00945B30h)  ;格式串的首地址压栈
0094166E call _printf (00941037h)
00941673 add esp,0Ch
```

如果跟踪进入函数 printf,刚进入函数时,观察堆栈(即观察内存,内存地址为(esp)),将看到如下内容:

```
73 16 94 00 30 5B 94 00 14 00 00 00 1E 00 00 00
```

其中:栈顶的 4 个字节为 00941673h,这是断点地址;栈顶之下的 4 个字节 00945B30h 为格式串的首地址;之后是参数 x 的值 00000014h;最后是参数 y 的值 0000001Eh。

在 call 指令下,有指令"add esp,0Ch",其作用是消除三个参数所占用的空间。

由上述分析可知,当刚刚进入子程序时,(esp)为栈顶元素的地址,其中存放的是断点地址,([esp+4])中的内容就是最后压入的那个参数。参数被压在了断点地址的下方,如何在子程序中获取到这个参数呢?

对于简单程序,可以使用[esp+4]去访问这个参数。但是,假如多次访问这个参数,就必须保证在子程序中(esp)不发生变化,否则获取到的数据就不是同一个。一种很通常的做法:进入子程序时,先保护(ebp),即 push ebp,然后将(esp)送给 ebp,即执行 mov ebp,esp。如果跟踪进入 printf 函数,则看到该函数的开头语句为:

```
push    ebp
mov     ebp,esp
```

执行这两条语句后,堆栈的示意图如图 8.2 所示。

在子程序中不再改变 ebp,这样([ebp+8])中的内容为最后压入的那个参数,([ebp+12])为倒数第二个压入的参数,依此类推。这样,执行子程序中的 push 和 pop 指令会改变 esp,但不会影响 ebp。

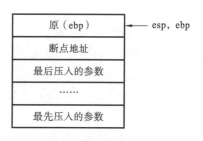

图 8.2 堆栈的示意图

在 32 位平台中,常采用堆栈法来传递参数,当然也可混合使用寄存器法、约定单元法和堆栈法来传递参数。

8.2.4 子程序调用现场的保护

当使用汇编语言编写程序时,往往在实现某项功能的一段程序中给一些寄存器指定了某种用途。若在该段程序中调用了子程序,主程序希望某个寄存器的值保持不变,处于不被子程序改变的状态,子程序中又要使用该寄存器,怎么办?

例如,给定一个学生信息表,每个学生都有姓名(字符串),现在给定一个名字(即一个字符串),要查询该名字是否出现在学生信息表中。显然,我们可以像 C 语言那样编写一个子程序完成两个串比较(strcmp)的功能。在主程序中,循环调用 strcmp,依次将给定的名字和学生信息表中的名字进行比较。假如在主程序中使用了 ecx 来控制循环次数(学生人数),在子程序中使用 ecx 来记录两个字符串比较的字符个数(名字长度),当从子程序返回主程序时,ecx 中的内容已被改变,主程序的循环次数控制就会出现错误。因此,在子程序设计中必须考虑保护与恢复现场的问题。

保护与恢复现场的工作能在主程序中完成,也能在子程序中完成,一般情况下是在子程序中完成的,即在子程序的开始处安排一串保护现场的语句,在返回指令之前再恢复现场。这样,主程序在调用子程序时均不必考虑保护与恢复现场的工作,其处理流程清晰,调用简单方便,整个代码简短紧凑。尤其是在进行模块程序设计时,公共子模块需要提供给大家调用,显然,这种方式对调用者来说是最简单的。

保护寄存器最简单的方式是使用堆栈。例如,子程序要改变 4 个寄存器 eax、ebx、ecx、edx 中的内容,而主程序中不希望这些寄存器的内容被子程序破坏,则在子程序的开始处将这些寄存器的内容进行入栈保护,在子程序的返回指令之前使用出栈指令恢复它们。实现方法如下:

```
push eax
push ebx
push ecx
push edx
......
```

```
pop edx
pop ecx
pop ebx
pop eax
```

注意：由于是在堆栈中保存各寄存器的内容，堆栈操作采用先进后出的原则，入栈保护的顺序与出栈恢复的顺序相反，这样才能保证子程序的运行不破坏主程序的工作现场。通过寄存器的保护和恢复，使得在子程序执行前后该寄存器的内容一样，就像子程序未执行过一样。

此外，如果一个寄存器用于存放返回结果，则该寄存器不应在子程序中受到保护和恢复。

8.2.5 子程序设计应注意的问题

1. 程序摆放的位置

子程序不能随意摆放在程序中，一般摆放在代码段的开头或者代码段的结束部分。假设有一个子程序 func1，直接摆放在调用语句之下，片段如下：

```
p1:call func1
func1 proc
    ……
    ret
func1 endp
p2:……
```

当执行 p1 处的 call 指令时，会将断点地址即子程序 func1 的第一条指令的地址压栈（func1 的入口地址为断点），同时将子程序 func1 的地址送给 EIP。之后就会转到子程序中执行。当执行到子程序中的 ret 指令时，从堆栈栈顶弹出一个双字送给 EIP，即 func1 的入口地址再次送给 EIP，子程序会被再次执行。当然，这之后执行到 ret 指令时，再弹出一个双字送给 EIP。程序的运行逻辑出现不可控的情况。

2. 子程序中堆栈的使用问题

要想执行子程序后能正确返回调用子程序的断点处，在子程序中就要注意堆栈的使用。计算机是非常严格按照指令规定的功能执行程序的。例如，在执行 ret 指令时，就一定是从当前的栈顶弹出一个双字送给 EIP，即完成"（[esp]）→EIP"和"（esp）+4→esp"的操作。若执行 ret 指令前栈顶元素不是调用子程序时保存的断点地址，就不能回到原断点处继续执行。

一般在刚进入子程序时，有如下语句：

```
push ebp
mov  ebp,esp
```

在子程序中保持（ebp）不变，在 ret 之前恢复 esp：

```
mov esp,ebp
pop ebp
```

这样保证执行 ret 指令时,(esp)指向的栈顶元素就是压入的断点地址。

8.3 子程序应用示例

8.3.1 字符串的比较

【例 8.1】 字符串的比较,实现类似于 C 语言的 strcmp 函数。

在函数 strcmp(char * str1,char * str2)中,str1 和 str2 分别是两个串的首地址,若两个串相等,则返回 0;若 str1 指向的串比 str2 指向的串小,则返回-1;若 str1 指向的串比 str2 指向的串大,则返回 1。

分析:采用堆栈传递参数,先将 str2 的首地址压入堆栈,再将 str1 的首地址压入堆栈。用 eax 来传递返回的结果。(eax)=0,表示 str1==str2;(eax)=-1,表示 str1<str2;(eax)=1,表示 str1>str2。

两个字符串比较的算法不难,先比较两个串的首字符,若对应字符不等,则根据这两个字符之间的大小关系得到两个串的关系,串比较结束;若两个对应字符相等,则比较下一对字符,依此类推,用循环来实现该过程。当比较的字符对相等且为 0 时,说明比较到了串结束之处,表明两个串相等,循环结束。完整的程序如下。

```
.686P
.model flat,stdcall
    ExitProcess proto:dword
    includelib  kernel32.lib
    printf       proto c :ptr sbyte, :vararg
    includelib  libcmt.lib
    includelib  legacy_stdio_definitions.lib
.data
    lpFmt   db "%s>%s? %d (0,=; -1,<; 1,>) ", 0dh,0ah,0
    string1 db 'hello',0
    string2 db 'very good',0
    string3 db 'hello',0
.stack 200
.code
 main proc c
    push    offset string2
    push    offset string1
    call    strcmp      ;比较 string1 和 string2 开始的两个串
    add     esp, 8      ;释放参数所占用的空间
    invoke  printf,offset lpFmt, offset string1, offset string2, eax
    push    offset string3
    push    offset string1
    call    strcmp      ;比较 string1 和 string3 开始的两个串
    add     esp, 8      ;释放参数所占用的空间
```

```
        invoke printf,offset lpFmt, offset string1, offset string3, eax
        invoke ExitProcess, 0
main endp


;子程序 strcmp str1 str2
;功能:比较两个字符串 str1 和 str2 的大小关系
;入口参数:两个串的首地址在堆栈中,str2 的首地址先入栈
;出口参数:eax,若前串小,则为(eax)=-1;若前串大,则为 1;若相等,则为 0
;算法思想:从串的最左端开始向右,逐一比较两个串对应字符的关系
;若两个对应字符不相等,则比较结束,由这两个字符的大小关系决定串的大小关系
;若两个对应字符相等并且不是串的结束,则继续向右比较;若是 0,则返回串相等
;寄存器分配
;edi,指向 str1,即(edi)为串 str1 中待比较字符的地址
;esi,指向 str2,即(esi)为串 str2 中待比较字符的地址
;dl,用于缓存当前读取到的字符
strcmp proc
    push ebp
    mov  ebp, esp
    push esi
    push edi
    push edx
    mov  edi, [ebp+8]        ;第一个串的起始地址放入 edi 中
    mov  esi, [ebp+12]       ;第二个串的起始地址放入 esi 中
strcmp_start:
    mov dl,[edi]
    cmp dl,[esi]
    ja   strcmp_large
    jb   strcmp_little
    cmp dl, 0                ;运行到此处,说明前面比较的一对字符相等
    je   strcmp_equ
    inc esi
    inc edi
    jmp strcmp_start
strcmp_large:
    mov eax, 1
    jmp strcmp_exit
strcmp_little:
    mov eax, - 1
    jmp strcmp_exit
strcmp_equ:
    mov eax, 0
strcmp_exit:
    pop edx
    pop edi
    pop esi
    pop ebp
```

```
        ret
strcmp endp
end
```

8.3.2　数串转换

【例 8.2】　将一个给定的整数转换成指定基数的 ASCII 串,类似于实现一个 C 函数 itoa。

在 C 语言函数 itoa(int value, char * string, int radix)中,value 为一个待转换的数;string 为存放结果串的首地址;radix 为转化的基数,通常为 2、8、10、16 中的一个整数。注意,C 语言中还有一个无符号数转换为指定基数串的函数 ultoa(unsigned long value, char * string, int radix)。两者的核心内容是一样的。对于一个有符号数,先判断其是否小于 0,若小于 0,则先产生一个负号"—",然后对该数进行求补,得到其相反数的补码。将该数当成一个无符号数转换成指定进制的 ASCII 串即可。

一个无符号的二进制数转换为 P 进制数可采用"除 P 取余"法,其大致过程如下。

将待转换的二进制数除以 P,得到第一个商数和第一个余数,第一个余数就是所求的 P 进制数的个位数;将第一个商数除以 P,得到第二个商数和余数,第二个余数就是所求 P 进制数的十位数;……;这一过程循环到商数为 0 时,所得到的余数就是所求 P 进制数的最高位数。

从上述"除 P 取余"的过程可知,先得到的余数是 P 进制数的低位数,后得到的余数是 P 进制数的高位数,所以,可利用堆栈后进先出的原则,将每次除以 P 所得余数入栈保存。当商数为 0 时,再将保存在栈中的余数逐一弹出,并将其转换成 ASCII 码后送往 ASCII 码存储区。

从 itoa(int value,char * string,int radix)的调用形式可知,子程序从堆栈中获取三个参数。完整的程序如下。

```
.686P
.model flat,stdcall
ExitProcess proto:dword
includelib  kernel32.lib
printf      proto c:ptr sbyte,:vararg
includelib  libcmt.lib
includelib  legacy_stdio_definitions.lib
.data
lpFmt  db "% d >  % s", 0dh,0ah,0
value  dd 123
string db 20 dup(0)
radix  dd 10
.stack 200
.code
main    proc c
  push  radix
  push  offset string
  push  value
```

```
        call  itoa
        add   esp,12
        invoke printf,offset lpFmt,value,offset string
        invoke ExitProcess,0
main endp


;子程序 itoa value,string,radix
;功能:将一个有符号数转换成指定基数的串
;结果存放在以 string 为首地址的缓冲区中
;入口参数:从右到左用堆栈传递的三个参数(value,string,radix)
;出口参数:无
;算法思想:除基数取余法
;寄存器分配
;(edx,eax)作为被除数,在除法运算后,eax 用于存放商,edx 用于存放余数
;(ebx)除数
;(ecx)转换出的字符个数
;(esi)用于存放转换结果的地址
itoa proc
        push ebp
        mov   ebp,esp
        push eax
        push ebx
        push ecx
        push edx
        push esi
        mov   eax,[ebp+8]      ;待转换的数
        mov   esi,[ebp+12]     ;存放结果的缓冲区地址
        mov   ebx,[ebp+16]     ;基数
        mov   ecx,0            ;转换出的字符个数
        cmp   eax,0
        jge   itoa_unsigned
        neg   eax             ;对负数,输出负号,并且转换成其相反数的补码
        mov   byte ptr [esi],'-'
        inc   esi
itoa_unsigned:                ;下面是对一个无符号数(eax)的转换
        mov   edx,0
        div   ebx
        push edx              ;保存余数,最先计算出来的是最右端的数
        inc   ecx
        cmp   eax, 0
        jne   itoa_unsigned
itoa_save:                    ;下面将堆栈中记录的各数取出,转换成 ASCII,并且送到缓冲区中
                              ;ecx 的初值肯定是大于 0 的
                              ;即使对数值为 0,也有一个数码 0 放入堆栈中了
        pop edx
        cmp dl,10
```

```
        jb    itoa_convert
        add   dl,7                 ;对于 0~9 之间的数码直接加 30H,变成对应的 ASCII
                                    ;对于 A~F 之间的数码,要加 37H,即数码-10+'A'(41H)
    itoa_convert:
        add dl,30H
        mov [esi],dl
        inc esi
        dec ecx
        jnz itoa_save
        pop esi
        pop edx
        pop ecx
        pop ebx
        pop eax
        pop ebp
        ret
    itoa endp
    end
```

8.3.3　串数转换

【例 8.3】　串数转换,即将含有正负号的数字 ASCII 串转换为一个整型数。

类似于实现一个 C 语言函数 int atoi(const char ∗ str),其中 str 是待转换串的首地址,返回值是转换后的整型数。程序首先会判断串开头有无正负号(无正负号的情况默认是正数),并记录该串是一个正数还是负数;然后将剩下的数字串当成一个无符号数串进行转换;最后,对于有负号的情况,将前面转换得到的数进行求补,从而得到其相反数的补码。

对于一个无符号数的 ASCII 串,例如“123”,其对应的存储信息是“31H 32H 33H 00H”。串以值为 0 的字节结束。

设转换结果在 eax 中,eax 的初值为 0。从左向右依次扫描各个字符,采用下面的方法进行处理:(eax) ∗ 10＋当前读到的数→eax。

当读到第一个非 0 的字节时,计算(eax) ∗ 10＋第一个字节的内容－30H,此时(eax)＝1;当读到第二个非 0 的字节时,计算(eax) ∗ 10＋第二个字节的内容－30H,此时(eax)＝1 ∗ 10＋2＝0CH;当读到第三个非 0 的字节时,计算(eax) ∗ 10＋第二个字节的内容－30H,此时(eax)＝0CH ∗ 10＋3＝7BH;当读到第四个字节时,其值为 0,循环结束。换句话说,转换的数为((0 ∗ 10＋1) ∗ 10＋2) ∗ 10＋3。

最后,判断数字串前面的符号,若是加号或者无符号,则结果就是前面转换的无符号数;如果该数前面有负号,则将结果求补,得到其相反数的补码表示即为最后所求的结果。完整的程序如下。

```
.686P
.model flat,  stdcall
ExitProcess  proto:dword
includelib   kernel32.lib
```

```
printf      proto c:ptr sbyte,:vararg
includelib  libcmt.lib
includelib  legacy_stdio_definitions.lib
.data
lpFmt  db "%s>%d",0dh,0ah,0
value  dd 0
string db '-123',0
.stack  200
.code
main proc c
    push    offset string
    call    atoi
    add     esp,4
    mov     value,eax
    invoke  printf,offset lpFmt,offset string,value
    invoke  ExitProcess,0
main        endp
```

;子程序 atoi string
;功能:将一个含有正、负号的数 ASCII 串转换为一个整型数
;入口参数:待转换串的首地址
;出口参数:eax,用于存放转换后的整数
;算法思想:循环对各数码进行处理,当读到一个新数码时,将前面转换的结果乘以 10,然后再加当前数码
;寄存器分配
;eax 用于存放转换结果
;ebx 表示正、负号信息,ebx=1,表示有负号;ebx=0,则表示为正
;edx 为当前读到的数码
;esi 为当前数码的地址

```
atoi proc
    push ebp
    mov  ebp,esp
    push ebx
    push edx
    push esi
    mov  esi,[ebp+ 8]           ;待转换串的首地址
    mov eax,0
    mov ebx,0
    cmp byte ptr [esi],'-'
    jnz atoi_plus_judge
    mov ebx,1                   ;记录负号
    inc esi
    jmp atoi_convert
atoi_plus_judge:
    cmp byte ptr [esi],'+'
    jnz atoi_convert
    inc esi
```

```
atoi_convert:
    mov    dl,[esi]
    cmp    dl,0                ;串以 0 为结束标志
    je     atoi_convert_over
    sub    dl,30H
    movzx  edx,dl
    imul   eax,10
    add    eax,edx
    inc    esi
    jmp    atoi_convert
atoi_convert_over:
    cmp    ebx,1
    jnz    atoi_over
    neg    eax
atoi_over:
    pop    esi
    pop    edx
    pop    ebx
    pop    ebp
    ret
atoi endp
    end
```

本例假设串中都是 0~9 的数码，未考虑含有非数码字符的情况。

8.3.4　自我修改返回地址的子程序

下面给出一个有意不回到断点处执行的趣味程序。

【例 8.4】　显示在 call 语句下的字符串。

设调用形式如下：

```
call display
msg1 db 'Very Good',0DH,0AH,0
```

在显示串 'Very Good' 之后继续执行 msg1 下的语句。

```
.686P
.model flat,stdcall
  ExitProcess proto:dword
  includelib  kernel32.lib
  putchar     proto c:byte   ;显示给定 ASCII 对应的字符
  includelib  libcmt.lib
  includelib  legacy_stdio_definitions.lib
.stack 200
.code
 main proc c
    call display
```

```
        msg1 db 'Very Good',0DH,0AH,0
        call display
        msg2 db '12345',0DH,0AH,0
        invoke ExitProcess,0
main endp
;_____
;子程序:显示一个字符串
display proc
        pop ebx
p1:
        cmp byte ptr[ebx],0
        je  exit
        invoke  putchar,byte ptr[ebx]
        inc ebx
        jmp p1
exit:
        inc  ebx
        push ebx
        ret
display endp
        end
```

运行该程序后,分别在两行上显示了 Very Good 和 12345 两个串。下面通过反汇编来分析该程序的运行过程。反汇编窗口显示的信息如下。

```
008A2040 E8 20 00 00 00    call   display (08A2065h)
008A2045 56                push   esi
008A2046 65 72 79          jb     _display@ 0+ 5Dh (08A20C2h)
008A2049 20 47 6F          and    byte ptr[edi+ 6Fh],al
008A204C 6F                outs   dx,dword ptr[esi]
008A204D 64 0D 0A 00 E8 0F or     eax,0FE8000Ah
008A2053 00 00             add    byte ptr[eax],al
008A2055 00 31             add    byte ptr[ecx],dh
008A2057 32 33             xor    dh,byte ptr[ebx]
008A2059 34 35             xor    al,35h
008A205B 0D 0A 00 6A 00    or     eax,6A000Ah
008A2060 E8 A0 EF FF FF    call   _ExitProcess@ 4 (08A1005h)
---display_string.asm --------------------
008A2065 5B                pop    ebx
p1:cmp byte ptr[ebx],0
008A2066 80 3B 00          cmp    byte ptr[ebx],0
        je exit
……
```

在反汇编代码中,首先看到的是"call display"对应的语句"call display (08A2065h)",其中 08A2065h 是子程序的入口地址,非常直观。不过,如果仔细看这条指令的机器码,"E8 20 00 00 00"和 08A2065h 毫无关系。CPU 如何得到子程序的入口地址呢?

要解释机器码的内容,还得从计算机执行指令的过程说起。当程序开始执行时,(EIP)=008A2040H,即指向第一条指令。根据 EIP 取出指令并译码后,EIP 就会加上本条指令的长度。本条指令占 5 个字节,故取出第一条指令后(EIP)=008A2045H。执行 call 指令,先将(EIP)压栈,这样压入堆栈的内容正好是断点地址,之后(EIP)+本指令中的偏移量(即 00000020H)→EIP,因此新的 EIP 为 08A2065h。在程序编译生成机器指令的时候,不会在指令中固定一个单元的物理地址,因为只有调度执行程序时才会由操作系统决定空间的分配。当前编译的指令在本程序空间中有一个相对地址,而转移的目的地址也有一个相对地址,在转移指令中存放两个地址之间的相对位移量(减去本指令的长度)即可。

基于上述原理,可分析如下语句的指令编码。

```
008A2060 E8 A0 EF FF FF   call  _ExitProcess@4 (08A1005h)
```

该 call 指令机器码中的位移量为 FFFFEFA0H,它对应的是-1060H 的补码表示。call 指令下的地址是 008A2065h,由 008A2065h-1060h 得到 008A1005h,正是在 call 语句中显示的信息。

在汇编窗口的第一条指令之后看到的汇编语句并不是源程序中的语句。看一下这些指令的机器码,它们是"56 65 72 79 20 47 6F 6F 64 0D 0A 00",这实际上是"'Very Good',0DH,0AH,0"对应的内容,前面几个字节是字符串的 ASCII 码,后面三个字节是"0DH,0AH,0"。这些二进制数也被当成机器码解析了,在反汇编窗口中显示了它们对应的语句。这就说明0-1串的解析是依赖上下文的,本来存储的是一个字符串,但在调试窗口,从当前的 EIP 开始将代码段的内容当成指令解析,就得到窗口中看到的结果。

跟踪进入子程序,此时观察堆栈可看到栈顶元素是 008A2045h,这是执行 call 时 CPU 自动压入堆栈的断点地址,也就是字符串 msg1 的首地址。子程序中首先执行的是 pop ebx,(ebx)为串的首地址,之后是从该地址开始逐个取出字符显示,直到遇到字节 0。在循环结束后,(ebx)指向的是字节 0 的地址。之后将(ebx)加 1 并压入堆栈,此时栈顶的内容正好是第二条 call 指令的起始地址。执行 ret 后,看到如下的反汇编代码。

```
008A2051 E8 0F 00 00 00              call display (08A2065h)
008A2056 31 32                       xor  dword ptr [edx],esi
008A2058 33 34 35 0D 0A 00 6A        xor  esi,dword ptr [esi+ 6A000A0Dh]
008A205F 00 E8                       add  al,ch
```

第二条 call display 指令的分析与第一条 call display 指令的分析相似,请读者自己分析其机器码、执行过程。

对上面的例子稍加改造,得到一个用机器语言编写的程序。主程序的片段如下。

```
main proc c
    db 0E8H,20H,0,0,0
    db 'Very Good',0DH,0AH,0
    db 0E8H,0FH,0,0,0
    db '12345',0DH,0AH,0
    invoke ExitProcess,0
```

注意:我们没有将"invoke ExitProcess,0"换成机器语言编码。如果直接用机器码写上段程序,运行并不会成功。原因:ExitProcess 是一个外部函数,如果在程序中不出现它的名字,则编译器不会将相应的函数实现段链接到程序中。换句话说,调转到 08A1005h,找不到 Exit-Process 的程序。此外,外部库函数的存放位置也不能由用户编写程序来控制。

当然,介绍上述内容的目的并不是要读者去用机器码编写程序,而是要让读者更好地理解计算机内部是 0-1 串世界的本质、计算机根据 EIP 获取相应单元的内容并解释执行、数据和指令是一种动态变化等理念。

8.3.5　自我修改的子程序

第 8.3.4 节给出了一个直接使用机器码编写程序的例子。更进一步,在程序的运行过程中,程序的代码也能自我修改。

【例 8.5】　在程序中将数据段的一段数据拷贝到代码段,并让程序运行这段数据对应的代码。

```
.686P
.model flat,stdcall
    ExitProcess proto:dword
    VirtualProtect proto:dword,:dword,:dword,:dword
    includelib  kernel32.lib
    putchar      proto c:byte      ;显示给定 ASCII 对应的字符
    includelib  libcmt.lib
    includelib  legacy_stdio_definitions.lib
.stack 200
.data
 machine_code db 0E8H,20H,0,0,0
              db 'Very Good',0DH,0AH,0
              db 0E8H,0FH,0,0,0
              db '12345',0DH,0AH,0
 len= $ - machine_code
 oldprotect dd ?
.code
 main proc c
     mov eax,len
     mov ebx,40H
     lea ecx,CopyHere
     invoke VirtualProtect,ecx,eax,ebx,offset oldprotect
     mov ecx,len
     mov edi,offset CopyHere
     mov esi,offset machine_code
CopyCode:
     mov al,[esi]
     mov [edi],al
     inc esi
     inc edi
     loop CopyCode
CopyHere:
```

```
        db len dup(0)
        invoke ExitProcess,0
    main endp
    ;_____
    ;子程序:显示一个字符串
    display proc
        pop ebx
    lp:
        cmp byte ptr [ebx],0
        je exit
        invoke putchar, byte ptr [ebx]
        inc ebx
        jmp lp
    exit:
        inc  ebx
        push ebx
        ret
    display endp
    end
```

该程序先将数据段的一些内容拷贝到代码段中,使得修改后的代码段与程序执行前的代码段不同。在程序运行时显示 Very Good 和 12345 两个串。由于 Windows 系统中的代码段是受保护的,不能随意更改,因此使用了 Windows 系统提供的 API 函数 VirtualProtect 来改变调用进程的一段内在区域的保护属性。函数 VirtualProtect 的详细用法已超出本书范围,请有兴趣的读者自行查阅相关资料。

8.4　C 语言程序中函数的运行机理

在 C 语言程序设计中,如果关注程序的运行奥秘,就会有很多疑问摆在我们的面前。为什么调用一个函数时能进入函数中去执行? 为什么函数执行完后又能够返回调用处继续执行下面的语句? 主函数和被调用函数之间是如何传递数据的? 局部变量的空间、参数的空间是如何分配和释放的? 函数递归调用时,局部变量的作用域是如何控制的? 本节通过对高级语言编译生成的机器语言程序进行反汇编,将一一给出这些问题的答案。理解了这些内容,不但有助于提高编写 C 语言程序的水平,同时也有助于熟练地用汇编语言编写子程序。

【例 8.6】　从机器语言角度分析 C 语言程序的实现细节。

对于如下 C 语言程序,通过观察反汇编程序、堆栈段、寄存器、变量地址和存储单元内容等手段,更深入地理解它的运行机理。

```
#include <stdio.h>
int fadd(int x, int y)
{
    int u, v, w;
```

```
    u=x+10;
    v=y+25;
    w=u+v;
    return w;
}
int main(int argc, char*  argv[])
{
    int a=100;      // 0x 64
    int b=200;      // 0x C8
    int sum=0;
    sum=fadd(a, b);
    printf("%d\n", sum);
    return 0;
}
```

1. 参数的传递

在主程序中,有 sum＝fadd(a,b);语句,该语句反汇编的结果如下。

```
00E11668 mov    eax,dword ptr [b]
00E1166B push   eax
00E1166C mov    ecx,dword ptr [a]
00E1166F push   ecx
00E11670 call   _fadd (0E11217h)
00E11675 add    esp,8
00E11678 mov    dword ptr [sum],eax
```

此段反汇编语句表明:函数调用时,先将参数 b 的值(即 200)压入堆栈,再将参数 a 的值(即 100)压入堆栈,压入堆栈中的内容是变量 a 和 b 的值,与它们的地址无关。在调用子程序指令之后,有"add esp,8"清除这两个参数所占用的空间。

执行 call 指令,跟踪进入子程序时,观察以(esp)为起始地址的内存段的信息,可看到:

```
75 16 e1 00 64 00 00 00 c8 00 00 00
```

三个双字数据分别对应断点地址 00E11675h、第一个参数值 100(00000064h)、第二个参数值 200(000000c8h)。

2. 函数体语句之前的汇编代码

进入函数后,在第一条变量定义语句之前,有一段如下的反汇编代码:

```
00E115F0 push ebp
00E115F1 mov  ebp,esp
00E115F3 sub  esp,4Ch
00E115F6 push ebx
00E115F7 push esi
00E115F8 push edi
00E115F9 mov  ecx,offset _DC9CF1C2_c_function@c (0E19003h)
00E115FE call @ __CheckForDebuggerJustMyCode@4 (0E1119Fh)
```

这一段代码是编译器自动增加的代码,并不是函数中的哪条语句的对应产物。注意,不同的编译开关生成的代码是不同的。

"push ebp"和"mov ebp，esp"的作用是在堆栈中保存了原(ebp)，同时让 ebp 指向了当前栈顶。之后，"sub esp,4Ch"直接移动了栈顶指针，留出了一部分堆栈空间，这一片空间是分配给程序的局部变量的。

3. 函数参数和局部变量的空间分配

函数体语句对应的反汇编代码如下。

```
int u, v, w;
u=x+10;
00E11603 mov eax,dword ptr [ebp+8]
00E11606 add eax,0Ah
00E11609 mov dword ptr [ebp-4],eax
v=y+25;
00E1160C mov eax,dword ptr [ebp+0Ch]
00E1160F add eax,19h
00E11612 mov dword ptr [ebp-8],eax
w=u+v;
00E11615 mov eax,dword ptr [ebp-4]
00E11618 add eax,dword ptr [ebp-8]
00E1161B mov dword ptr [ebp-0Ch],eax
```

这段代码表明，参数 x 对应的地址是[ebp+8]，参数 y 对应的地址是[ebp+0Ch]，这正是函数调用时传递的两个值在堆栈中的存放位置。参数(x,y)所在的空间与主函数中变量(a,b)的空间是没有关系的。

局部变量 u、v、w 的地址分别是[ebp-4]、[ebp-8]、[ebp-0Ch]，它们是在堆栈中分配的空间。两个相邻的局部变量之间距离是 4 字节。由于变量 u 定义在开头，其地址为[ebp-4]，之后的变量继续在堆栈的上方分配空间。

提示：在生成上述代码时，需要将配置属性"C/C++→代码生成→基本运行时检查"改为"默认值"。用不同的配置项生成的代码是不同的，变量也不一定"紧凑"地放在一起。

4. 结果的返回

对于 return 语句，翻译的结果如下：

```
return w;
00E1161E mov eax,dword ptr [ebp-0Ch]
00E11621 pop edi
00E11622 pop esi
00E11623 pop ebx
00E11624 mov esp,ebp
00E11626 pop ebp
00E11627 ret
```

最后返回变量的值放在了 eax 中。在主程序中，函数调用生成的语句也是将 eax 中的值传送给接受返回值的变量。

在 ret 之前,恢复了以函数开头自动保存的寄存器,又将 esp 还原成进入函数时的状态,这样,局部变量所在的空间又会分配给新的函数使用,其生命周期终止,相当于它们所占用的空间自动释放。

通过上述例子的分析,可以得到如下结论和编写程序时应注意的问题。

(1) 函数参数与函数的局部变量一样,它们的空间分配都在堆栈上。

(2) 以刚进入子程序时的堆栈状态为参考,函数参数所在单元的地址是在堆栈栈顶之下(栈顶是执行 call 指令时压入的断点地址);该函数的局部变量的空间是在当前堆栈栈顶之上(地址更小一些)。

(3) 函数参数和变量的地址都是[ebp+n]的形式,是一种变址寻址。对于参数,其地址表达式中的 n 为正数;对于局部变量,n 为负数。

(4) ebp 在函数中保持不变,因此[ebp+n]才会固定地对应某个参数和变量的地址;刚进入函数时,要保护 ebp,然后将(esp)赋值给 ebp,由此状态计算出变量和参数的地址。

(5) 调用函数时参数压栈,参数的地址与调用函数时实参的地址无关;对于传值参数,函数参数所在单元中的内容就是传递进来的值,此时改变函数参数所在单元的值,与外部的实参变量无关;对于指针类型的参数,压入堆栈的是变量的地址;在函数中通过参数间接访问到实参变量中的内容,从而实现对实参变量中内容的修改。

(6) 函数返回值放在 eax 中。注意,在函数调用中函数返回一个结构,或者面向对象的程序设计中返回一个对象时,编译器将会生成更复杂的代码来实现数据的传递。

(7) 不要返回函数中局部变量和参数的地址,局部变量和参数的空间在堆栈中,函数返回后,这些空间在调用下一个函数时又会被使用,而原单元中的内容会被覆盖,根据返回的地址去访问对应的单元时,内容并非原来的值。

(8) 破坏堆栈中存放的断点地址,会导致程序出现异常。例如,在函数 fadd 返回前增加一条语句 * (int *)(& x − 1)=1;,就会破坏断点地址,导致执行 ret 指令时 EIP 被赋给了一个超出本程序中间范围的地址(00000001),程序运行崩溃。

设计函数时,除满足正确性这一基本要求外,还要考虑函数性能、易读性、可维护性等多方面的要求。函数设计的质量对于程序设计而言是非常重要的。一般而言,一个函数不能太大,实现的功能应简单,通常不超过 50 行,在屏幕上能看到一个完整的函数为好。另外,函数与函数之间的接口要简单,模块内部耦合要紧密,模块之间联系要松散。此外,还有很多函数是让不同的程序共同使用,例如输入/输出程序、数制转换程序、三角函数、指数函数、解线性方程组等,都是采用子程序方式事先编写好组成函数库,提供给程序开发者使用。当程序开发者需要使用某个函数时,只要按照系统规定的调用方式对它调用即可,从而有效地降低了开发的劳动强度。对于一个公司而言,同样需要设计和开发一些这样的函数,供一个项目内部或者在项目之间共享使用。开发这些函数时尽量不使用外部的全局变量,不依赖外部的信息。

8.5 汇编语言中子程序的高级用法

在使用 Visual Studio 2019 开发汇编语言程序时,其编译器支持使用一些伪指令,包括带参数的函数说明、带参数的子程序调用和定义局部变量。使用这些伪指令,能简化程序的编写工作,提高程序的可读性,避免一些参数传递时易犯的错误。使用这些高级用法,编写汇编语言程序就有点类似于用 C 语言编写程序了。

再次强调伪指令不是机器指令,编译器会对其进行处理,生成相应的机器语言程序。这种方法减轻了程序员的劳动强度,但是也掩盖了计算机内部工作的一些机制。通过源程序与汇编语言程序的对比,可以更好地理解编译和计算机内部的工作机制。

8.5.1　局部变量的定义和使用

紧跟在 proc 语句之后,用 local 伪指令说明仅在本函数内使用的局部变量。格式如下:
local　变量名[[数量]][:类型]{,变量名[[数量]][:类型]}

括号中的"数量"用于说明重复单元的数量,类似于 dup 的效果。"类型"可以是基本类型,如 byte、word、dword、qword、sbyte、sword、sdword、sqword 等,也可以是第 10 章中介绍的复合数据类型。下面给出一个例子。

```
local u:dword,v[20]:dword,w:dword
```

该语句等价于以下三条语句:

```
local u     :dword
local v[20]:dword
local w     :dword
```

注意:Visual Studio 2019 要求 local 伪指令要紧跟着 proc 伪指令,不能在 local 语句之前出现机器指令。

在使用局部变量时,若只出现单个单量,用法还是很简单的。下面给出一个局部变量定义和用法的示例。

【例 8.7】　子程序中局部变量和参数的用法示例。

子程序 func 有一个参数,子程序的功能是获取该参数,并送入局部变量 flag 中。汇编源程序片段如下:

```
push  100
call  func
add   esp,4
……
func  proc
      local flag:dword
      push  ebx
      mov   ebx,[ebp+ 8]
      mov   flag,ebx
      pop   ebx
      ret
func  endp
```

对于含有局部变量的子程序,编译后在子程序开始处自动加上以下语句:

```
push ebp
mov  ebp,esp
add  esp,0FFFFFFFCH    ;等价于 add esp,-4 或者 sub esp,4
```

前两条语句"push ebp 和 mov ebp,esp"是一个固定模式。第三条语句中的 esp 减少的值与局部变量所占用空间的大小有关,即 esp 向栈的上方移动,留出了局部变量所占用的空间。执行前三条语句后,堆栈状态示意图如图 8.3 所示。在图 8.3 中,参数所在单元的地址是[ebp+8],局部变量 flag 所在单元的地址是[ebp−4]。

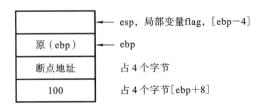

图 8.3 堆栈状态示意图

注意:当子程序中定义有局部变量,或者子程序有参数(参见第 8.5.2 节)时,编译器才会增加语句"push ebp"和"mov ebp,esp",并用[ebp±n]表示参数和局部变量的地址。

局部变量对应的单元在堆栈中。虽然在后续的指令语句中能直接引用局部变量的名字,就像使用在 data 段中定义的全局变量那样,但是两者之间的有些差异还是需要注意的。

(1) 单个局部变量作为源操作数或目的操作数,对应的寻址方式是变址寻址方式,其地址是[ebp−n],其中 n 为正数。在机器指令中,−n 表示为 n 的补码。一般先定义的局部变量的地址大(减去的 n 小),后定义的变量地址小(减去的 n 大);单个全局变量对应的寻址是直接寻址。

(2) 可以将 offset 放在全局变量前,获取它的地址,即得到一个数值,但是不能将 offset 放在局部变量前;局部变量的地址采用 lea 指令来获取。

(3) 对于定义数组型的局部变量,例如 local x[20]:dword,不能使用 x[BR+IR ∗ F]的形式访问,因为 x 本身就是对于[ebp+n]而言的;而对于全局变量 x,可用 x[BR+IR ∗ F]的形式访问。对于局部变量 x,x[IR ∗ F]在机器指令中对应的是[IR ∗ F+ebp+n],是一个基址加变址的寻址方式。

特别提示以下两点。

(1) 有些编译器对 x[BR+IR ∗ F]编译时不报错,但生成的机器指令有一些变化,出现非预期的结果。

(2) 定义局部变量或者参数时,编译器会自动在原代码前加上几条机器指令,ebp 已赋予特定的作用,不要写改变 ebp 值的指令。

8.5.2 子程序的原型说明、定义和调用

1. 原型说明伪指令 proto

格式如下:

函数名　proto　[函数类型][语言类型][[参数名]:参数类型],[[参数名]:参数类型]...

功能:用于说明本模块中要调用的过程或函数。

"函数类型"用于指明该子程序的类型,可选项有 NEAR、FAR。在 32 位段扁平内存管理模式下,即存储模型说明为". model flat",应该选择 NEAR,默认值也是 NEAR。

"语言类型"用于指明参数传递的方式采用哪种语言的规定。在 32 位段扁平内存管理模式下,支持 C 和 stdcall,在 16 位内存管理模型下,支持 C、pascal、stdcall、syscall 等。如果在存储模型说明中指明了语言类型,例如".model flat,stdcall",且本函数使用的语言类型与模型说明的语言类型一致,则可默认,表明是存储模型说明的语言类型;否则,就要给出本函数的语言类型。C 和 stdcall 都是将函数原型说明中最右边的参数最先压入栈中,最左边的参数最后入栈,区别在于 C 是在调用程序中释放参数所占用的空间(主程序中有"add esp,n"指令),而 stdcall 是在函数中释放参数所占用的空间(子程序中有"ret n"指令)。

在原型说明中,"参数名"可省略。

proto 伪指令的功能类似于 C 语言中的函数说明。对于在本程序中调用的其他程序定义的函数,应该使用 proto 进行原型说明。只有这样,编译的时候才能确定传递参数的情况。例如一个参数值是 0,若没有该参数的原型说明,就不知道是压一个字还是一个双字的 0 进栈。对于在本程序中定义的函数,若是先定义后调用,则不需要用 proto 进行原型说明。如果用 invoke 伪指令调用该函数之前既没有用 proto 语句进行说明,又没有完整的 proc 语句对该函数进行定义,那么汇编程序进行语法检查时就会报错。

2. 子程序的完整定义

格式如下:

函数名　proc　[函数类型][语言类型][uses 寄存器表][,参数名[:类型]]...

功能:定义一个新的函数(函数体应紧跟其后)。

利用 proc 伪指令对函数进行完整定义的格式与 proto 的格式很类似。其中,"函数类型"、"语言类型"和各参数应与对应的 proto 说明一致。此处的"参数名"是用来传递数据的,会在程序中直接引用,故不能省略。类型有 byte、sbyte、word、sword、dword、sdword 等。对 32 位段,类型省略表示为":dword";对 16 位段,当参数类型为字时,":word"可省略。uses 后面所列的寄存器需要在子程序中入栈保护(由汇编程序自动生成入栈保护和出栈恢复的指令语句)。子程序完整定义中的各部分以空格或逗号分隔。

提示:proc 语句中包含有本函数是否能被外部模块调用的可见性(visibility)选项,以及规定函数开始和结束处的隐含处理方法(如堆栈处理等)的选项,有兴趣的读者可参考 Microsoft 的宏汇编手册(https://docs. microsoft. com/zh-cn/cpp/assembler/masm/microsoft-macro-assembler-reference? view=vs-2019)。

3. 函数调用伪指令 invoke

格式如下:

invoke　函数名 [,参数]...

功能:调用由伪指令 proc 定义的函数。其中,"参数"为各种符合寻址方式规定的地址表达式或者由常量组成的数值表达式。

在前面的程序示例中,已多次出现了 invoke 伪指令,如在调用 printf 函数显示信息时就使用了 invoke 伪指令。

　　invoke 与 call 都用于完成子程序的调用，但 invoke 可直接在函数名后加上传递的参数，因此使用起来比 call 的简单。但是，站在机器语言的角度，invoke 是伪指令，在生成的执行程序中是看不到 invoke 的。编译器在对汇编源程序进行编译时，将 invoke 伪指令转换成相关的机器指令序列，包括参数中表达式的计算、参数的入栈操作、call 语句、堆栈栈顶指针复原等。当然，不使用 invoke 伪指令，程序员可自己编写语句完成参数入栈、子程序调用、堆栈空间恢复等功能。

　　注意，proto 和 proc 伪指令语句中都没有说明返回参数。若某函数有返回值，则按照一般的约定将 4 个字节的返回值存放在 eax 寄存器中；2 个字节的返回值存放在 ax 中；1 个字节的返回值存放在 al 中。若某函数有多个返回参数，则应在 proto 和 proc 语句中增加指针类型的参数，使函数处理的结果能通过指针存放到调用者的程序空间中，达到将多个参数返回的目的。

　　再次强调：当子程序中定义有局部变量或参数时，编译器会在程序的开头自动增加语句"push ebp"和"mov ebp,esp"，并使用[ebp±n]表示参数和局部变量的地址。如果在子程序定义中既没有定义参数，也没有定义局部变量，则不会生成上述语句。如果此时子程序中要以[ebp+n]的形式访问主程序压入堆栈的数据，则需要开发者自己编写出"push ebp"和"mov ebp,esp"语句。

8.5.3　子程序的高级用法举例

【例 8.8】　对于例 8.6 所示的 C 语言程序，按照子程序的高级用法编写出汇编源程序。汇编源程序如下：

```
.686P
.model flat,c
    ExitProcess proto stdcall:dword
    includelib  kernel32.lib
    includelib  libcmt.lib
    includelib  legacy_stdio_definitions.lib
    printf      proto :ptr sbyte,:vararg
.data
    lpFmt db "% d",0dh,0ah,0
.stack 200
.code
 myfadd proc x:dword,y:dword
    local u:dword,v:dword,w:dword
    mov eax,x
    add eax,10
    mov u,   eax     ;u= x+ 10;
    mov eax,y
    add eax,25
    mov v,   eax     ;v= y+ 25;
    add eax,u
    mov w,   eax     ;w= u+ v;
    ret
```

```
myfadd endp
main proc
    local a:dword
    local b:dword
    local sum:dword
    mov     a,100
    mov     b,200
    invoke myfadd,a,b
    mov     sum,eax
    invoke printf,offset lpFmt,sum
    invoke ExitProcess,0
    ret
main endp
    end
```

上面的例子中,在主程序 main 中定义了局部整型变量 a、b 和 sum,在子程序中定义了局部变量 u、v、w,前者用了多条 local 伪指令,而后者只用了一条伪指令。

注意,子程序的命名不能够取名为 fadd。在 x86 中,fadd 是一条实现浮点数加法运算的机器指令。在汇编语言程序中,变量、标号、子程序等的名字不应与机器指令的名字相同。

由于是先定义函数 myfadd 而后用 invoke 调用,故省略了函数的原型说明。若不省略,可在 data 段之前加上函数原型说明 myfadd proto:dword,:dword。

如果对上述程序进行反汇编,则将看到各条伪指令对应的机器指令,以及参数变量、局部变量的空间分配和访问的方法。细心的读者会发现 ret 指令的编译结果为:

```
leave
ret
```

这里出现了一条陌生的指令"leave"。指令 leave 与如下两条指令的作用是等效的。

```
mov esp, ebp
pop ebp
```

本节给出了一个简单而完整的使用局部变量和参数的应用示例。采用 invoke 伪指令编写汇编语言程序有些类似于使用 C 语言编写程序。希望读者在会使用这些高级用法的同时,能够站在机器语言程序的视角理解程序的运行机理。

8.6　递归子程序的设计

数学中很多问题的求解可以采用递归的方式完成。例如,求一个正整数 n 的阶乘 f(n),使用如下表达式:

$$f(n) = \begin{cases} 1, & n=1 \\ n*f(n-1), & n>1 \end{cases}$$

使用 C 语言实现该功能的程序如下:

```
#include <stdio.h>
```

```
int jiecheng(int x)
{   int t;
    if (x==1)  return 1;
    t=jiecheng(x-1);
    t=t*x;
    return t;
}
int main(int argc, char*  argv[])
{
    int a=3;
    int b;
    b=jiecheng(a);
    printf("%d\n",b);
    return 0;
}
```

【例 8.9】 求一个正整数 n 的阶乘。

使用汇编语言并采用递归方法编写实现求阶乘功能的程序如下。

```
.686P
.model flat,stdcall
    ExitProcess proto :dword
    includelib  kernel32.lib
    printf      proto c :ptr sbyte, :vararg
    includelib  libcmt.lib
    includelib  legacy_stdio_definitions.lib
.data
    lpFmt db   "%d",0dh,0ah,0
.stack 200
.code
  jiecheng  proc          ;默认的语言类型为 stdcall,与 model 中说明的一致
    local t: dword        ;会自动生成 push ebp 和 mov ebp,esp
    cmp     dword ptr [ebp+8],1
    jne     lp
    mov     eax, 1
    ret     4
 lp:
    mov     eax,[ebp+8]
    dec     eax
    push    eax
    call    jiecheng
 DK:mov     t,eax         ;返回(eax)!
    imul    eax,[ebp+ 8]
    ret     4
 jiecheng endp
 main proc    ;主程序
     push 3
```

```
        call    jiecheng
        invoke printf,offset lpFmt,eax
        invoke ExitProcess, 0
main endp
end
```

例 8.9 的程序运行过程如图 8.4 所示,即依次执行①、②、……、⑩、A、B、C。

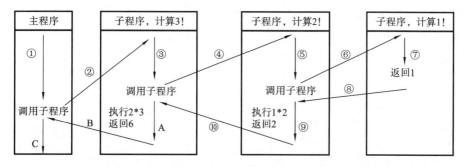

图 8.4　例 8.9 的程序运行过程示意图

注意,每次调用子程序时,子程序的代码所在的内存空间并没有发生变化,但为了方便理解,我们将子程序的每次调用都"重新抄写"了一遍。在子程序的最上方给出了进入子程序的入口参数,即计算哪一个数的阶乘。如果单纯从编写和理解程序的角度来看,在计算3! 时,要递归调用子程序,计算 2!,可简单地认为被调用的子程序直接返回了希望的结果,即得到了2! 在 eax 中,而不用考虑它是如何实现的;也就是将图 8.4 中的第④到第⑩视为一个整体。

下面使用调试的方法观察程序执行的细节,特别是堆栈的变化情况。图 8.5 给出了三次调用子程序时的堆栈变迁的示意图。

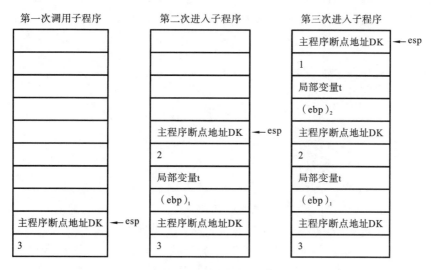

图 8.5　堆栈变迁的示意图

从图 8.5 中可以看到,每次进入子程序时,都先保存了当前的(ebp),然后将(esp)赋值给ebp。局部变量 t 的地址是[ebp−4]。每当调用一次子程序时,都将局部变量 t 的空间分配在[ebp−4]的位置上,但(ebp)在每一次调用中都会发生变化。因此,递归调用的子程序的局部变量以及参数每次运行都在不同的空间上。

使用完整的子程序定义和调用伪指令 invoke,程序代码段如下,其他部分保持不变。

```
    .code
    jiecheng  proc x:dword
        local  t:dword
        cmp    x,1
        jne    lp
        mov    eax,1
        ret
    lp:
        mov    eax,x
        dec    eax
        invoke jiecheng,eax
        mov    t,eax
        imul   eax,x
        ret
    jiecheng endp
    main proc c
        invoke jiecheng, 3
        invoke printf,offset lpFmt,eax
        invoke ExitProcess,0
    main endp
```

由于在模型说明中使用了".model flat, stdcall",而在 jiecheng 的函数定义中未指明语言类型,故默认使用 stdcall,表明要在子程序中清除参数所占用的堆栈空间。由于子程序中有一个双字类型的参数,因此编译器对 ret 的编译结果是"leave"和"ret 4"。如果不清除子程序参数所占用的空间,在递归程序返回时就不能正确获得程序的断点地址,造成程序运行异常。如果将 jiecheng 定义改为"jiecheng proc c x:dword",即指明语言类型为 C 语言类型,生成的代码就会不同。

习　题　8

8.1　子程序调用的形式有哪两种?

8.2　CPU 在执行 call 指令和 ret 指令时分别会完成哪些操作?

8.3　主程序和子程序之间有哪几种传递参数的方法?

8.4　在子程序调用时,如何实现寄存器中内容的保护和恢复?

8.5　编写一个子程序,实现拷贝一个字符串的功能(类似 C 语言中的 strcpy),要求在子程序中通过参数传递信息源串的首地址、目的缓冲区的首地址,不得使用子程序之外的变量。源字符串以字节 0 结束。

8.6　编写一个子程序,实现将一个缓冲区中的内容拷贝到另一个缓存区的功能(类似 C 语言中的 memcpy),要求在子程序中通过参数传递信息源缓冲区的首地址、目的缓冲区的首地址、拷贝的字节数。子程序中不能使用全局变量。

8.7 编写一个子程序,实现对两个参数按指定的运算符参数进行运算的函数,并返回运算结果。类似 C 语言函数 int myop(int x,int y,char op);,当 op='+'时,返回值为 x+y。

8.8 在第 8.3.4 节例 8.4 的子程序 display 中,在 ret 之前若漏写 inc ebx,即最后一部分如下:

```
exit:
   ;inc ebx
   push ebx
   ret
```

运行结果如何?

8.9 在第 8.3.4 节例 8.4 的程序中,若将子程序放到最后一条语句"invoke ExitProcess,0"之前,程序片段如下,运行结果会如何?

```
……
call display
msg2 db '12345',0DH,0AH,0
display proc
……
display endp
invoke ExitProcess,0
```

上机实践 8

8.1 设有如下 C 语言程序,运行该程序时,显示了 x=100,但是 * p 的值不是 100。试分析产生这一现象的原因。

```
#include <stdio.h>
int* f()
{
    int t;
    t=100;
    return &t;
}
int main(int argc,char* argv[])
{
    int *p;
    int x;
    p=f();
    x=*p;
    printf("x=%d *p=%d\n",x,*p);
    return 0;
}
```

8.2 设有如下 C 语言程序,运行该程序时程序崩溃。分析为什么数组越界会导致程序崩溃?

```
#include <stdio.h>
int main(int argc,char* argv[])
{
    int a[10];
    int i;
    for (i=0;i<20;i++)
        a[i]=i;
    return 0;
}
```

第9章 串处理程序设计

串操作,例如比较两个串是否相同、将一个串拷贝到另外一片空间等,都是比较常见的操作。采用前面学习过的分支和循环程序结构、比较指令、数据传送指令、转移指令能够完成串操作的功能。但是 x86 中提供了专门的串操作指令。使用串操作指令不仅能简化程序的编写,而且让编写出的程序具有更高的执行效率。在 C 语言程序设计中,memcpy、memcmp、memset 等函数的内部实现都采用了串操作指令。本章将介绍串操作指令,并且给出实现相同功能的不同程序的运行时间的对比。

9.1 串操作指令简介

编写程序时,经常遇到对 ASCII 字符串的操作,例如,将字符串从一个存储区移至另外一个存储区、计算某一字符串的长度、判断两个字符串是否相等、在一个字符串中查找某一个字符出现的次数或者在某一个字符串中插入另一个字符串等。编写程序时,也会遇到将一个整型数组的各个元素置 0 或置为某一个初值、在一个整型数组中查找某个元素是否出现、将一个整型数组中的各个元素依次拷贝到另一个数组中等操作。这些操作都可归类为串操作。串可以是由字节组成的串,也可以是由字或双字组成的串。为了方便实现串操作,简化程序设计并且提高程序的运行速度,x86 提供了以下 5 条串操作指令。

- 传送字节/字/双字串的指令 movs、movsb、movsw、movsd。
- 比较字节/字/双字串的指令 cmps、cmpsb、cmpsw、cmpsd。
- 搜索字节/字/双字串的指令 scas、scasb、scasw、scasd。
- 存储字节/字/双字串的指令 stos、stosb、stosw、stosd。
- 装载字节/字/双字串的指令 lods、lodsb、lodsw、lodsd。

串操作一般都是连续多次执行相同的操作。串操作指令的前面均可加重复前缀,能在条件满足的情况下重复执行,而不用考虑指针如何移动、循环次数如何控制等问题,从而简化了程序设计,节省了存储空间,加快了运行的速度。可使用的前缀有以下三种。

- rep:重复,即无条件重复 ecx 寄存器中指定的次数,即(ecx)≠0 时重复,每执行一次操作,ecx 自动减 1。
- repe/repz:相等时重复,即(ecx)≠0(重复次数还未为 0)同时 ZF＝1(比较时相等)时重复,否则,重复终止。
- repne/repnz:不相等时重复,即(ecx)≠0 同时 ZF＝0 时重复,否则,重复终止。

串操作指令在使用格式和使用方法上有许多类似的地方,它们隐含地使用相同的寄存器、标志位和符号,它们的使用规定如下:

源串指示器   ds:esi

目的串指示器	es:edi
重复次数计数器	ecx
scas 指令的搜索值	al/ax/eax
lods 指令的目的地址	al/ax/eax
stos 指令的源地址	al/ax/eax
传送方向	DF=0(使用指令 cld 实现)时,esi、edi 自动增量
	DF=1(使用指令 std 实现)时,esi、edi 自动减量

系统规定:源串一般要在当前数据段中,目的串要在当前附加数据段中。在 32 位段扁平模式下,(ds)与(es)相同,数据段和附加数据段是一个段。所有的串操作指令均以寄存器间接方式访问源串或目的串中的各个元素,并自动修改 esi 和 edi 中的值。若 DF=0,则每次操作后,esi、edi 自动增加,增加量是依赖于字节操作指令还是字或双字操作指令,增加量分别为 1、2、4;若 DF=1,则每次操作后,esi、edi 自动减少,减少量为 1、2、4,同样依赖于操作指令。这样,操作一次后,esi、edi 指向待操作的下一个元素。

当指令带有重复前缀时,指令要被重复执行,每执行一次,就检查一次重复条件是否成立,如果成立,则继续重复;否则中止重复,宣告串操作指令执行结束,然后执行串操作指令之下的指令。带重复前缀的串操作指令的执行流程如图 9.1 所示。

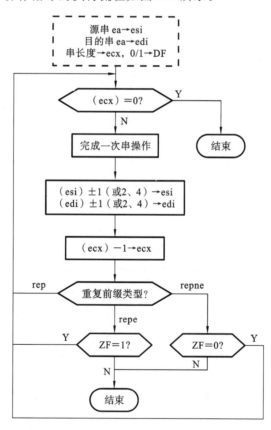

图 9.1　带重复前缀的串操作指令的执行流程

从图 9.1 中可知:

(1)当有重复前缀时,先判断(ecx)是否为 0,若(ecx)初值为 0,则不会引起串操作。

（2）串操作中止后，(esi)、(edi)均为下一个存储单元的偏移地址，esi、edi 的增减由 DF 确定，增减量由串操作指令确定。

（3）(ecx)-1→ecx 的操作并不影响标志位。

不带重复前缀的串操作指令与 ecx 无关，即执行单条串操作指令时，不管(ecx)是否为 0，都会执行指令，并且执行后(ecx)不变。需要说明的是，在 8086 中，串操作语句在 16 位段中执行时使用的是 16 位寄存器 cx、si、di。

9.2　串传送指令

串传送指令的语句格式如下：

movs opd,ops

movsb：表示字节串传送。

movsw：表示字串传送。

movsd：表示双字串传送。

功能：(ds:[esi])→es:[edi]。

当 DF=0 时，(esi)和(edi)增加 1（字节操作）、2（字操作）或 4（双字操作）。

当 DF=1 时，(esi)和(edi)减少 1（字节操作）、2（字操作）或 4（双字操作）。

注意：(1)opd、ops 分别为目的串和源串的符号地址，movs 根据该地址定义的类型确定串操作的类型（字节、字或双字），并非真正的操作对象。例如"movs buf2,buf1"，当 buf1、buf2 是字节类型的变量时，显示的反汇编语句是"movs byte ptr es:[edi],byte ptr [esi]"；当这两个变量是字类型时，显示的反汇编语句是"movs word ptr es:[edi],word ptr [esi]"。它们分别与 movsb 和 movsw 等同。这也表明不是将 buf1 缓冲区的内容拷贝到 buf2 所在的缓冲区，而是将以[esi]为地址的单元中的内容拷贝到以[edi]为地址的单元中。

（2）movsb/movsw/movsd 指出了串操作的类型，不带操作数。

（3）这个指令前可带重复前缀 rep，用于数据串的成块传送。

【例 9.1】　设有两个长度皆为 10000 字节的缓冲区 buf1 和 buf2，请编写程序将 buf1 中 10000 个字节的内容拷贝到 buf2 中。

为了比较使用串传送指令和使用学过的指令编写程序的执行效率的差异，我们在程序中使用了两个 C 语言函数 clock() 和 getchar()。clock() 是获得以毫秒为单位的当前时间，在程序段执行前后两次调用 clock()，获得两个时间，它们的差即是拷贝数据所消耗的时间。getchar() 用于在显示时间后等待用户击键后退出程序。因为目前的 CPU 的速度很快，所以我们将缓冲区的拷贝重复执行了 20000 次。

（1）使用带有重复前缀的串传送指令如下：

```
.686P
.model flat,c
    ExitProcess proto stdcall:dword
    printf      proto:ptr sbyte,:vararg
    clock       proto
    getchar     proto
```

```
        includelib  libcmt.lib
        includelib  legacy_stdio_definitions.lib
     .data
        lpFmt        db   "%d (ms)",0dh,0ah,0
        buf1         db   10000 dup(0)
        buf2         db   10000 dup(1)
        begin_time   dd   0
        end_time     dd   0
        spend_time   dd   0              ;运行时间(毫秒)
     .stack 200
     .code
     main proc
        invoke clock
        mov     begin_time,eax
        mov     ebx,20000
     lp1:
        lea     esi,buf1
        lea     edi,buf2
        mov     ecx,10000
        cld
        rep     movsb
        dec     ebx
        jnz     lp1
        invoke clock
        mov     end_time,eax
        sub     eax, begin_time
        mov     spend_time,eax
        invoke printf,offset lpFmt,spend_time
        invoke getchar
        invoke ExitPRocess,0
     main endp
     end
```

在笔者的机器上,执行该程序的运行时间约需要 10 毫秒。不同配置的机器的运行速度是不同的。

(2) 使用一般的数据传送和循环控制。

对于上面的程序,将"rep movsb"用如下的程序段代替:

```
     lp2:
        mov  al,[esi]
        mov  [edi],al
        add  esi,1
        add  edi,1
        dec  ecx
        jnz  lp2
```

修改后的程序运行时间约为 350 毫秒。这比使用带有重复前缀的串传送指令的程序的运行速度慢得多。

上述程序一次执行只传送了 1 个字节,下面将其改为一次传送 4 个字节,用时约 80 毫秒。程序段修改的部分如下。

```
……
mov ecx,10000/4
lp2:
    mov    eax,[esi]
    mov    [edi],eax
    add    esi,4
    add    edi,4
    dec    ecx
    jnz    lp2
……
```

(3) 使用不带重复前缀的串传送指令。

rep movsb 与如下程序段的功能也是等价的。

```
lp2:
    movsb
    dec    ecx
    jnz    lp2
```

但是,使用该方法的程序的运行速度很慢,用时约 1600 毫秒。

此外,我们比较了程序段"mov ecx,10000"、"rep movsb"与程序段"mov ecx,10000/4"、"rep movsd"的执行效率,两者的运行时间并没有什么区别。

使用 C 语言编写程序时,假设要将一个数组中的元素拷贝到另一个数组中,可以调用 memcpy 函数,其实现中采用了串操作指令,这比使用循环来拷贝元素的执行速度要快。

9.3　串比较指令

串比较指令的语句格式如下:

cmps opd,ops

cmpsb:表示字节串比较。

cmpsw:表示字串比较。

cmpsd:表示双字串比较。

功能:(ds:[esi])-(es:[edi]),即将[esi]所指的源串中的 1 个字节(或字、双字)存储单元中的数据与[edi]所指的目的串中的 1 个字节(或字、双字)存储单元中的数据相减,并根据相减的结果设置标志位。修改串指针,使之指向串中的下一个元素。

当 DF=0 时,每执行完一次比较操作,(esi)和(edi)增加 1(字节操作)、2(字操作)或 4(双字操作)。

当 DF=1 时,每执行完一次比较操作,(esi)和(edi)减少 1(字节操作)、2(字操作)或 4(双字操作)。

注意：opd、ops 分别为目的串和源串的符号首地址，cmps 根据该首地址定义的类型确定串操作的类型(字节、字或双字)，但不会自动给 esi、edi 赋值。这与"movs opd,ops"的规则是相同的。cmpsb、cmpsw、cmpsd 指出了串操作的类型，不带操作数。

与 cmp 一样，串比较指令并不保存两个单元内容的差值，而只设置标志位，因此，比较结束后，源串与目的串的内容并不改变。通常，此语句的后面常跟着条件转移指令，用来根据比较的结果确定转移方向。

串比较指令与一般比较指令 cmp 有一个很重要的区别：串比较指令在比较时是源操作数减目的操作数，而一般比较指令是目的操作数减源操作数。在调试程序时，使用反汇编观察 cmpsb 看到的指令是"cmps byte ptr [esi],byte ptr es:[edi]"。在比较串的大小时需要注意这些细节。

cmps 指令通常可带重复前缀 repe/repz 或 repne/repnz。若带有前缀 repe，表示两个比较的内容相等，则重复执行，即当源串与目的串未比较完((ecx)≠0)且两串元素相等(即 ZF=1)时继续比较；若带有前缀 repne，则比较操作的执行流程是当源串与目的串未比较完((ecx)≠0)且两串元素不等(即 ZF=0)时继续比较。

【例 9.2】 设有两个长度皆为 10000 字节的缓冲区 buf1 和 buf2，请编写程序比较 buf1、buf2 两个缓冲区中的内容是否相同。若相同，则显示 equal，否则显示 not equal。程序如下：

```
.686P
.model flat,c
    ExitProcess proto stdcall:dword
    printf      proto:ptr sbyte,:vararg
    getchar     proto
    includelib  libcmt.lib
    includelib  legacy_stdio_definitions.lib
.data
    msg1        db 'not'
    msg2        db 'equal',0dh,0ah,0
    buf1        db 99 dup('A'),'B',9900 dup(0)
    buf2        db 99 dup('A'),'C',9900 dup(0)
.stack 200
.code
main proc
    lea    esi,buf1
    lea    edi,buf2
    mov    ecx,10000
    cld
    repz   cmpsb
    jz     Display_equ
    invoke printf,offset msg1
    jmp    exit
Display_equ:
    invoke printf,offset msg2
exit:
    invoke getchar
```

```
      invoke Exitprocess, 0
   main endp
      end
```

注意：在上面的程序中，虽然 msg 的定义为"msg1 db 'not'"，但是，以 msg1 为起始的地址串为'not equal',0dh,0ah，最后串以 0 结束。串不等时，显示 not equal。调试上面的程序时，可在"repz cmpsb"下设置断点，分析重复语句执行结束时各个寄存器的变化规律。

使用 C 语言编写程序时，比较两个缓冲区中的内容是否相同，可以调用 memcmp 函数来实现。

9.4　串搜索指令

串搜索指令的语句格式如下：

scas opd

scasb：表示字节串搜索。

scasw：表示字串搜索。

scasd：表示双字串搜索。

功能：字节操作为(al)−(es:[edi])；字操作为(ax)−(es:[edi])；双字操作为(eax)−(es:[edi])。

根据相减的结果设置标志位，但结果并不保存。修改串指针 edi，使之指向串中的下一个元素。操作结束后，al/ax/eax 和目的串的内容并不改变。

当 DF=0 时，(edi)增加 1(字节操作)或 2(字操作)或 4(双字操作)。

当 DF=1 时，(edi)减少 1(字节操作)或 2(字操作)或 4(双字操作)。

scas 可带重复前缀 repe/repz 或 repne/repnz。如果带前缀 repe/repz，则搜索操作流程是当目的串未搜索完且串元素等于搜索值时，即(ecx)≠0 且 ZF=1，继续搜索；若带前缀 repne/repnz，则搜索操作流程是当目的串未搜索完且串元素不等于搜索值时，即(ecx)≠0 且 ZF=0，继续搜索。

在 C 语言标准库函数中，memchr 的功能是在一个串中搜索指定的字符。但是，在调试跟踪进入 memchr 函数时，发现它并没有使用串搜索指令，也没有一个字符一个字符地比较，而是使用了一种"怪"方法。该方法一次读取 4 个字节，然后判断该双字数据中有无要找的字符，若有，则从 4 个字节中找出要搜索的字符；若 4 个字节中没有要找的字符，则继续获取下 4 个字符，直到缓冲区全部扫描完。

下面给出判断(ecx)中是否有字符变量 x 的核心代码。首先产生(ebx)，使其 4 个字节的每一个字节的值都是 x 的值。

```
   xor ebx,ebx
   mov bl,x
   mov edi,ebx
   shl ebx,8
   add ebx,edi
   mov edi,ebx
```

```
shl ebx,10H
add ebx,edi
```

假设变量 x＝'a'，执行上面的程序段后，(ebx)＝61616161H。下面判断(ecx)的 4 个字节数据中有无 x 中的值出现。

```
xor ecx,ebx
mov edi,7EFEFEFFH
add edi,ecx
xor ecx,0FFFFFFFFH
xor ecx,edi
and ecx,81010100H
jz   not_occur
```

当 ZF＝1 时，说明(ecx)中的 4 个字节都不是要找的字符 x；当 ZF＝0 时，说明 4 个字节中至少有一个字节是要找的字符。

表面上看，上面的程序绕得挺复杂，不那么直观，但其中技巧值得琢磨。在分析程序段时，我们先看最"关键"的语句(直接决定最后结果的语句)，最后通过"and ecx,81010100H"来判断是否有要搜索的字节，它只看了 4 个二进制位上的值是否全为 0，只有(ecx)在这 4 个二进制位上的值全为 0，才能说明 4 个字节中都没有要搜索的字符。"and ecx,81010100H"表明并不关心其他二进制位上的值，因此可分析这 4 个二进制位的信息在程序段执行中是如何变化的。下面以 81010100H 中的最后一个 1 出现的位置(32 位二进制数的最右一位为第 0 位，该位是第 8 位)上的信息变迁为例来分析信息变换过程。首先(edi)＝7EFEFEFFH，第 8 位上的二进制值为 0。执行"add edi,ecx"，(edi)第 8 位的值就是 0 加上(ecx)的第 8 位以及从第 7 位向第 8 位产生的进位；若进位为 0，则(edi)第 8 位的值就是(ecx)第 8 位的值。"xor ecx,0FFFFFFFFH"等价于"not ecx"，之后"xor ecx,edi"第 8 位的值就一定是 1；反之，若第 7 位向第 8 位产生的进位为 1，则运行"xor ecx,edi"的第 8 位一定为 0。假设最开始(ecx)最后一个字节的内容与待找的字符相同，则"xor ecx,ebx"后，最后一个字节的内容就一定是 0，它与 7EFEFEFFH 的最后一个字节(0FFH)相加，就不会向前产生进位，这就使得执行"and ecx,81010100H"前(ecx)的第 8 位为 1，从而使 and 的结果非 0，即表明出现了要找的字节；反之，最开始(ecx)最后一个字节的内容与待找的字符不相同，则"xor ecx,ebx"后，最后一个字节的内容一定不是 0，它与 7EFEFEFFH 的最后一个字节(0FFH)相加，就会向前产生进位，这就使得执行"and ecx,81010100H"前(ecx)的第 8 位为 0，从而使 and 的结果在第 8 位为 0，即表明最后一个字节不是要找的字符。同理，可分析其他字节的信息变化。

9.5　向目的串中存数指令

其语句格式如下：
stos opd
stosb：表示向字节串中存数。
stosw：表示向字串中存数。
stosd：表示向双字串中存数。

功能:字节操作为(al)→es:[edi];字操作为(ax)→es:[edi];双字操作为(eax)→es:[edi]

将 al/ax/eax 中的数据送入 edi 所指向的目的串中的字节/字/双字存储单元中。修改指针 edi,使之指向串中的下一个元素。

当 DF=0 时,(edi)增加 1(字节操作)、2(字操作)或 4(双字操作)。

当 DF=1 时,(edi)减少 1(字节操作)、2(字操作)或 4(双字操作)。

该指令执行后并不影响标志位,因此它只带 rep 重复前缀,用来将一片连续的存储字节或双字单元置相同的值。

在 C 语言标准库函数中,memset 完成了向指定内存区填充字节数据的功能。下面给出在反汇编中看到的核心代码。

```
        #define M 1000
        #define N 10
        int a[M][N];
memset(a,0,sizeof(int)*M*N);
010040C8  push    9C40h
010040CD  push    0
010040CF  push    18D818C0h    ;a 定义为全局变量时
                               ;若 a 定义为局部变量,则其翻译结果为:lea eax,[a]
                               ;                        push eax
010040D4  call    memset (0100107Dh)
010040D9  add     esp,0Ch
```

函数体中的核心代码如下:

```
51043FB0  mov     edx,dword ptr [esp+0Ch]    ;(edx)为串操作字节个数
51043FB4  mov     ecx,dword ptr [esp+4]      ;(ecx)为串首地址
51043FB8  test    edx,edx                    ;操作字节数为 0,要返回
51043FBA  je      5104403B
51043FBC  movzx   eax,byte ptr [esp+8]
……
51043FCB  mov     ecx,dword ptr [esp+0Ch]
51043FCF  push    edi
51043FD0  mov     edi,dword ptr [esp+8]
51043FD4  rep     stos byte ptr es:[edi]
51043FD6  jmp     51044035
……
51044035  mov     eax,dword ptr [esp+8]
51044039  pop     edi
5104403A  ret
……
```

注意,在不同的运行时间看到的机器指令的地址是不同的。在指令的机器码中,也没有使用指令的绝对地址,而是使用相对地址,详见转移指令的机器码的介绍。

9.6 从源串中取数指令

从源串中取数指令的语句格式如下:

lods ops

lodsb：表示从字节串中取数。

lodsw：表示从字串中取数。

lodsd：表示从双字串中取数。

功能：字节操作为(ds:[esi])→al；字操作为(ds:[esi])→ax；双字操作为(ds:[esi])→eax

将 esi 所指向的源串中的字节/字/双字内容送给 al/ax/eax。修改指针 esi，使之指向串中的下一个元素。

当 DF＝0 时，(esi)自增 1(字节操作)、2(字操作)或 4(双字操作)。

当 DF＝1 时，(esi)自减 1(字节操作)、2(字操作)或 4(双字操作)。

由于该指令的目的地址为一个固定的寄存器，如果带上重复前缀，源串的内容将连续地送入 al、ax 或 eax 中，而操作结束后，al、ax 或 eax 中只保存了串中最后一个元素的值，这是没有意义的，因此，该指令一般不带重复前缀。

习 题 9

9.1 x86 中有哪些串操作指令？

9.2 x86 的串操作指令可以带哪些重复前缀，各自的重复条件是什么？

9.3 执行 movsb 时，寄存器 esi 和 edi 如何变化？

9.4 C 语言的库函数 memcpy、memcmp、memset 分别能实现什么功能？它们封装了什么样的串操作指令？

9.5 实现将一个缓冲区中的内容拷贝到另一个缓冲区时，采用"rep movsb"的方式实现，有哪些优点？

9.6 编写一个汇编语言程序，求一个字符串的长度，字符串以 0 字节结束。要求使用串搜索指令。

9.7 试编写一个汇编语言程序，将以变量 buf 为首地址的 1000 个字节存储单元清 0，要求使用串操作指令。

9.8 设在以 buf 为首地址的字存储区中存放了一个稀疏数组，现要求将数组加以压缩，使其中的非 0 元素仍按序存放在 buf 存储区中，而 0 元素不再出现，试用串操作指令编写实现上述功能的程序。

9.9 删除 str 串中出现的所有字符 'a'，剩下的字符仍按原有顺序紧凑地存放在 str 中，分两行显示删除前和删除后的 str 串。要求使用串操作指令完成核心功能。

上机实践 9

9.1 某程序设计语言的关键字存放在以 keywords 为首地址的字节存储区中，每个关键字均以 0 结尾，试利用串操作指令编制一个程序，查关键字表，判断存放在以 str 为首地址的字节存储区中的串是否为该语言的关键字。

keywords 的定义形式如下：

```
keywords  db 'MOV',0
          db 'ADD',0
          db 'MOVSB',0
```

9.2　设有两个二维数组 int A[M][N],B[M][N]。使用 C 语言编写程序,使用不同的方法将
数组 A 拷贝到数组 B 中。通过对拷贝数据程序段运行计时,比较不同方法的运行效率。

（1）按行序优先的顺序逐个元素拷贝。

（2）按列序优先的顺序逐个元素拷贝。

（3）使用 memcpy 函数拷贝。

试通过观察反汇编代码以及所学计算机工作的原理,解释所看到的不同方法的运行时
间的差异。为了让运行的时间差异较明显,M、N 可取较大的值。另外,比较在二维数组
元素个数固定的情况下,不同的 M、N 对结果的影响,试分析所看到的结果。

9.3　编写一个程序,求一个字符串的长度。要求不使用串搜索指令,也不能使用逐字符比较
的方法。可一次比较 4 个字节,并判断这 4 个字节中是否出现 0 字节,若出现 0,再判断
是哪个字节为 0。

提示:参考第 9.4 节介绍的方法。C 语言中的函数 strlen 就是采用第 9.4 节中介绍的
方法。

在 C 语言程序设计中,除基本的数据类型,如 char、short、int、float、double 等外,还可以自定义"结构"这种复合数据类型,它将各种不同类型的数据组织到一个数据结构中,简化了数据管理工作。在汇编语言程序设计中,同样能使用结构。学习汇编语言时,应掌握复合数据类型变量的存储方式、访问这类变量的方式以及与机器指令的对应关系。

10.1 结　构　体

10.1.1 结构体的定义

在 Visual Studio 汇编语言程序开发环境中,除支持 byte、word、dword、qword、real4、real8 等基本类型外,还支持结构的定义和使用。结构的定义和使用简化了编程工作,能更好地将不同的数据"封装"在一起。但是,结构的定义和使用是伪指令,从 x86 机器语言的角度来看,是没有结构这种类型的。

结构体定义的一般格式如下:

结构名　struct
　　　　字段定义语句序列
结构名　ends

结构名应是一个合法的标识符,伪指令 struct(另一种等同写法是 struc)和 ends 需要配对使用。字段(即结构成员)定义语句序列是一组变量定义语句,每条变量定义语句的格式与第3.6 节中介绍的相同。

【例 10.1】 课程结构 course 的定义,代码如下。

```
course struct
    cid         dd 0                ;课程编号
    ctitle      db 20 dup(0)        ;课程名
    chour       db 0                ;学时数
    cteacher    db 10 dup(0)        ;主讲老师
    cterm       db 1                ;开课学期
course ends
```

也可以等价地写成如下形式:

```
course struct
    cid         dword 0             ;课程编号
    ctitle      byte 20 dup(0)      ;课程名
    chour       byte 0              ;学时数
```

```
        cteacher      byte 10 dup(0)              ;主讲老师
        cterm         byte 1                      ;开课学期
    course ends
```

结构定义中的字段定义语句给定了结构类型中所包含的数据成员,相应的字段名可称为数据成员名。一个结构中的字段数目由设计者自主确定。字段可以有名或无名,可以有初值或无初值。字段名可视为一个单元的地址的符号表示,代表该字段的第一个字节相对于该结构开始位置的偏移地址。

与 C 语言一样,结构体中的一个字段除了可以是基本数据类型外,还可以是其他已定义的类型。下面给出了一个结构体中包含另一个结构体的示例。

```
    department      struct
        dname          db 10 dup(0)              ;系名
        daddress       db 10 dup(0)              ;系的办公地址
        coursetable    course < >                ;课表
    department      ends
```

在 department2 结构中包含 5 门课,结构体定义如下。

```
    department2     struct
        dname          byte 10 dup(0)            ;系名
        daddress       byte 10 dup(0)            ;系的办公地址
        coursetable    course 5 dup (< > )       ;课表,5 门课
    department2     ends
```

由此可见,结构类型中各个字段的定义方法与基本数据类型(byte、sbyte、word、sword、dword、sdword 等)变量的定义方法是类似的。结构中包含另一个结构字段的定义方法与基本变量的定义方法也类似,只是用结构名代替了基本类型变量的数据定义伪指令,用"< >"来表示结构字段的初始值。

结构定义一般放在程序开头,当然也能放在程序的其他位置,原则上,只要放在结构变量定义之前即可。即使将结构定义放在一个段中,该结构也不属于该段,不具有段或地址的任何属性。只有结构变量才具有段和地址的属性。在完成稍大型的开发任务时,推荐的做法是将结构定义存放在一个或多个文件中,然后使用 include 来包含相应的文件。

10.1.2　结构变量的定义

结构定义只是一种数据类型的描述,并不会分配内存空间。只有在程序中定义一个结构变量时,才为该变量分配存储空间。与简单类型变量一样,结构变量可以定义在数据段中,此时该变量是一个全局变量;结构变量也可以定义在子程序中,此时该变量是一个局部变量。

在数据段中,结构变量定义的一般格式如下:

〔变量名〕　结构名 <字段赋值表>

其中:变量名是定义的结构变量的名称,可以省略;结构名是前面已定义过的结构类型的名字;字段赋值表用来给结构变量的各字段重新赋初值,其中各字段值的排列顺序及类型应与结构说明时的各字段一致,中间用逗号分隔。如果某个字段采用在结构定义时指定的初值,那么可简单地用逗号表示;如果不打算对结构变量重新赋值,则可省去字段赋值表,但仍必须保留一

对尖括号。下面是几种正确的定义形式。

```
.data
ke1 course < >            ;5个字段均用结构定义时给的初值
ke2 course < 2102,'math',40,'liming',2>
     course < 2103,'chinese',80,'zhangsan',>
          ;cterm 字段未重新赋值,默认为 1
ke3 course 5 dup(< 2104, ,60, ,> )
          ;分配了 5 个 course 结构大小的空间,对 cid、chour 赋了值
     course 10 dup(< > )
          ;分配了 10 个 course 结构大小的空间
```

由此可见,结构变量的定义与基本类型(byte、word 等)变量的定义的语法是相似的,区别在于给变量赋初值的形式上,结构变量要使用一对尖括号(< >)来"封装"各个字段。这种"封装"的做法也是比较容易理解的,否则单纯地以逗号来分隔会产生歧义,不清楚该逗号是字段之间的分隔,还是多个结构数据之间的分隔。

在子程序中,定义局部的结构变量时,使用语句如下:

local　变量名[数量] : 结构名

例如,local ke3[5] : course,这与基本类型的局部变量的定义形式是相同的。

10.1.3　结构变量的访问

1. 直接使用变量名加字段名的方式访问

对有变量名的结构变量,不论是全局变量还是局部变量,都可通过结构变量名直接存取结构变量。若要存取其中某个字段,则可采用"结构变量名.结构字段名"的形式,这与 C 语言的用法很相似。例如:

```
mov eax,ke2.cid          ;将 2102 送到 eax 寄存器中
mov al, ke2.ctitle       ;将 ctitle 中的字符'm'送到 al 中
mov ah, ke2.ctitle+ 2    ;将 ctitle 中的字符't'送到 ah 中
```

在以上三条语句中,都直接使用了结构变量名 ke2。结构变量在它所定义的数据段中都有一个偏移地址,称为结构首址,内部的每个结构字段相对于结构首址都有一个位移量。当采用"结构变量名.结构字段名"存取结构字段时,该字段的偏移地址即为结构首址与该字段的位移量之和。对于数据段定义的全局变量,对应的机器指令中采用的是直接寻址方式 ds:[n]。上面三条指令的反汇编代码如下,其中 ke2 的地址为 0C850C3h。

```
mov eax,dword ptr [ke2 (0C850C3h)]
mov al, byte ptr ds:[00C850C7h]
mov ah, byte ptr ds:[0C850C9h]
```

对子程序中定义的局部变量,所对应的寻址方式是变址寻址[ebp+n]。

2. 寄存器间接寻址加字段名的方式访问

另一种存取结构字段的方法是把结构变量的首地址先存入某个寄存器,然后用"[寄存器

名].结构名.字段名"来访问一个字段。此时对应的寻址方式是变址寻址,移位量就是字段名所指定的项在结构中的偏移地址。显然,在不同的结构中可能会出现相同的字段名,单纯一个字段名不能确定是哪个结构中的字段,采用"结构名.字段名"的形式才具有唯一性。下面给出了一个用法示例。

```
mov ebx,offset ke2          ;获得结构变量 ke2 的首地址并送入 ebx
mov al,[ebx].course.chour   ;将 ke2 中 chour 字段的值送入 al
```

该语句对应的反汇编指令是 mov al,[ebx+18H]。

另外一种写法类似于强制类型的转换方法,如下:

```
mov al,(course ptr [ebx]).chour
```

在上面的指令中,以(ebx)为起始地址,将其当成一个 course 结构的起始地址,访问其中的字段 chour,对应的机器指令同样是 mov al,[ebx+18H]。

从逻辑上看,ebx 是任意一个单元的地址,从该地址开始强制进行地址类型转换。下面给出了几种强制类型转化的写法,有关结构的定义、函数说明等从略。

【例 10.2】　在以 x 为首地址的字节缓冲区里存储结构 course 中各字段的信息,代码如下。

```
……;程序处理器选择伪指令、存储模型说明伪指令、函数说明、引用库说明
……;course 结构定义
.data
 lpfmt db '%s',0
 x      db 100 dup(0)
.code
 main proc
     mov (course ptr x).cid,100
     invoke scanf,offset lpfmt,offset (course ptr x).ctitle
     lea    ebx,x
     mov    [ebx].course.chour,40
     lea    esi,[ebx+ offset course.cteacher]
     invoke scanf,offset lpfmt,esi
     mov    (course ptr [ebx]).cterm, 2
     invoke ExitProcess,0
 main endp
     end
```

上面的例子只给出了程序的片段,程序处理器选择伪指令、存储模型说明伪指令、函数说明、引用库说明等和以前的例子是一样的。结构定义一般放在程序的开头。在调试程序时,同样能使用强制类型转换的方法,观察变量单元中的数据。例如,在监视窗口,输入 *(course *)&x,会看到将 x 视为一个 course 结构的存储结果。当然,在内存窗口也能观察 x 中存放的结果。

3. 寄存器间接寻址访问

将要访问的结构变量的首地址送给一个寄存器,然后将寄存器中的值再加上字段在结构中的相对地址,得到的寄存器的值即为要访问单元的地址。

```
mov ebx,offset ke2          ;获得结构变量 ke2 的首地址并送入 ebx
add ebx,18H                 ;chour 在 course 中的偏移地址是 18H
mov al,[ebx]                ;将 ke2 中 chour 字段的值送入 al
```

10.1.4　结构信息的自动计算

编写程序时,有时需要知道一个字段在结构中的偏移地址,以便更灵活地访问各个字段,有时需要知道一个结构所占的长度。例如,访问一个结构数组时,由上一个数组元素的地址增加结构长度得到下一个元素的地址。有时还需要知道结构数组的长度。这些信息除了用人工方法计算得到外,还可交给编译器自动计算。Microsoft 宏汇编语言中提供了 offset、sizeof、size、type、length 等运算符来获取相关信息。

1. 取偏移地址运算符 offset

offset 后面跟单个变量名、结构名.字段名、结构变量名.字段名,它们的含义有所不同。因此在使用时要注意符号的含义。

offset 后面跟单个变量名的语法格式如下:

offset　变量名

功能:对一个全局变量,获得其在段中的偏移地址。

offset 后面跟结构名.字段名的语法格式如下:

offset　结构名.字段名

功能:获得一个字段在一个结构中的偏移地址。

offset 后面跟结构变量名.字段名的语法格式如下:

offset　结构变量名.字段名

功能:获得结构变量中指定字段在段中的偏移地址。

假设在数据段中有如下变量定义:

```
ke2 course < 2102,'math',40,'liming',2>
```

其中:course 是例 10.1 中定义的一个结构。

假设 ke2 在数据段中的偏移地址为 904003H,如下:

```
mov ebx,offset ke2          ;(ebx)=904003H
mov ebx,offset course.chour ;(ebx)=18H
mov ebx,offset ke2.chour    ;(ebx)=90401BH
```

2. 取结构的长度 type

其语法格式如下:

type　类型名　或者　type　变量名

功能:获得一个数据类型的长度,而变量获得的是该变量对应类型的长度。例如:

```
mov eax,type byte      ;(eax)=1
mov eax,type sbyte     ;(eax)=1
mov ecx,type course    ;(ecx)=24H
```

```
mov ecx,type ke1        ;(ecx)=24H
mov ecx,type ke3        ;(ecx)=24H
```

其中:ke1、ke3 的定义如下:

```
ke1 course <  >
ke3 course 5 dup(< 2104, ,60, ,>)
```

3. 取变量所包含的元素个数 length

其语法格式如下:

length　变量名

功能:获得定义该变量时第一个表达式对应的元素个数,当定义语句为"n dup(表达式)"时,返回结果为 n,其他情况为 1。

4. 取结构或变量所包含的数据存储区大小 size/sizeof

结构所包含的数据存储区大小的语法格式如下:

size　结构名　或者　sizeof　结构名

功能:获得结构的大小。

其语法格式等价于:

type　结构名

变量所包含的数据存储区大小的语法格式如下:

size　变量名　或者　sizeof　变量名

功能:获得变量定义时的第一个表达式所占用的单元字节数。

size　变量＝(length 变量)＊(type 变量)

例如:

```
mov ecx,sizeof course       ;(ecx)=24H=36
mov ecx,sizeof ke1          ;(ecx)=24H=36
mov ecx,sizeof ke3          ;(ecx)=0B4H=5*36=180
```

在 C 语言程序中,函数 offsetof 用来求一个字段的偏移地址,sizeof 用来求一个结构的大小。下面给出的用 C 语言定义的结构等价于本节中用汇编语言定义的结构。

```
typedef  struct {
    int  cid;                //课程编号
    char ctitle[20];         //课程名
    char chour;              //学时数
    char cteacher[10];       //主讲老师
    char cterm;              //开课学期
    }course;
  #include <stddef.h>
......
  printf("%d %d\n", sizeof(course), offsetof(course, ctitle));
```

上面的语句可显示结构的大小,以及给定字段在结构中的偏移地址。

10.2　结构变量的数据存储

10.2.1　汇编语言中结构变量的存储

下面给出了一个完整的例子及其反汇编的代码,从中可分析结构变量各字段间地址的关系,以及数据存放的规律。

```
.686P
.model flat,c
    ExitProcess proto stdcall:dword
    scanf       proto :ptr sbyte,:vararg
    includelib  libcmt.lib
    includelib  legacy_stdio_definitions.lib
  course struct
      cid       dd ?              ;课程编号
      ctitle    db 20 dup(0)      ;课程名
      chour     db 0              ;学时数
      cteacher  db 10 dup(0)      ;主讲老师
      cterm     db 1              ;开课学期
  course ends
.data
      lpfmt   db '%s',0
      ke1     course < >
      ke2     course <2102,'math',40,'liming',2>
              course <2103,'chinese',80,'zhangsan',>
      ke3     course 5 dup(<2104, , 60, ,> )
              course 10 dup(< > )
.stack 200
.code
  main proc
      mov   ke1.cid,100
      invoke scanf,offset lpfmt,offset ke1.ctitle
      lea   ebx,ke1
      mov   [ebx].course.chour,40
      mov   [ebx].course.cterm,2
      invoke ExitProcess, 0
  main endp
      end
```

程序运行过程中,假设输入的课程名(ctitle)为 english。在执行"call _ExitProcess@4"之前,在监视窗口观察结构变量 ke1 的地址(&ke1),在内存窗口观察以该地址为起始地址单元中的内容,进而看到各个字段中存放数据所占用的长度、字段中数据的存放形式,以及字段之间数据存放的顺序。结果如下:

```
64 00 00 00 65 6e 67 6c 69 73 68 00 00 00 00 00 00 00 00
00 00 00 00 00 00 28 00 00 00 00 00 00 00 00 00 00 00 02
```

其中：ke1 的第一个字段 cid 定义为 dword，占 4 个字节，其值为 100，即 00000064H，一个双字数据在存储时采用"低字节内容存放在低地址单元"的模式，这与前面介绍的数据存放模式相同。ke1 的第二个字段 ctitle 出现在第一个字段后，从其起始地址开始，从低地址单元到高地址单元，依次存放字符串"english"中从左到右的各个字符的 ASCII 码，最后以 0 结束。第三个字段 chour 占一个字节，其值为 28H，即 40。之后的 10 个字节为第四个字段 cteacher，它的值全为初始值 0。最后一个字段为 cterm，其值为 2。

从以上数据存储结果来看：结构变量中各字段按定义时的先后顺序依次存放，每个字段所占长度由定义时的长度确定。因此，对于一个结构变量，直接通过"变量名.字段名"的方式来访问一个字段，编译器能够自动计算该字段在结构中的偏移地址。从机器语言的角度来看，并没有结构和结构字段的说法，只有访问单元的地址。但结构变量中各字段之间的地址关系是明确的，因此可由编译器自动完成翻译工作。

对于结构体中包含另一个结构体的情况，访问时与 C 语言类似，可以直接采用"变量名.结构字段名.字段名"的形式，也可以先取到内层结构字段的首地址，然后再以该地址为起始地址，以及加上要访问内层结构字段在内层结构中的偏移地址。下面给出了一个具体的例子。结构体 course 和 department 的定义参见第 10.1.1 节。

```
    .data
    lpfmt db '% s',0
    mydepartment department < >
    .code
    main proc
        invoke   scanf,offset lpfmt,offset mydepartment.dname
        invoke   scanf,offset lpfmt,offset mydepartment.daddress
        lea      ebx,mydepartment.coursetable
        mov      [ebx].course.cid,1010
        add      ebx,offset course.ctitle
        invoke   scanf,offset lpfmt,ebx
        invoke   ExitProcess,0
    main endp
    end
```

程序中可使用"mov mydepartment. coursetable. cid,1010"代替"mov [ebx]. course. cid, 1010"。

结构中嵌套有结构时，结构变量的存储形式与一般结构变量的存储方式是相同的。

10. 2. 2　与 C 语言结构变量存储的差异

细心的读者观察 C 语言结构的大小以及各个字段在结构中的偏移地址时，会发现它们与汇编语言中相同结构的大小及字段偏移有所不同。下面给出了一个示例。

```
#include <stddef.h>
typedef  struct t{
```

```
    char f1;
    int  f2;
}temps;
int i = sizeof(temps);              //i=8
int j = offsetof(temps,f1);         //j=0
int k = offsetof(temps,f2);         //k=4
```

而同样使用汇编语言定义的结构,得到的结构大小和字段的偏移地址有所不同。

```
temps struct
    f1  byte 0
    f2  dword 0
temps ends
mov eax,sizeof temps        ;(eax)=5
mov ebx,offset temps.f1     ;(ebx)=0
mov ecx,offset temps.f2     ;(ecx)=1
```

产生这一差异的原因是,结构的大小与其编译时采用的"结构体对齐"参数有关。在 Visual Studio 2019 开发环境下,可在"C/C++/代码生成/结构成员对齐"中选择不同的对齐方式,或者在程序中使用语句"♯pragma pack(n)"来设置对齐方式。汇编语言中默认采用的是紧凑对齐模式,等价于 C 语言程序中使用"♯pragma pack(1)"的结果。当然,在汇编语言程序中,也可以使用伪指令"align bound"来对齐字段或变量的边界,其中 bound 的取值为 1、2、4、8、16,即 2 的 n 次方(n=0,1,2,…)。

使用 C 语言和汇编语言混合编程时,当使用相同的结构定义时,要注意编译时的对齐方式,否则同一个字段在 C 语言程序和汇编语言程序中有不同的地址,就会导致数据访问的逻辑错误。

10.3 联 合 体

除 struct 结构外,Microsoft Visual Studio 开发平台还支持 union 结构。大多数数据类型联合(union)定义的语法如下:

联合体名称　union
　　字段定义
[联合体名称]　ends
例如:

```
myunion   union
    num   dword 0
    chars byte 4 dup(0)
myunion   ends
```

与 struct 定义结构一样,定义联合体是不分配空间的。在数据段中定义变量才分配空间。例如:u1 myunion〈34353637H〉。

访问联合体变量的方法与访问结构变量的用法类似。下面给出了具体的例子。

```
mov eax,u1.num
mov al,u1.chars[2]
lea ebx,u1
mov al,[ebx].myunion.chars[2]
```

它们对应的反汇编代码如下,其中 u1 的起始地址为 00C4428Bh:

```
mov eax,dword ptr ds:[00C4428Bh]
mov al,byte ptr ds:[00C4428Dh]
lea ebx,ds:[0C4428Bh]
mov al,byte ptr [ebx+2]
```

也可使用下面的语句来获取有关 union 联合体的信息。

```
mov eax,offset myunion.num        ;(eax)=0
mov ebx,offset myunion.chars      ;(ebx)=0;
mov ecx,sizeof myunion            ;(ecx)=4
```

由此可见,myunion 联合体中的两个字段 num 和 chars 有相同的偏移地址,它们指向了相同位置的单元,只是两个字段的类型不同。定义 union 联合体,可以根据需要采用不同的方式解读相同单元中的内容。

习　题　10

10.1　结构的大小是如何计算的? 试画出例 10.1 中 course 结构的示意图。

10.2　结构变量中,如何计算各个字段的起始地址?

10.3　用汇编语言定义一个名为 student 的结构,包括学生姓名、学号、年龄、电话号码等字段,字段长度自定义。

10.4　编写一个汇编语言程序,定义 student(习题 10.3)的结构变量,调用 scanf 之类的函数,并给结构变量的各个字段赋值,然后调用 printf 之类的函数显示各个字段。

10.5　在子程序调用时,若参数较多,可定义一个结构来存储这些参数。试编写一个子程序,实现一个缓冲区拷贝的功能(类似 C 语言中的 memcpy)。要求定义一个结构体存储所有的参数,包括源缓冲区的首地址、目的缓冲区的首地址、拷贝的字节数。子程序中不使用全局变量。

上机实践 10

10.1　设有如下 C 语言程序段,试分析函数调用时,结构变量参数是如何传递的。

```
typedef  struct t{
    int  cid;              //课程编号
    char ctitle[20];       //课程名
    char chour;            //学时数
    char cteacher[10];     //主讲老师
```

```
    char cterm;                 //开课学期
}course;
void f(course x)
{   ……
}
int main(int argc,char* argv[])
{
    course temp;
    ……
    f(temp);
    ……

}
```

第11章 程序设计的其他方法

面对较大型的程序设计任务时,都会将程序划分成多个模块,并将这些模块放在不同的文件中。采用多模块的编程方法能更有效地管理程序,有利于实施多人的分工合作。在解决实际问题时,所有的模块都采用汇编语言编写也并非最佳选择,可以采用高级语言和汇编语言各写一部分,发挥各自的优势。本章介绍多模块程序设计方法,包括仅采用汇编语言编写各个模块、采用 C 语言和汇编语言各编写一些模块的方法。本章还介绍 C 语言程序中内嵌汇编的方法以及可执行文件的结构。

11.1 汇编语言多模块程序设计

在设计比较复杂的程序时,一般采用自顶向下、逐步求精的模块化和结构化方法,将一项设计任务按其需要实现的主要功能分解为若干相对独立的模块,并确定好各模块之间的调用关系和接口参数。一个大模块可逐步细化成一些更小的模块,在分别编写和调试后,将它们的目标模块连接装配成一个完整的整体。

1956 年,George A. Miller 在他的著名文章"奇妙的数字 7 ± 2——人类信息处理能力的限度"(The Magic Number Seven,Plus or Minus Two:Some Limits on our capacity for Processing Information)中指出,普通人分辨和记忆同一类信息的不同品种和等级的数量一般不超过 5~9 项,这表明要让人的智力管理好程序,应坚持模块化设计。大型的单模块软件不仅可读性差,可靠性也常常难以保证。

在 C 语言程序设计中,当由多个 C 程序组成一个工程时,存在一个程序中引用另一个程序中定义的全局变量和函数的现象。在汇编语言程序设计中,一个工程可以由多个汇编源程序文件组成。一个汇编语言源程序文件称为一个模块,它经过汇编后将生成一个目标文件,也称为一个目标模块。当由多个汇编语言程序组成工程时,程序之间需要通信,需要解决全局变量和函数的定义和引用问题。

假设工程中包含 mainp. asm 和 subp. asm,不论在哪个文件的 data 段中定义的变量都是全局变量。若在一个文件中定义的全局变量要在另一个文件中使用,则需要使用 public 伪指令将变量说明为公共符号,使用 extern 说明外部符号。

1. 说明公共符号语句

其语句格式如下:

public 符号 [,符号]

功能:public 后的符号是公共符号,可被其他模块引用。

public 后出现多个符号时,符号之间以英文的逗号分隔。在程序中也可有多条 public 语句,每条语句说明一个或者多个符号。public 语句能放在程序的任何位置,但一般都放在程序的开头。

2. 说明外部符号语句

其语句格式如下:

extern　符号:类型 [,符号:类型]

功能:用来说明本模块中需要引用的、由其他模块所定义的符号,即外部符号。

extern 亦可写成 extrn,后面是一个或多个"符号:类型"对。出现的符号在定义它们的模块中必须被 public 伪指令说明为公共符号。符号为变量或符号常量,其类型为 ABS(符号常量的类型)、byte、sbyte、word、sword、dword、sdword、qword、sqword、自定义的结构体和联合体类型等,所有的符号类型必须与它们定义时的类型一致。

一个模块调用另一个模块中定义的子程序(函数)时,调用模块需要对被调用的子程序进行说明。说明的方法使用原型说明伪指令 proto,语句格式如下:

函数名 proto [函数类型][语言类型][[参数名]:参数类型][,[参数名]:参数类型]

下面给出一个具体的例子。

【例 11.1】　将两个缓冲区中的有符号双字数据分别按从小到大的顺序排序,然后输出排序结果。

设计函数 sort 实现排序功能,函数 display 实现显示功能。将这两个函数放在子模块(subp.asm)中。主模块(mainp.asm)调用子模块中的函数,在子模块中使用主模块定义的全局变量 lpFmt,该变量是调用 printf 显示数值时使用的格式串。sort 的算法思想参见第 7.3 节中的例子。

mainp.asm 的程序如下。

```
    .686P
    .model flat,c
      ExitProcess proto stdcall:dword
      includelib  kernel32.lib
      printf      proto:vararg
      getchar     proto
      sort        proto:dword,:dword
      display     proto:dword,:dword
      includelib  libcmt.lib
      includelib  legacy_stdio_definitions.lib
      public      lpFmt
    .data
      lpFmt  db "%d",0
      crlf   db 0DH,0AH,0
      buf1   sdword -10,20,30,-100,25,60
      n1     dword  ($ -buf1)/4              ;buf1 中的数据个数
      buf2   sdword -70,55,200,-150,125,90,-50
      n2     dword  ($-buf2)/4              ;buf2 中的数据个数
    .stack 200
    .code
     main proc
        invoke sort,offset buf1,n1
```

```
        invoke sort,offset buf2,n2
        invoke display,offset buf1,n1
        invoke printf,offset crlf          ;显示控制,将光标移到下一行的开头
        invoke display,offset buf2,n2
        invoke getchar
        invoke ExitProcess,0
    main endp
    end
```

子模块 subp.asm 的程序如下。

```
    .686P
    .model flat,c
     printf proto:vararg
     extern lpFmt:sbyte
    .code
;sort:排序子程序,将一个双字类型的数组按从小到大的顺序排序
;buf:输入缓冲区的首地址,也是排序结果存放的首地址
;num:元素的个数
sort proc buf:dword,num:dword
    local outloop_num:dword
    .if(num<2)                     ;元素少于 2 个,不用排序
        ret
    .endif
    mov eax,num
    dec eax
    mov outloop_num,eax            ;外循环的次数
    mov ebx,buf                    ;数据缓冲区的首地址放在 ebx 中
    mov esi,0                      ;外循环的控制指针
Out_Loop:                         ;外循环
    cmp esi,outloop_num
    jae exit
                                   ;下面是内循环
    lea edi,[esi+ 1]
    Inner_Loop:
        cmp  edi,num
        jae  Inner_Loop_Over
        mov  eax,[ebx][esi* 4]
        cmp  eax,[ebx][edi* 4]
        jle  Inner_Modify
        xchg eax,[ebx][edi* 4]
        mov [ebx][esi* 4], eax
    Inner_Modify:                  ;修改内循环的控制变量
        inc edi
        jmp Inner_Loop
    Inner_Loop_Over:
    inc esi
```

```
    jmp Out_Loop
exit:
    ret
sort endp
;display:显示数据子程序
;buf:缓冲区的首地址
;num:显示的元素个数
display proc buf:dword,num:dword
    mov ecx,num
    mov ebx,buf
    .while (num>0)
        invoke printf,offset lpFmt,dword ptr [ebx]
        add ebx,4
        dec num
    .endw
    ret
display endp
end
```

在上面的例子中,每个模块都是由子程序组成的,就像 C 语言程序都是由函数组成的一样。每个模块都要以 end 结束。编译器从文件开始向下编译,编译到 end 后,就不再对下面的语句进行编译。在多个模块中,至多只有一个模块在 end 之后给出一个标号或子程序名字,这是整个程序的入口点。本例的入口是 main 函数,是默认的程序入口点。

下面使用一些伪指令来控制循环、分支转移,改写后的子程序如下。

```
sort proc buf:dword,num:dword
    local outloop_num:dword
    .if (num<2)
        ret
    .endif
    mov eax,num
    dec eax
    mov outloop_num,eax        ;外循环的次数
    mov ebx,buf                ;数据缓冲区的首地址在 ebx 中
    mov esi,0                  ;外循环的控制指针
    .while (esi<outloop_num)
                               ;下面是内循环
        lea edi,[esi+1]
        mov eax,[ebx][esi*4]
        .while (edi<num)
            .if eax >=sdword ptr [ebx][edi*4]
                xchg eax,[ebx][edi*4]
            .endif
            inc edi
        .endw
        mov [ebx][esi*4],eax
        inc esi
```

```
        .endw
        ret
    sort endp
```

编写程序时要注意有符号数或无符号数的区别。例如,在". if eax ＞＝ sdword ptr〔ebx〕〔edi * 4〕"中要加 sdword ptr,即说明数据类型是有符号数,否则编译器会将". if eax ＞＝〔ebx〕〔edi * 4〕"当成无符号数的比较来翻译。

11.2　C语言程序和汇编语言程序的混合

当程序开发需要时,可以根据各模块的功能和性能要求选用不同的计算机语言编程,充分发挥各种程序设计语言的优势。例如,一般问题的处理可使用C/C++语言编程;与硬件有关的部分或者对执行效率要求很高的部分可使用汇编语言编程,这样就发挥了汇编语言程序占用存储空间小、运行速度快、能直接控制硬件的优点。最后将它们经编译和汇编后生成的目标文件连接成一个整体。这样编写的程序,效率高、简短、清晰、可靠性高、容易阅读、方便修改和扩充、便于交流。对于有一些功能还应建立函数库,供不同的程序开发任务使用。本节介绍C语言和汇编语言混合编程的方法。

11.2.1　函数的申明和调用

前面的例子程序中已出现过汇编语言程序调用C语言函数的示例。下面给出一个在C语言程序中调用使用汇编语言编写函数的示例。

【例11.2】　编写一个程序,输入5个整型数据,将它们按照从小到大的顺序排序,并输出排序结果。

主程序(mainp. c)用于实现数据的输入和输出,使用C语言编写,程序如下。排序函数sort 使用汇编语言编写,参见例11.1。

```
#include <stdio.h>
#include <conio.h>
void sort (int*,int);
int main()
{
    int a[5];
    int i;
    for (i=0;i<5;i++)
        scanf_s("%d",&a[i]);
    printf("\n result after sort\n");
    sort(a,5);
    for(i=0;i<5;i++)
    printf("%d",a[i]);
    _getch();
    return 0;
}
```

在 C 语言程序中调用使用汇编语言编写的函数与调用使用 C 语言编写的函数没有区别。在汇编语言程序模块中,对要被外部调用的函数,不用进行特别的说明。这就像由多个 C 语言程序文件组成一个工程一样,一个文件中定义的函数,被另一个文件中的函数调用,在定义函数的文件中不需要进行特别的说明,在调用函数的文件中要进行函数说明。

在汇编语言程序中,调用 C 语言函数的例子在前面已出现过多次,如 printf、scanf、_getch、clock 等,只要正确使用函数原型说明伪指令 proto 即可。

注意:当 C 语言程序的文件后缀名为 cpp 时,如将上面的 mainp.c 改为 mainp.cpp,编译时没有报错,但在链接时会报错"无法解析的外部符号 void _cdecl sort(int * ,int)(? sort@@YAXPAHH@Z)"。这是因为编译器看到文件是 cpp 时,按照 C Plus Plus(C++)的规范解析符号,会产生一个新的名称。C++是面向对象的程序设计语言,允许出现参数不同的同名函数(函数重载),为了区分这些可能出现的同名函数,采用了名称修饰规则将其变成另一个符号。对于汇编语言程序,编译时保持了原有的名字,因而在链接时出现了找不到符号的情况。

为了解决符号名称的问题,在 C++程序中,使用 extern "C"来说明按照 C 语言的规则解析符号。将 mainp.c 改成 mainp.cpp 时只需要做如下修改:

原函数的说明:void sort(int * ,int);

修改后的说明:extern "C" void sort(int * ,int);

另外,需要注意以下两个细节。

(1) 函数名的大小写要一致。

在 C、C++语言程序设计中,函数名称是区分大小写的。而在汇编语言程序中,默认状态下的函数名称是不区分大小写的。为了让 C 语言程序能调用汇编语言编写的函数,要求两者的函数命名一致。

(2) 语言类型申明要一致。

在汇编语言程序中,可使用存储模型说明伪指令 model 指定语言类型。语言类型包括 C、pascal、stdcall 等。也可在函数定义伪指令 proc 中指定语言类型。当两处说明的语言类型不同时,以在 proc 中说明的语言类型为准。当 proc 中未指明语言类型时,才使用模型说明伪指令中的语言类型。

若在汇编语言程序中使用的语言类型为 C,则在 C 语言程序中也要说明使用相同的申明。extern "C" void sort(int * , int);等价于 extern "C" void __cdecl sort(int * , int);

若在汇编语言程序中使用的语言类型为 stdcall,则在 C 语言程序中也要说明使用 stdcall 申明。说明语言如下。

```
extern "C" void __stdcall sort(int*,int);
```

注意,Windows 操作系统提供的 API 函数一般都是__stdcall 类型的。

11.2.2 变量的申明和访问

多模块之间交换信息的一种方法是使用全局变量。在汇编语言程序的 data 段中定义的变量为全局变量,若该变量要给其他模块(其他汇编语言程序、C 语言程序、C++语言程序)使用,则需要在汇编语言模块中使用 public 来说明公共符号。反之,如汇编语言程序模块中使用了其他模块(其他汇编语言程序、C 语言程序)定义的全局变量,则需要使用 extern 或者

extern 来说明外部符号。在 C 语言程序中,使用 extern 来申明用到的外部符号,不论该符号是在汇编模块中定义的还是在另一个 C 语言程序中定义的。在 C++语言程序中,申明引用汇编模块中的全局变量时,要写出 extern "C"的形式。默认状态下,编译器对 C++语言程序中的变量名和函数名都会使用换名机制,将它们修饰成新名称。

　　注意,在 C 语言程序中要按 C 语言的语法来申明引用的外部的全局变量,在汇编语言程序中要按汇编语言的语法规定来编写。例如,在".c"文件中有:

```
int x;
extern int y;
```

在".cpp"文件中有:

```
extern "C" int z;
```

在汇编源程序中有:

```
public y
public z
extern x:sdword
y sdword 0
z sdword 0
```

C 语言中的 int 类型与汇编语言中的 sdword 类型对应。

　　当全局变量为数组时,要注意 C/C++语言和汇编语言的差异,汇编语言程序中给出的元素地址是直接按字节编址的,而 C/C++语言程序中编译器会自动地将元素下标转换为相应的字节地址。

　　例如,在 C 语言程序中,设定义有全局变量 int x[5],在汇编语言模块中说明为 extern x：sdword。

mov x,10 等价于 C 语言中的 x[0]=10;

mov x[4],20 等价于 C 语言中的 x[1]=20;

mov x[8],30 等价于 C 语言中的 x[2]=30;

mov x[8],30 等价于 mov x[2 *type sdword],30。

　　对于结构类型的变量,用法是类似的。只需要注意 C 语言程序编译时结构中字段的对齐方式,在编译时,代码生成中的结构成员对齐应采用"1 字节(/Zp1)"方式,或者在程序中使用"♯pragma pack(1)"语句。当然,也可以使用 align 伪指令调整汇编语言中结构字段的对齐方式。

11.3　内 嵌 汇 编

　　内嵌汇编是在 C 语言程序中插入汇编语句。

　　内嵌汇编程序和一般的汇编程序段并没有太大的区别,汇编指令可出现在任何允许 C/C++语句出现的地方,只需要在汇编指令前加上__asm(asm 的前面有两个下划线),具体形式有两种,一种是将一段汇编语言指令用"{}"括起来,前面加上__asm,例如:

```
__asm
```

```
    {
        汇编语言指令
    }
```

另一种方法是在每条汇编指令之前加__asm 关键字,例如:

```
    _ _asm mov eax,sum
    _ _asm mov ebx,1
```

在内嵌汇编中可以使用汇编语言的注释,即从以";"开头到行尾的部分为注释,另外也可以使用 C/C++风格的注释。

【例 11.3】 计算从 1 累加到 100 的和,并显示出结果。

程序如下:

```c
#include <stdio.h>
int main(int argc,char*  argv[])
{
    int sum;
    sum=0;
    _ _asm {
        mov eax,sum         ;eax 用来存放和
        mov ebx,1           ;ebx 为循环计算器
    L1:
        cmp ebx,100
        jg  L2
        add eax,ebx
        inc ebx
        jmp L1
    L2:mov sum,eax
    }
    printf("%d\n",sum);
    return 0;
}
```

该例中给出了对单个整型变量 sum 的访问方法,而数组变量和结构变量的访问方法类似于纯汇编语言程序的访问方法。值得注意的是,局部变量和参数变量的访问本身是变址寻址,形如[ebp+n],不能像全局变量那样,使用 V[BR+IR * F]的形式。

另外,在嵌入的汇编程序段中要注意寄存器的使用,特别是 eax、esp、ebp 的使用。若汇编程序段中调用了函数,eax 一般用于传递函数的返回结果,这使得调用函数前后的 eax 发生变化。esp 是栈顶指针,它在 C 语言程序中是"隐藏"使用的,若随意改变 esp,则会导致错误。虽然其他寄存器也被"隐藏"起来,但是那些寄存器的作用域一般是"语句级"的,即一条 C 语言语句中使用的寄存器与下一条语句无关,而 esp 是"函数级"的,与多条语句中的 esp 变化有关联性。ebp 一般在一个函数中,除在函数开头处改变 ebp 让其指向栈顶外,ebp 在函数中间不发生变化,否则某个变量对应的单元[ebp+n]都不是同一个单元。

11.4　模块程序设计中的注意事项

程序设计是一门艺术。实现相同功能的程序多种多样,编程的变化多、弹性大,经过精心设计,能将程序的效率发挥得淋漓尽致。就如同画家的画笔,如果只是为了谋生,那么它画出的可能只是廉价的商品;一旦投入自己的理想与心智,画出的作品将升华为艺术,就会进入一个更高的境界。

但是,从另外的角度来看,程序设计也是一个工程。工程也有工程的规范要遵循,不能随心所欲。从总体和全局的角度来掌控程序设计,更要将其当成一个工程。不论是模块的划分、变量和函数的命名、注释的写法等,都要遵循工程的规范,遵循一定的原则。

1. 模块的划分

在模块化程序设计中,首先要解决的关键问题是正确地划分模块。模块划分的原则是,模块内具有高内聚度,模块间具有低耦合度。具体可参考下面 8 条规则。

(1) 每个模块应在功能上和逻辑上相互独立,尽量分开。

(2) 每个模块的结构应尽量设计成单入口、单出口的形式,避免使用转移语句在模块间跳转。单入口、单出口的模块便于调试、阅读和理解,其可靠性更高。

(3) 各模块间的接口应该简单,尽量减少公共符号的使用,尽量不共用数据存储单元,在结构或编排上有联系的数据应放在一个模块中,以免互相影响,造成查错困难。

(4) 力求使模块具有通用性,通用性越强的模块利用率越高。这就要求在模块中尽可能地不使用全局变量。

(5) 一个模块既不能过大也不能过小。过大的模块功能复杂,通用性较差;模块过小,则会造成只有很多模块组装在一起才能完成较大的功能,增加了组装的工作量。一般情况下,一个模块的长度应在一个屏幕上完整地显示出来。

(6) 如果一个程序段被很多模块所公用,则它应是一个独立的模块。

(7) 如果若干个程序段处理的数据是公用的,则这些程序段应放在一个模块中。

(8) 若两个程序段的利用率区别很大,则应分属于两个模块。

2. 变量和函数的命名

变量和函数的命名最重要的原则是容易记忆、容易理解。看到一个名字,很容易想到它对应的功能和作用。在程序设计中,变量和函数名广泛采用匈牙利表示法。这是为了纪念 Microsoft公司的匈牙利籍程序员 Charles Simonyi,提出的一套变量和函数的命名方法。在匈牙利表示法中,变量名以一个或多个小写字母开始,代表变量的类型,后面附以变量的名字,变量名由意义明确的大小写混合字母序列所构成。这种方法允许每个变量都附有表征变量类型的信息。

常用的前缀有:b(byte)、w(word)、dw(dword)、h(handle,句柄)、lp(long pointer,长指针)、sz(string zero,以 0 结尾的字符串)、lpsz(指向以 0 结尾的字符串的指针)、f(float)。

例如,使用一个变量来保存一个图像的宽度,宽度不超出 10000,将变量命名为 wWidth。定义时,可使用语句 local wWidth:word。如果在程序中看到语句"mov eax,wWidth",就比较容易知道两个操作数的类型不匹配,而不用等到编译时指出错误。

函数与变量的命名方式相同,但是没有前缀。函数名的第一个字母一般大写。此外,所有的类型和常量都是大写字母,但名字中可以使用下划线。

3. 注释

如果一个程序没有注释,阅读起来就会很困难,但是写注释也有很多讲究。

(1) 不要写无意义的注释,例如:

```
mov eax,0    ;将 0 送给 eax
```

上面的注释就是无意义的注释,不要以为阅读程序的人连基本指令的功能都不清楚。

(2) 注释表达的含义准确到位。

这实际上是考验写注释的人的表达能力。例如,在一个函数的功能注释中,"将组数 a 中的数重新排列"、"将组数 a 中的数排序"、"将组数 a 中的数按从小到大的顺序排列",三者表达的准确性差别是很大的。

(3) 在函数或子程序前应有注释。

函数的功能、输入参数、输出参数、返回值都应在函数开头前进行注释。若函数的处理较复杂,还应对算法思想和处理过程进行注释。由于汇编语言非常琐碎,还应对函数中寄存器的功能分配进行注释,让一些寄存器在函数中的用途保持不变,这样思路不会被随意打乱,才能更容易理解程序。

(4) 对结构和变量进行注释。

程序中定义的结构类型应给予注释,说明结构应存放什么样的信息,以及说明各字段的含义。程序中非临时性的变量也应给予注释,并说明其含义。

11.5 宏功能程序设计

程序中经常要用到独立功能的程序段,并常常将其设计成子程序,需要时反复调用。但是,使用子程序需要付出额外的时间和空间上的开销,例如,调用子程序需要传递参数、保存链接信息、保护和恢复寄存器中的内容,还需要执行 call 和 ret 指令等。当程序中的重复部分只是一组较为简单的语句序列时,如果将它们设计成子程序,那么光是为调用子程序的开销就可能会超过语句序列的,这显然不划算。为此,x86 宏汇编语言提供了宏功能,它主要包括宏指令的定义与调用。

宏指令的使用要经过三步:①宏定义;②宏调用;③宏扩展。其中,前两步工作必须由用户自己完成,第三步由宏汇编程序在汇编期间完成。

11.5.1 宏定义

宏定义是使用伪指令 macro 和 endm 来实现的。其定义的格式如下:

宏指令名   macro   形式参数   [,形式参数]
          宏体

```
        endm
```
宏指令名也称宏名字,它与形式参数(简称形参)都是宏汇编语言中的合法符号,并且可以与源程序中的其他变量、标号或指令助记符相同。形参可有可无,当有多个形参时,各形参之间要用逗号隔开。形参可出现在宏体中的任何地方。

宏体由一系列机器指令语句和伪指令语句组成。

宏指令一定要先定义,后调用。因此,宏定义一定要放在它的第一次调用之前。

宏指令名与伪指令、机器指令的助记符同名时具有比指令、伪指令更高的优先权,即当它们同名时,宏汇编语言将它们一律处理成相应的宏扩展,不管与它同名的指令原来的功能如何。利用这个特点,程序员可以设计新的指令系统,扩充某些硬指令或伪指令的含义与功能。

下面给出一个宏定义示例,该宏指令完成的功能是将两个变量中内容相加的结果送入第三个变量中的功能。

```
myadd macro v1,v2,v3
    push  eax
    mov   eax,v1
    add   eax,v2
    mov   v3,eax
    pop   eax
    endm
```

11.5.2　宏调用

在定义宏指令之后,就可以在源程序中使用宏指令,称为宏调用。调用格式如下:

宏指令名　实际参数［,实际参数］

其中:宏指令名必须与宏定义中的宏指令名一致;实际参数(简称实参)要与宏定义中的形参按位置关系一一对应。

设在数据段中定义如下变量:

```
x dd 10,20,?
y dd 40
z dd ?
```

若要实现(x)+(y)→z,则可使用如下语句:

```
myadd x,y,z
```

若要实现(x)+(x[4])→x[8],则可使用如下语句:

```
myadd x,x[4],x[8]
```

执行上述语句后,以变量 x 为首地址的单元中的存储内容依次为 10,20,30。

汇编源程序编译期间,当编译器遇到宏调用时,会将宏调用语句替换为宏体,并用实参按位置对应关系一一替换宏体中的形参,这一过程称为宏扩展。替换后,在生成的目标程序中,两次宏调用语句变为:

```
        ⋮
    push  eax
```

```
mov    eax,x
add    eax,y
mov    z,eax
pop    eax
  ⋮
push   eax
mov    eax,x
add    eax,x[4]
mov    x[8],eax
pop    eax
```

由此可见,有了 myadd 宏定义,宏调用就相当于设计的一条新指令(即宏指令),新指令的语句格式如下:

myadd ops1,ops2,opd

功能:(ops1)+(ops2)→opd。

注意:在宏扩展之后,编译器还会对生成的语句进行语法检查,若不符合语法规定,就会报错。例如,若将上面语句中的变量 z 的定义改为"z dw ?",则在"myadd x,y,z"处会指出错误"instruction operands must be the same size",这是由语句"mov z,eax"不符合语法规定而产生的。换个角度看,只要一个表达式代替形参后符合语法规定,则该表达式就可以作为实参。

11.5.3　宏指令与子程序的比较

尽管宏指令和子程序都可以用来处理程序中重复使用的程序段,缩短源程序的长度,使源程序的结构简洁、清晰,但它们是两个完全不同的概念,有着本质上的区别。现归纳说明如下。

(1)处理的时间不同。宏指令是在汇编期间由编译器处理的;而子程序调用是在目标程序运行期间由 CPU 直接执行的。

(2)处理的方式不同。宏指令必须先定义,后调用。宏调用是用宏体置换宏指令名,实参置换形参,汇编结束,宏定义也随之消失;子程序调用不发生这种代码和参数的置换,而是通过 CPU 将控制方向由主程序转向子程序。

(3)目标程序的长度不同。由于对每一次宏调用都要进行宏扩展,因此使用宏指令不会缩短目标程序;子程序是通过 call 指令调用的,无论调用多少次,子程序的目标代码只会出现一次,因此,目标程序短,占用存储空间小。

(4)执行速度不同。调用子程序需要使用堆栈保护现场和恢复现场,需要专门的指令传递参数,因此执行速度慢;宏指令不存在这些问题,因此执行速度快。

(5)参数传递的方式不同。宏指令可实现参数的代换,参数的形式也不受限制,可以是语句、寄存器名、标号、变量、常量等,参数代换简单、方便、灵活、不容易出错,用户很容易掌握;子程序的参数一般为地址或操作数,传递方式由用户编程时具体安排,特别是在参数较多时,非常麻烦,容易出错。

用户在编写程序的过程中,对于程序中的重复部分,究竟是采用宏指令还是子程序,需要权衡内存空间、执行速度、参数的多少等各方面的情况。大多数情况下,宏指令扩展后源程序较长,但执行速度快,在多参数时较子程序调用更为方便有效,但如果宏体较长且功能独立,采用子程序又比宏指令更节省存储空间。

11.6　可执行文件的格式

运行在 Microsoft Windows 操作系统下的可执行二进制文件采用 PE(portable executable,可移植的执行体)格式。本节只对 PE 文件格式进行简单的介绍。通过分析二进制的可执行文件,可以了解各种信息的存放规律,探索文件格式设计的奥秘。对于防治 PE 文件病毒、分析文件加密和解密任务,则需要更深入地掌握 PE 文件格式。

PE 文件格式是由 COFF(common object file format,通用目标文件格式)发展出来的,结构上与 COFF 的相似,都是基于段的结构。在 64 位 Windows 操作系统下,PE 文件格式稍微有点修改,称为 PE32+格式。PE 文件的结构依次由 DOS MZ 头、DOS 实模式残余(DOS stub)程序、PE 文件标志、PE 文件头、PE 可选文件头、各节(section)头、各节的实际数据组成,如表 11.1 所示。

表 11.1　PE 文件的结构

DOS 部分	DOS MZ 头	IMAGE_DOS_HEADER
	DOS stub	
PE 头 IMAGE_NT_HEADERS32	PE 文件标志	'PE',0,0(50 45 00 00)
	PE 文件头	IMAGE_FILE_HEADER
	PE 可选文件头	IMAGE_OPTIONAL_HEADER32
节表	section 1 头(节 1 的头部)	IMAGE_SECTION_HEADER
	section 2 头	
	……	
	section n 头(节 n 的头部)	IMAGE_SECTION_HEADER
节	section 1(节 1 的实际数据)	
	section 2	
	……	
	section n(节 n 的实际数据)	

1. DOS MZ 头

PE 文件中包括 DOS 部分,主要是为了可执行文件的向下兼容。假设在 Windows 系统中生成一个 PE 文件,将该文件放到 DOS 系统下去执行,当 DOS 系统无法识别 PE 文件头时,就会出现错误。PE 文件中包含的 DOS 部分是标准的 DOS MZ 格式(即 DOS 下 EXE 文件格式),可在 DOS 下执行,从而解决兼容性问题。

PE 文件的开头是 DOS MZ 头,它由 64 个字节组成,它对应的结构为 IMAGE_DOS_HEADER(DOS 头映像),详细的定义在 winnt.h 中。

```
typedef struct _IMAGE_DOS_HEADER {    //DOS .EXE header
    WORD e_magic;                     //Magic number
```

```
      ……
      WORD e_ip;                              //Initial IP value
      WORD e_cs;                              //Initial (relative) CS value
      WORD e_lfarlc;                          //File address of relocation table
      ……
      LONG e_lfanew;                          //File address of new exe header
} IMAGE_DOS_HEADER;
```

IMAGE_DOS_HEADER 开头是一个字数据字段 e_magic（魔术数字），占 2 个字节，它的值是"4D 5A"，是一种特定的标记，对应"MZ"的 ASCII 码，即 e_magic＝0x5A4D。有了 DOS MZ 头，一旦程序在 DOS(disk operating system，磁盘操作系统)下执行，DOS 就能识别出这是有效的执行体，然后运行紧随 MZ header 之后的 DOS 程序，即 DOS stub。该程序是从 e_lfarlc 指明的文件位置开始的（重定位表在文件中的起始位置），以该地址为参考，使用 e_ip 和 e_cs 指明第一条指令的相对地址，这样就实现了对 DOS 系统的兼容。

DOS 头中最后 4 个字节为"E8 00 00 00"，即 e_lfanew 对应的数值为 0x000000E8，表示新 exe 头在文件中的位置，即 PE 文件标志在文件中的位置。注意，在 IMAGE_DOS_HEADER 中，前面的字段与标准的 DOS 文件头相同，Windows 在后面添加了 5 个字段，其中包括 e_lfanew。DOS 不是对这几个新加的字段进行解释的。

图 11.1 给出了可执行文件 c_example.exe 的 MZ 头信息。

```
c_example.exe  ⊓ X
00000000  4D 5A 90 00 03 00 00 00   04 00 00 00 FF FF 00 00   MZ.............
00000010  B8 00 00 00 00 00 00 00   40 00 00 00 00 00 00 00   ........@.......
00000020  00 00 00 00 00 00 00 00   00 00 00 00 00 00 00 00   ................
00000030  00 00 00 00 00 00 00 00   00 00 00 00 E8 00 00 00   ................
```

图 11.1　可执行文件 c_example.exe 的 MZ 头信息

2. DOS stub

DOS 实模式残余(DOS stub)程序实际上是一个有效的 EXE，在不支持 PE 文件格式的操作系统中，它将简单显示一个错误提示，大多数情况下，它是由汇编编译器自动生成的。通常它将简单调用 DOS 操作系统提供的功能号为 9 的中断 21H 程序来显示字符串"This program cannot be run in dos mode"。当然这不是必需的，可保留其大小，使用 00 来填充这些字节。图 11.2 给出了可执行文件 c_example.exe 的 DOS stub 信息，它从文件的 0040H 处开始，到 00E7H 处结束。

```
00000040  0E 1F BA 0E 00 B4 09 CD   21 B8 01 4C CD 21 54 68   ........!..L.!Th
00000050  69 73 20 70 72 6F 67 72   61 6D 20 63 61 6E 6E 6F   is program canno
00000060  74 20 62 65 20 72 75 6E   20 69 6E 20 44 4F 53 20   t be run in DOS
00000070  6D 6F 64 65 2E 0D 0D 0A   24 00 00 00 00 00 00 00   mode....$.......
00000080  D1 35 18 C1 95 54 76 92   95 54 76 92 95 54 76 92   .5...Tv..Tv..Tv.
00000090  D3 05 AB 92 96 54 76 92   D3 05 96 92 86 54 76 92   .....Tv......Tv.
000000a0  D3 05 97 92 92 54 76 92   48 AB BD 92 97 54 76 92   .....Tv.H....Tv.
000000b0  95 54 77 92 A2 54 76 92   98 06 96 92 94 54 76 92   .Tw..Tv......Tv.
000000c0  98 06 AD 92 94 54 76 92   98 06 A8 92 94 54 76 92   .....Tv......Tv.
000000d0  52 69 63 68 95 54 76 92   00 00 00 00 00 00 00 00   Rich.Tv.........
000000e0  00 00 00 00 00 00 00 00   50 45 00 00 4C 01 07 00   ........PE..L...
```

图 11.2　可执行文件 c_example.exe 的 DOS stub 信息

在图 11.2 中,DOS stub 的前 14 个字节是"0E 1F BA 0E 00 B4 09 CD 21 B8 01 4C CD 21",这一串机器码对应的汇编语言程序如下:

```
0E:      push cs
1F:      pop  ds      ;(ds)=(cs)
BA0E00:mov  dx,000EH
B409:    mov  ah,09
CD21:    int  21H     ;9号功能调用,输出从 ds:000EH 处开始的串
B8014C:mov  ax,4C01H
CD21:    int  21H     ;返回操作系统
```

该程序将显示从 000E 处开始的一个串,串以' $ '(即 24H)为结束符,但' $ '不会显示出来。在图 11.2 的右半部分显示了串的信息。

3. PE 头

(1) PE 头的结构。

在 DOS stub 之后是 PE 文件标志、PE 文件头和 PE 可选文件头,这三部分的结构由 IMAGE_NT_HEADERS32 或 IMAGE_NT_HEADERS64 定义,该结构定义在 winnt.h 中。

```
typedef struct _IMAGE_NT_HEADERS {
    DWORD  Signature;
    IMAGE_FILE_HEADER FileHeader;
    IMAGE_OPTIONAL_HEADER32 OptionalHeader;
} IMAGE_NT_HEADERS32;
```

Signature 由 4 个字节组成,表示 PE 文件标志。对于可执行文件 c_example.exe,从上面的分析可知,PE 文件标志是从文件地址 000000E8H 处开始的,它的内容是"50 45 00 00",即 Signature 的值为 0x00004550。

(2) PE 文件头。

PE 文件头的结构由 IMAGE_FILE_HEADER(映像文件头)定义,结构如下。

```
typedef struct _IMAGE_FILE_HEADER {
    WORD   Machine;
    WORD   NumberOfSections;
    DWORD TimeDateStamp;
    DWORD PointerToSymbolTable;
    DWORD NumberOfSymbols;
    WORD   SizeOfOptionalHeader;
    WORD   Characteristics;
} IMAGE_FILE_HEADER;
```

该结构的长度为 20 个字节。

Machine:长度为 2 个字节,CPU 标识,指明文件的运行平台,即编译链接生成该文件时的平台。由于不同平台上的指令机器码是不同的,所以,在运行程序时需要此时的运行平台是否适用于执行文件中标明的平台。例如,在 c_example.exe 中,Machine 对应的值为 0x014C,表示 Intel 80386 CPU;在 winnt.h 中有多种 Machine 的宏定义,如"♯define IMAGE_FILE_MACHINE_I386 0x014c"。

NumberOfSections:长度为 2 个字节,表示程序的节数。

TimeDateStamp:长度为 4 个字节,表示文件创建的日期时间戳,是从 1970 年 1 月 1 日 00:00:00 开始算起,到文件创建时之间的秒数;时间标准是格林尼治时间。

PointerToSymbolTable:长度为 4 个字节,COFF 符号表在文件中的起始位置,当没有 COFF 符号表时,该值为 0。

NumberOfSymbols:长度为 4 个字节,COFF 符号表中符号的个数。PointerToSymbol-Table和 NumberOfSymbols 与调试用的符号表有关。

SizeOfOptionalHeader:长度为 2 个字节,表示 IMAGE_OPTIONAL_HEADER32 结构的大小(224 个字节,即 0x00E0)或 IMAGE_OPTIONAL_HEADER64 结构的大小(240 个字节)。

Characteristics:长度为 2 个字节,表示文件属性,由 16 个二进制位组成,每位代表的含义也定义在 winnt.h 中,例如:

```
#define IMAGE_FILE_EXECUTABLE_IMAGE 0x0002   //File is executable
#define IMAGE_FILE_32BIT_MACHINE 0x0100      //32 bit word machine
```

图 11.3 中的文件属性为 0x0102,即表示是一个 32 位的可执行文件。

```
000000e0  00 00 00 00 00 00 00 00  50 45 00 00 4C 01 07 00  ........PE..L...
000000f0  46 C6 12 5D 00 00 00 00  00 00 00 00 E0 00 02 01  F..]............
```

图 11.3 PE 文件标志和 PE 文件头

其他文件属性还包括:是否为 DLL 文件,是否为系统文件(如驱动程序),是否包含调试信息,能否从可移动盘运行,能否从网络运行,是否存在符号信息、小尾/大尾方式等。

(3) PE 文件的阅读工具。

以二进制形式将文件内容映射到文件结构上是一项琐碎的工作,在掌握二进制文件的解读方法后,可使用一些更直观显示信息的工具来解读文件结构。PEViewer 就是其中之一。使用 PEViewer 打开 c_example.exe 文件,可以较清楚地看到 PE 文件头部的各组成部分,每部分的组成字段、字段在文件中的位置、取值及含义,如图 11.4 所示。

(4) PE 可选文件头。

PE 可选文件头(OptionalHeader)由结构 IMAGE_OPTIONAL_HEADER32 或 IMAGE_OPTIONAL_HEADER64 定义。该结构较大,字段较多。图 11.5 给出了 c_example.exe 的 PE 可选文件头信息。

该结构中的大部分字段都不重要,重要的字段有 AddressOfEntryPoint、ImageBase、SectionAlignment、FileAlignment、Subsystem、DataDirectory。

AddressOfEntryPoint:执行程序的入口地址,该地址并不是程序入口点在 exe 文件中的位置,而是将程序装载到内存后,程序入口点在内存中的位置与文件在内存中的起始位置之间的距离,是一个相对的虚拟地址(relative virtual address,RVA)。设将 PE 文件装入起始地址为 0x00400000 的内存中,RVA 为 0x00011109,则程序的入口点在内存 0x00411109 处。注意,在程序装载时,DOS 头、PE 头、节表、节都要装入内存,但是装入后,节的大小会发生变化,故 RVA 不等于文件中的位置偏移。

ImageBase:如果 ImageBase 指定的地址未被其占用,则 Windows 会优先将文件装载到该地址处。链接器在生成可执行文件时,使用该地址来生成机器码,若能装入此处,就不需要进

图 11.4　c_example.exe 的 PE 文件头信息

图 11.5　c_example.exe 的 PE 可选文件头信息

行重定位操作,装载速度最快。

SectionAlignment:节装入内存时的地址对齐单位,节装入的地址必须是能被该值整除的。在图 11.5 中,SectionAlignment＝0x1000,即 4096。假设一个节在文件中的大小为 1024,

装入内存后,也要给它分配 4096 个字节的空间,这样一个节的起始地址才能是 4096 的倍数。

FileAlignment:节在文件中的对齐单位,即在文件中以 FileAlignment 为单位为节分配文件中占用的空间。

Subsystem:程序使用界面的子系统。在图 11.5 中,Subsystem＝3,为 Windows 控制台界面(IMAGE_SUBSYSTEM_WINDOWS_CUI＝3)。程序运行时,Windows 操作系统将自动为程序建立一个控制台窗口。

DataDirectory:它是一个数组,共 16 个元素,每个元素的长度为 8 个字节,包括 Virtual-Address 和 Size 两项,用来指明各个数据块的位置和大小。数据按用途可分为导出表、导入表、资源、异常、安全、重定位等多种类型。与 AddressOfEntryPoint 一样,VirtualAddress 是一个相对虚拟地址(RVA),如图 11.6 所示,给出了可选文件头中最后的部分——数据目录。

图 11.6　可选文件头中最后的部分——数据目录

4. 节表

在可选文件头之后是节表,即程序的各个组成段(节)的描述信息。
在 winnt.h 中,节表的定义如下:

```
typedef struct _IMAGE_SECTION_HEADER {
    BYTE   Name[IMAGE_SIZEOF_SHORT_NAME]; //IMAGE_SIZEOF_SHORT_NAME=8
        union {
                DWORD   PhysicalAddress;
                DWORD   VirtualSize;        //节的大小,在对齐处理前的实际大小
        } Misc;
    DWORD VirtualAddress;                   //节被装载到内存后的相对虚拟地址(RVA)
    DWORD SizeOfRawData;                    //在磁盘文件上的大小(用 FileAlignment 对
                                                齐后)
```

```
DWORD PointerToRawData;            //装载前在磁盘文件上的偏移量(从文件头算起)
DWORD PointerToRelocations;        //重定位指针
DWORD PointerToLinenumbers;        //行数指针
WORD  NumberOfRelocations;         //重定位数目
WORD  NumberOfLinenumbers;         //行数数目
DWORD Characteristics;             //节的属性
} IMAGE_SECTION_HEADER;
```

c_example. asm 共有 7 个节头,分别是.textbss、.text、.rdata、.data、.idata、.rsrc、.reloc。在图 11.7中给出了 text 节表的信息。

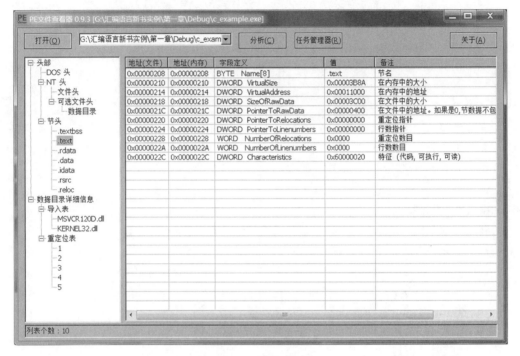

图 11.7 text 节表信息

从 text 节表信息中可以看到,代码段是从文件 c_example. exe 的 0x00000400 开始的,它由 PointerToRawData 指明,该代码段映射到内存中的虚拟地址是 0x00011000,由 VirtualAddress 指明。由 PE 可选文件头的 IMAGE_OPTIONAL_HEADER32 中的 AddressOfEntryPoint(0x00011109,参见图 11.5)可知,执行程序的第一条在 0x00011109—0x00011000+0x00000400=0x00000509 处。文件 0x00000509 处的机器码是"E9 52 0A 00 00",是一条 jmp指令。

习　题　11

11.1　设有一个缓冲区中连续存放多个学生的信息记录,每个记录中包括学生的姓名(10 个字节,以 0 结束)和考试成绩(字数据)。使用多模块方法编写一个程序,完成按分数从高到低排序,并输出排序后的结果(姓名和成绩)。要求:

(1) 在主模块中完成数据显示功能。

(2) 在子模块中完成排序功能，子模块中不得使用外部变量。

(3) 两个模块都使用汇编语言编写。

学生人数自定，学生的初始信息自定。

11.2 定义一个学生结构，用于存放学生的姓名(10 个字节)和考试成绩(字数据)。使用多模块方法编写一个程序，完成如下功能。

(1) 在主程序中定义结构数组变量，程序运行时输入学生的姓名和成绩，按成绩从高到低输出学生的姓名和成绩。

(2) 在子模块中完成排序功能，子模块中不得使用外部变量。

(3) 主程序模块使用 C 语言编写；子程序模块使用汇编语言编写。

上机实践 11

11.1 设计编写一个网店商品信息查询的程序。

有一个老板开了一个网店，网店里有 n 种商品在销售。每种商品包括以下信息：

商品名称(10 个字节，名称不足部分补 0)；

进货价(字类型)；

销售价(字类型)；

进货总数(字类型)；

已售数量(字类型)；

利润率(字类型)。

利润率由程序自动计算，利润率(％)＝(销售价 * 已售数量－进货价 * 进货总数) * 100/(进货价 * 进货总数)。

系统有两种类型的用户，一种是老板，一种是一般访客。老板管理网店信息时需要输入自己的名字(10 个字节，不足部分补 0)和密码(6 个字节，不足部分补 0)，登录后可查看商品的全部信息；一般访客无需登录就能够查看网店中商品的名称、销售价格。他们都可以只查询某一种商品的信息(输入商品名后查询，一般访客只能查询该商品的销售价格)。

中断和异常是计算机系统中非常重要的一种机制。中断可以用来实现主机与外部设备之间的通信,使得两者并行工作。异常的本质也是一种中断,它主要用于处理 CPU 内部事件。本章介绍了中断和异常的基本概念,给出了异常处理程序实例,并从机器语言的角度来分析异常处理运行的基本过程。本章还介绍了操作系统、计算机组成原理、微机接口技术等相关内容,为理解有关中断和异常的知识奠定基础。

12.1　中断与异常的基础知识

12.1.1　中断和异常的概念

"中断"在人们的日常生活中屡见不鲜。假如你正在做某一件事情的过程中(如写作业)发生了另外一件事情(如电话铃声响起),此时,你停下原来执行的任务(写作业),转去处理新任务(接电话),处理完新任务(通话结束)后,再继续执行原来的任务(继续写作业)。这一过程就是中断。

在计算机世界里,中断(interruption)是指 CPU 获知发生了某事件,CPU 暂停当前正在执行的程序,转而为临时出现的事件服务,即执行中断处理程序,执行完中断处理程序后又能自动恢复执行原来程序的一种功能。要比较清晰地理解中断,就要回答以下问题。

(1) 有哪些事情会引起中断?

(2) CPU 为什么能感知中断?

(3) 在何处去找中断处理程序?

(4) 如何从中断处理程序返回?

(5) 如何使用中断?

这些问题的答案分别对应中断源、中断系统、中断描述符表、中断调用和中断返回指令等概念。当然,还有其他问题,如一个中断发生后能否被其他事件打断? 如果同时产生多个中断,那么如何确定优先响应的中断等。下面一一介绍之。

引起中断的事件称为中断源。常见的中断源包括键盘中断、鼠标中断、时钟中断、串口通信中断、并口通信中断等;其他的还有电源掉电、存储器出错、总线奇偶校验错误等由硬件故障引起的中断。这些来源于 CPU 之外的中断称为外部中断,也称异步中断,它是由其他硬件设备产生的。外部中断可分为不可屏蔽中断(non maskable interrupt,NMI)和可屏蔽中断。对于可屏蔽中断,是否响应取决于标志寄存器 eflags 中的中断允许标志 IF(interrupt flag)位。若 IF=1,则响应中断,否则不响应。使用指令 sti 和 cli 可分别将 IF 置为 1 和 0。生活中发生的一些事件,我们也可置之不理。例如,在上课的时候,我们不响应电话,即不中断上课。对于一个中断处理程序而言,能否再次被其他可屏蔽中断所打断,同样取决于 IF 是否为 1。

异常(exception)是指 CPU 内部出现的中断,也称同步中断。它是一条指令在执行过程中,CPU 检测到某种预先定义的条件,要终止该指令的执行而产生的一个异常信号,进而调用异常处理程序对该异常进行处理。与中断处理程序执行后会返回被中断处继续执行不同,在异常处理程序执行后有三种后续不同的操作:重新执行引起异常的指令、执行引起异常的指令之后的指令、终止程序运行。这取决于异常的类型。在 Intel CPU 中,异常分为三类:故障(faults)、陷阱(traps)、中止(aborts)。

故障异常是在引起异常的指令执行之前或者指令执行期间,在检测到故障或者预先定义的条件不能满足的情况下产生的。常见的故障异常有:除法出错(除数为 0,或者除数很小,被除数很大,导致商溢出)、数据访问越界(访问一个不准本程序访问的内存单元)、缺页等。故障异常通常可以纠正,处理完异常后,引起故障的指令被重新执行。

陷阱异常与故障异常不同,它不是在异常的指令执行之前发出信号,而是在执行引起异常的指令之后把异常情况通知给系统。根据将要执行的指令的地址是由 cs:eip 来决定的这一原则,在产生故障异常信号时,cs:eip 是要引起异常的指令的地址;而产生陷阱异常信号时,cs:eip 是异常处理之后将要执行的指令的地址。对于软中断之类的陷阱异常,实际上就是产生异常信号指令之下的一条语句的地址。所有软中断,就是在程序中写了中断指令,执行该语句就会去调用中断处理程序,中断处理完后又继续运行下面的程序。这就像我们要做的作业中有一项任务是打电话一样,看到这一项任务后,就拨打电话,通话结束后继续做其他作业。软中断调用与调用一般的子程序非常类似,借助中断处理这一模式,调用操作系统提供的很多服务程序。另外一种常见的陷阱异常是单步异常,单步异常用于防止一步步跟踪程序。

中止异常是在系统出现严重问题时通知系统的一种异常。引起中止异常的指令是无法确定的。产生中止异常时,正执行的程序不能被恢复执行。系统接收中止信号后,处理程序要重新建立各种系统表格,并可能重新启动操作系统。中止的例子包括硬件故障和系统表格中出现非法值或不一致的值。

要想实现中断和异常处理机制,首先处理器要能够"感知"发生了引起中断和异常的事件。CPU 与人类不同,没有耳朵,没有眼睛,如何感知发生了中断和异常呢? 这就需要计算机系统中有相应的装置来接收并保存中断请求信号,该中断装置称为中断逻辑。CPU 在执行完每一条指令后(或者下一条语句之前),都会主动"查看"有无中断和异常信号,从而实现中断的感知。内部中断、外部不可屏蔽中断请求(NMI)和可屏蔽中断请求(INTR)与 CPU 之间的关系如图 12.1 所示。

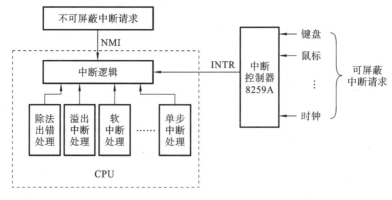

图 12.1 内部中断、外部不可屏蔽中断请求(NMI)和可屏蔽中断请求(INTR)与 CPU 之间的关系

中断和异常产生的原因虽然不同,但是它们的相应处理机制是相同的。CPU 都要暂停正在执行的程序,而去调用中断处理程序或者异常处理程序,这就需要 CPU 能够找到中断和异常处理程序的入口地址。下面将介绍计算机中是如何管理这些处理程序的入口地址的。

12.1.2 中断描述符表

在 IA-32 体系结构中,对每一种中断和异常都进行了编号,称为中断向量号,或者简称为中断号。表 12.1 列出了中断和异常的向量号、名称、类型及其产生的原因,中断向量号在 0~255 之间。

表 12.1 中断和异常一览表

向量号	名　　称	类　　型	中断和异常产生的原因
0	除法出错	故障异常	div、idiv 指令
1	调试异常(单步中断)	陷阱异常/中断	任何指令或数据访问
2	不可屏蔽中断	中断	不可屏蔽的外部中断源
3	断点(单字节)	陷阱异常	int 3 指令
4	溢出	陷阱异常	into 指令
5	边界检查	故障异常	bound 指令
6	非法操作码	故障异常	非法指令编码或操作数
7	协处理器无效	故障异常	浮点指令或 wait/fwait 指令
8	双重故障	中止异常	任何产生异常或中断的指令
9	协处理器段超越	中止异常	访问存储器的浮点指令
10	无效 tss	故障异常	jmp、call、中断、iret
11	段不存在	故障异常	装载段寄存器的指令或访问系统段
12	堆栈段异常	故障异常	装载 ss 寄存器的指令,堆栈操作指令
13	通用保护异常	故障异常	任何访问内存的指令,其他保护检查
14	缺页	故障异常	任何访问内存的指令
15	保留		
16	浮点出错(算术错误)	故障异常	浮点指令或 wait
17	对齐检查	故障异常	内存中的数据访问
18	机器检查	中止异常	错误代码和来源取决于 CPU 型号
19	simd 浮点异常	故障异常	simd 浮点指令
20	虚拟化异常		仅出现在支持 EPT-violations 的 CPU 中
21~31	保留		
32~255	可屏蔽中断、软中断	可屏蔽中断/陷阱异常	可屏蔽中断或 int 指令

每一个中断或异常处理程序都有一个入口地址。在计算机中,往往将中断和异常处理程序的入口地址等信息称为门(gate),就像一栋楼房的门代表该楼房的入口一样。根据中断和

异常处理程序的类别,将与之连接的中断描述符划分为三种门:任务门(执行中断处理程序时将发生任务转移)、中断门(主要用于处理外部中断,响应中断时自动将 0→TF 和 0→IF)和陷阱门(主要用于处理异常,响应中断时只将 0→TF)。CPU 根据门提供的信息(由 IDT 中的门属性字节提供)进行切换,对不同的门,处理过程是有差异的。

在保护方式下,寻找中断或异常处理程序的入口地址是一个稍微有些复杂的过程,其基本原理与第 3.6 节中介绍的保护方式下的地址形成相同。对于一个中断或异常处理程序,它是在一个代码段中。对于该代码段,要采用 4 个字节的段描述符进行描述,描述符中包含段基址、段长度、段类型、特权级等信息。将段描述符放在全局描述符表(GDT)或者局部描述符表(LDT)中。因此,确定一个中断或异常处理程序入口地址时,应能够从 GDT 或者 LDT 中找出相应的段描述符,从而确定其所在代码段的基址;同时还需要知道入口地址在代码段中的偏移地址。这些信息放在中断描述符中。一个中断描述符占 8 个字节,也称门描述符。中断门、陷阱门、任务门的描述符略有差别,它们的结构分别如图 12.2、图 12.3、图 12.4 所示,图中的 P 为存在位,1 表示描述符对应的段在内存中;DPL 为描述符所描述的段的特权级;D 表示门的大小,1 表示为 32 位,0 表示为 16 位。

图 12.2　中断门描述符

图 12.3　陷阱门描述符

图 12.4　任务门描述符

将各个中断门或陷阱门的描述符按照中断向量编号的顺序存放在一起,形成的表就是中断描述符表(interrupt descriptor table,IDT)。该表的大小为 2 KB(256 项 * 8 字节/项＝2048 字节)。中断描述符表是中断向量号与对应的中断和异常处理程序之间的连接表。

在保护方式下,中断描述符表可以放在内存的任何位置。CPU 中使用中断描述符表寄存器(interrupt descriptor table register,IDTR)保存该表的起始位置,由 IDTR 和中断向量号计算相应的中断和异常处理程序的入口地址。只要修改 IDTR 的内容,就能让 CPU 将当前使用的中断描述符表切换成另外一个新的中断描述符表。

在保护方式下,当 CPU 响应一个编号为 n 的中断或异常时,CPU 通过 IDTR 得到 IDT 的基址,以 n * 8 作为偏移值,得到对应“门”(即中断描述符)的起始地址。从门描述符到最终的中断处理程序入口地址还需要进行下一步的查表转换,图 12.5 展示了从中断门或陷阱门转到中断处理程序入口地址的查表过程。如果是任务门,则通过任务门中的段选择符(偏移值无

效)从全局描述符表(GDT)中找到 TSS 描述符,再通过 TSS 描述符获得中断处理程序的入口
地址(CS 和 EIP)。

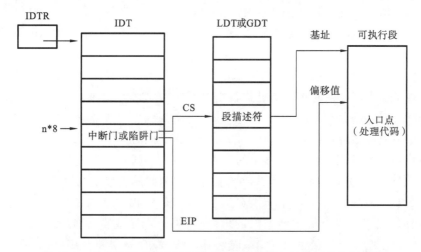

图 12.5　从中断门或陷阱门转到中断处理程序入口地址的查表过程

在实方式下,每一个中断处理程序的入口地址是 4 个字节,包含 2 个字节的段内偏移和 2
个字节的段地址。这些信息也是按中断号的顺序放在一起的,形成中断矢量表。中断矢量表
放在内存的最低端。CPU 获得 n 号中断处理程序入口地址的方法是:$(0:[n*4]) \rightarrow IP$,$(0:[n*4+2]) \rightarrow CS$。

12.1.3　中断和异常的响应过程

在一个中断或者异常发生后,如果当前正在执行的程序与中断/异常处理程序具有相同的
特权级,那么中断/异常处理程序将使用被中断程序所使用的栈,而不用切换栈。如果两者的
特权级不同,则要切换栈。

当不切换栈时,中断和异常的响应过程如下。

(1)(EFLAGS)入栈。

(2)(CS)入栈。

(3)(EIP)入栈。

(4)如果有错误编码,则错误编码入栈。

(5)从中断门或陷阱门获取段选择符送入 CS,偏移地址送入 EIP。

(6)如果是中断门,则标志寄存器中的 IF 置为 0(关中断)。

在此之后,就会根据新的 CS 和 EIP 获取中断/异常处理程序的入口处的指令,开始中断/
异常服务程序的运行。在该服务的最后应有一条指令 iret,它实现从服务程序返回被中断的
程序。执行过程如下。

(1)弹出 EIP。

(2)弹出 CS。

(3)弹出 EFLAGS。

(4)ESP 增加适当的值,以消除参数占用的空间。

在此之后,根据新的 CS、EIP 获取被中断程序中的指令,恢复被中断程序的执行。

切换栈时,中断和异常的响应过程略微复杂一些。因为要使用服务程序的栈,所以所有的信息都要保存在服务程序所使用的栈中。处理器的具体处理过程如下。

（1）临时存储 SS、ESP、EFLAGS、CS 和 EIP。

（2）从任务状态段(task state ssegment,TSS)中找到该服务程序所使用的堆栈段选择子和栈顶指针送给 SS 和 ESP。

（3）将在(1)中暂存的 SS、ESP、EFLAGS、CS 和 EIP 入栈(即入服务程序的栈)。

（4）将被中断程序栈中的参数拷贝到新栈中(在门描述符中有参数个数的信息)。

（5）错误代码入栈。

（6）从中断门或陷阱门获取段选择符送入 CS,偏移地址送 EIP。

（7）如果是中断门,则标志寄存器中的 IF 置为 0(关中断)。

从服务程序返回的过程与不切换栈时的服务程序返回的过程是类似的。

比较一般的子程序调用和中断/异常处理程序的调用,它们有一些共同点:在堆栈中保存以后将要返回的主程序或者被中断程序的地址;要将子程序或者服务程序的入口地址送给CS/EIP;在子程序或者服务程序运行结束时,会执行一条指令,从堆栈中弹出前面保存的地址送给 CS/EIP。但是,也有一些区别。主程序通过 call 指令调用子程序,这是事先就在程序中写好的,但是外部中断的发生具有随机性,主程序中并没有类似于 call 的指令,除非是软中断或者陷阱异常。CPU 进行中断/异常响应时,会保存标志寄存器。保存标志寄存器的原因很简单,就是中断具有随机性,中断返回时要像什么事也没有发生过。例如,程序中有比较指令cmp,之后为有条件转移指令,若执行 cmp 指令后被中断,则在运行中断处理程序的过程中会改变标志寄存器的值。当返回被中断的程序时,不恢复原来的标志寄存器,执行有条件转移指令所依据的标志位与 cmp 指令所设置的标志位不同,逻辑上就会有错误。而子程序调用是程序开发者自己安排的程序逻辑,不应该在 cmp 和有条件转移指令之间插入一条 call 指令。如果非要这样写,也只能由编程者对程序的逻辑正确性负责。当然,中断和一般子程序调用的其他区别还有错误代码压栈、关中断等。

12.1.4　软中断指令

软中断通过程序中的软中断指令实现,它用显式的方法调用一个中断或者异常处理程序,所以又称它为程序自中断。软中断指令的执行过程与第 12.1.3 节介绍的中断响应过程完全一样。

软中断指令有 int n、into、int 3、bound。其中:n 为中断向量号,取值范围为 0～255。into是在标志寄存器中 OF 标志位为 1 时,调用溢出异常处理程序。注意,当 OF=1 时,如果不显式地写出 into 指令,就不会调用溢出异常处理程序;例如:执行"mov ax,7FFFH"和"add ax,3"之后,尽管 OF=1,但并不表示前面的运算出现了问题,将两个加数当成无符号数看待,32767+3=32770=8002H,是很正常的。此外,如果 OF=0,即使写了 into 指令,也不产生异常,继续执行 into 后面的指令。into 指令的核心是调用"int 4",只是在调用前增加了一个 OF标志位的判断而已。

int 3 是"int n"的一个特例(n=3),其机器码是 0CCH。它显式地调用断点异常处理程序。在调试程序的时候,我们在程序中设置断点,当程序运行到断点处时,会暂停运行,此时使用调试工具观察各种各样的信息。使用"int 3"指令后,调试程序时,不用设置断点,程序执行

"int 3"时,就会调用异常处理程序,使得程序在此处暂停运行,达到设置断点的效果。

bound 是边界检查异常指令,其格式为"bound r,mem"。其中 r 是一个寄存器;mem 是与 r 同类型的存储单元地址,该地址单元中对应的数据是下边界,该地址单元的下一个单元中的内容是上边界。当寄存器 r 中的值在上、下边界值的范围内时,不会引发异常,即不会执行"int 5",否则执行"int 5",执行边界异常处理程序。

在中断/异常处理程序中,应有 iret 指令。iret 执行从堆栈中弹出 EIP、CS、EFLAGS,让程序能够恢复到被中断的位置继续执行。

12.2　Windows 中的结构化异常处理

对于每一个中断或者异常,操作系统都为它们设定了中断/异常处理程序。在 Windows 系统中,预定义的异常处理程序的功能是弹出一个错误对话框,然后终止程序的运行。大多数情况下,人们希望处理异常后让程序继续运行下去而不是终止。这就需要程序员自己为异常编写相应的处理程序,而不使用系统预先安排的处理程序。

在 C 语言程序设计中,广泛采用"__try…__except"、"try…catch"等语句来实现这一处理方法。虽然可以依葫芦画瓢,使用这些语句来处理异常,但是它们内部实现的机制被隐藏了。本节将介绍 Windows 系统中采用结构化异常处理(structured exception handling,SEH)机制,从更底层来揭示异常处理的奥秘。值得注意的是,在 Windows 平台上除了结构化异常处理机制外,还有 Windows XP 中引入的向量化异常处理(vectored exception handling,VEH)、C++异常处理(C++ exception handler,C++EH)。C++EH 是由 C++编译器实现的异常处理机制,通过阅读 C 语言程序的反汇编代码,可以更好地领悟其异常的处理过程。

12.2.1　编写异常处理函数

当执行一条指令出现异常时,操作系统能够自动调用程序开发者编写的一个异常处理函数,该函数也称回调函数。当然,前提是程序员不但要编写出接口符合规范的异常处理函数,而且要向操作系统注册该函数。回调函数可以显示错误信息、修复错误或者完成其他任务。无论回调函数做什么,它最后都要返回一个值来告诉操作系统下一步做什么。

异常处理回调函数的格式如下:

```
EXCEPTION_DISPOSITION __cdecl _except_handler(
    struct _EXCEPTION_RECORD *ExceptionRecord,
    void *EstablisherFrame,
    struct _CONTEXT *ContextRecord,
    void *DispatcherContext);
```

函数_except_handler 中有 4 个参数,这 4 个参数是操作系统在调用函数_except_handler 时自动传入的,本节只介绍其中第一个和第三个参数。

函数_except_handler 的第一个参数是指向结构_EXCEPTION_RECORD 的指针。结构_EXCEPTION_RECORD 定义在 winnt.h 中,它含有异常的编码、异常标志、异常发生的地址、参数个数、异常信息等,结构定义如下。

```
typedef struct _EXCEPTION_RECORD {
    DWORD ExceptionCode;
    DWORD ExceptionFlags;
    struct _EXCEPTION_RECORD *ExceptionRecord;
    PVOID ExceptionAddress;
    DWORD NumberParameters;
    ULONG_PTR ExceptionInformation[EXCEPTION_MAXIMUM_PARAMETERS];
} EXCEPTION_RECORD;
```

在操作系统中,已定义了各种异常的编码,例如,访问异常 STATUS_ACCESS_VIOLA-TION 的编码是 0xC0000005,整数除 0 异常 STATUS_INTEGER_DIVIDE_BY_ZERO 的编码是 0xC0000094 等,这些信息都定义在 winnt.h 中。

函数_except_handler 中的第三个参数是指向结构_CONTEXT 的指针。结构 CON-TEXT 也定义在 winnt.h 中,存放的信息是发生异常时各个寄存器的值,包括通用寄存器、段寄存器、指令指示器、调试寄存器的内容,即是上下文信息或者环境信息。

函数_except_handler 的返回值为 EXCEPTION_DISPOSITION,这是一个枚举类型,定义如下:

```
typedef enum _EXCEPTION_DISPOSITION {
    ExceptionContinueExecution,
    ExceptionContinueSearch,
    ExceptionNestedException,
    ExceptionCollidedUnwind
} EXCEPTION_DISPOSITION;
```

其中:ExceptionContinueExecution 表示已经处理了异常,回到异常触发点继续执行;ExceptionContinueSearch 表示继续遍历异常链表,寻找其他的异常处理方法;ExceptionNestedException 表示在处理过程中再次触发异常。

在一个异常处理程序中,可根据操作系统传递进来的参数决定采用的处理方法,并在最后返回下一步准备采取的动作。

12.2.2　异常处理程序的注册

结构化异常处理是基于线程的,每个线程都有它自己的异常处理程序(回调函数)。

在 Windows 系统中,每一个进程都创建一个线程信息块(thread information block,TIB)来保存与线程有关的信息。线程信息块的数据结构 NT_TIB 的定义在 winnt.h 中。在该结构中的第一个字段为:

```
struct _EXCEPTION_REGISTRATION_RECORD *ExceptionList;
```

其中_EXCEPTION_REGISTRATION_RECORD 的定义如下:

```
typedef struct _EXCEPTION_REGISTRATION_RECORD {
    struct _EXCEPTION_REGISTRATION_RECORD *Next;
    PEXCEPTION_ROUTINE Handler;
} EXCEPTION_REGISTRATION_RECORD;
```

这是一个链表结构,每个节点中含有一个异常处理程序的入口地址 Handler,即各个异常处理程序的入口地址形成一个链表,其头节点的指针为 ExceptionList。

在基于 Intel 处理器的 Win32 平台上,段寄存器 FS 总是指向当前的 TIB。因此在FS:[0]处有一个指向_EXCEPTION_REGISTRATION_RECORD 结构的指针,从而可以找到各异常处理程序的入口地址。异常处理注册记录链表的结构如图 12.6 所示。

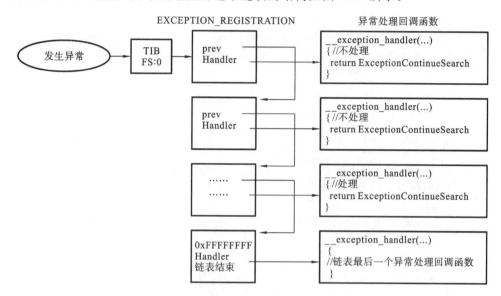

图 12. 6　异常处理注册记录链表的结构

在程序执行过程中遇到异常事件时,操作系统中的函数 RtlDispatchException 会从FS:[0]指向的链表表头开始,依次调用每个节点指明的异常处理回调函数,直到某个异常处理回调函数的返回值为 0 为止(即函数的返回值为 ExceptionContinueExecution)。异常处理回调函数的返回值为 0,表示已经处理了该异常,该线程将恢复执行。链表最末一项是操作系统在装入线程时设置指向的 UnhandledExceptionFilter 函数,该函数总是向用户显示"Application error"对话框。

下面给出了在一个 C 语言中嵌入汇编程序的示例,展示了异常处理程序的安装,即将异常处理程序的入口地址加入异常处理链表中的方法,以及恢复异常处理链表的方法。运行程序,可以看到异常发生、调用异常处理程序后的结果。

【例 12.1】　地址非法访问异常的修复。程序如下:

```
#include <windows.h>
#include <stdio.h>
int modify_var=0;
EXCEPTION_DISPOSITION _ _cdecl _except_handler(
        struct _EXCEPTION_RECORD *ExceptionRecord,
        void *EstablisherFrame,
        struct _CONTEXT *ContextRecord,
        void *DispatcherContext)
{
    ContextRecord->Eax=(DWORD)&modify_var;
    return ExceptionContinueExecution;
```

```
                  //该值会导致引起异常的语句"mov[eax],1"重新执行,即修改 modify_var
    }
    int main()
    {
        DWORD handler= (DWORD)_except_handler;
        __asm                       //将自己编写的异常处理程序入口地址加入异常处理注册记录链表
        { push handler             //handler 函数的地址
          push FS:[0]              //原 EXCEPTION_REGISTRATION_RECORD 的头指针
          mov FS:[0], esp          //FS:[0]保存新的异常注册记录头指针
        }
        printf("before modification:%d\n",modify_var);
        __asm
        { mov  eax, 0
          mov  [eax],1             //此处会引发一个异常,访问地址非法
        }
        printf("After modification:% d\n",modify_var);
        __asm
        { //去除新加的 EXCEPTION_REGISTRATION_RECORD 节点,恢复原异常处理
          mov eax,[esp]
          mov FS:[0], eax
          add esp,8
        }
        return 0;
    }
```

程序运行后将显示:

```
Before modification:0
After  modification:1
```

程序中在 main 函数的开头使用嵌入汇编语句的方法将自己编写的异常处理程序入口地址加入异常处理注册记录链表,从而完成异常处理程序的注册工作,在程序运行结束前,又将注册记录从链表上摘除。

12.2.3　全局异常处理程序的注册

第 12.2.2 节中介绍的是每个线程都有自己的异常处理函数入口地址链表,链表最末一项是操作系统在装入线程时设置指向的 UnhandledExceptionFilter 函数。UnhandledExceptionFilter 函数是整个进程作用范围内的异常处理函数,也是最后处理异常的机会。如果自己的程序未注册全局异常处理程序,则会使用操作系统默认的 UnhandledExceptionFilter 函数,该函数总是向用户显示"Application error"对话框。

如果在程序中使用 API 函数 SetUnhandledExceptionFilter 注册全局异常处理函数,则用该函数代替操作系统提供的默认函数。操作系统内部会使用一个全局变量来记录这个顶层的处理函数,因此只有一个全局性的异常处理函数,而线程内的异常处理函数有多个。

【例 12.2】　使用汇编语言编写异常处理程序,如下:

```
    .686P
    .model flat,c
    option casemap:none        ;必须先申明大小写敏感,否则对 windows.inc 处理会有错
    include windows.inc        ;参见第 13 章中的说明
    SetUnhandledExceptionFilter proto stdcall:dword
    MessageBoxA proto stdcall:dword,:dword,:dword,:dword
    ExitProcess proto stdcall:dword
    sprintf proto:vararg
    includelib     msvcrt.lib   ;参见第 13 章中的说明
    .data
    szMsg       db "exception occur at %08x,code:%08x,flag:%08x",0
    szTitle     db "异常已处理",0
    szContent   db "运行正常了",0
    szNotOccur  db "该信息不会显示",0
    lpOldHandle dd ?
    .code
;自定义的异常处理程序 MyExceptionProcess
MyExceptionProcess proc lpExceptionPoint
    local szBuf[256]:byte
    pushad
    mov esi,lpExceptionPoint
    mov edi,(EXCEPTION_POINTERS ptr [esi]).ContextRecord
    mov esi,(EXCEPTION_POINTERS ptr [esi]).pExceptionRecord
    invoke sprintf,addr szBuf,addr szMsg,[edi].CONTEXT.regEip,
        [esi].EXCEPTION_RECORD.ExceptionCode,
        [esi].EXCEPTION_RECORD.ExceptionFlags
    invoke MessageBoxA,NULL,addr szBuf,NULL,MB_OK
    mov [edi].CONTEXT.regEip,offset SafePlace
    popad
    mov eax,EXCEPTION_CONTINUE_EXECUTION
    ret
MyExceptionProcess endp
;自定义异常处理程序结束。下面是主程序
start:
    invoke SetUnhandledExceptionFilter,addr MyExceptionProcess
    mov lpOldHandle,eax
    xor eax,eax
    mov dword ptr [eax],0        ;产生异常的语句,非法访问
        ;下面的 MessageBoxA 函数不会执行
        ;在异常处理程序中修改了 EIP,使之指向了 SafePlace
    invoke MessageBoxA,NULL,addr szNotOccur,addr szTitle,MB_OK
        ;异常处理后,从 SafePlace 处开始执行
SafePlace:
    invoke MessageBoxA,NULL,addr szContent,addr szTitle,MB_OK
    invoke SetUnhandledExceptionFilter,lpOldHandle
    invoke ExitProcess,0
```

```
    END start
```

在 C 语言程序中,使用如下形式的函数来定义异常处理程序:

```
long __stdcall MyExceptionProcess(EXCEPTION_POINTERS *excp)
{
    ……
    return EXCEPTION_CONTINUE_EXECUTION;
}
```

在主程序中,使用如下语句实现异常处理程序的注册:

```
SetUnhandledExceptionFilter(MyExceptionProcess);
```

12.3 C 语言异常处理程序反汇编分析

【例 12.3】 使用 C 语言编写一个简单的异常处理程序,在出现除 0 异常后,显示异常已处理,然后继续运行。

test.cpp 的完整程序如下:

```
#define EXCEPTION_EXECUTE_HANDLER 1
#include <stdio.h>
int main() {
    int x= 10;
    int y= 0;
    int result;
    __try {
        printf("enter try block...\n");
        result= x / y;
        printf("this message will not occur...\n");
    }
    __except (EXCEPTION_EXECUTE_HANDLER) {
        printf("exception is processing ... over \n");
    }
    printf("program continue...hello \n");
    return 0;
}
```

运行该程序,将显示:

```
enter try block ...
exception is processing ... over
program continue ... hello
```

从该结果来看,"result＝x / y;"之下的"printf("this message will not occur...\n");"未执行。简单来说,因为 y＝0,所以执行 x/y 时发生了异常,CPU 会自动地调用异常处理程序,进入__except 块。如果将 y 的初值修改为 2,则程序的运行结果如下:

```
enter try block ...
this message will not occur ...
program continue ... hello
```

　　下面从机器语言的角度来分析上述过程是如何实现的。将 Visual Studio 2019 下工程的"项目属性→C/C++→输出文件→汇编源程序输出"设置为"带源代码的程序集(/FAs)",在生成执行程序时,将产生汇编源程序。下面仅给出与异常处理有关的部分代码。

```
EXTRN __except_handler4:PROC
EXTRN __security_cookie:DWORD
xdata$x SEGMENT
__sehtable$_main DD 0ffffffeH
DD 00H
DD 0fffffef4H
DD 00H
DD 0ffffffeH
DD FLAT:$LN13@ main
DD FLAT:$LN6@ main
xdata$ x ENDS
_TEXT SEGMENT
_result$=-56              ;size=4
_y$=-44                   ;size=4
_x$=-32                   ;size=4
__$SEHRec$=-24            ;size=24
_main PROC                ;COMDAT
; 4    :int main() {
push ebp
mov ebp, esp
push -2                   ;ffffffeH
push OFFSET __sehtable$_main     ;sehtable$_main 数据区中存放异常处理需要的信息
push OFFSET __except_handler4    ;这是一个外部函数的入口地址
mov eax,DWORD PTR fs:0           ;将原异常处理注册记录的首地址压栈
push eax
mov eax,DWORD PTR __security_cookie
xor DWORD PTR __$SEHRec$[ebp+16], eax
xor eax, ebp
push eax
lea eax,DWORD PTR __$SEHRec$[ebp+8]
mov DWORD PTR fs:0,eax      ;新异常处理注册记录的入口地址
mov DWORD PTR __$SEHRec$[ebp],esp
    ......
; 6    : int x=10;
mov DWORD PTR _x$[ebp],10   ;0000000aH
; 7    : int y=2;
mov DWORD PTR _y$[ebp], 2
; 8    : int result;
; 10   : __try {
```

```
mov DWORD PTR __$SEHRec$[ebp+20], 0
; 11   : printf("enter try block ...\n");
push OFFSET ??_C@_0BH@MMMFMBDH@enter?5try?5block?5?4?4?4?4?4?6@
call _printf
add esp, 4
; 12   : result=x/y;
mov eax, DWORD PTR _x$[ebp]
cdq
idiv DWORD PTR _y$[ebp]
mov DWORD PTR _result$[ebp], eax
; 13   : printf("This message will not occur ...\n");
push OFFSET ??_C@_0CD@JPAGMIHA@This?5message?5will?5not?5occur?5?4?4?4@
call _printf
add esp, 4
; 14   : }
mov DWORD PTR __$SEHRec$[ebp+20], -2      ;fffffffeH
jmp SHORT $LN8@main
$LN13@main:
; 15   : __except (EXCEPTION_EXECUTE_HANDLER) {
mov eax, 1
ret 0
$LN6@main:
mov esp, DWORD PTR __$SEHRec$[ebp]
; 16   : printf("exception is processing ... over \n");
push OFFSET ??_C@_0CF@NDLHPMFO@exception?5is?5processing?5?5?4?4?4?4?5o@
call _printf
add esp, 4
; 14   : }
mov DWORD PTR __$SEHRec$[ebp+20], -2      ;fffffffeH
$LN8@main:
; 17   : }
; 18   : printf("program continue ... hello \n");
    ......
mov ecx, DWORD PTR __$SEHRec$[ebp+8]   ;恢复异常处理注册记录链表
mov DWORD PTR fs:0, ecx
    ......
_main ENDP
_TEXT ENDS
```

注意，上述汇编源程序是从编译结果中摘选的部分，完整的代码需要读者自己去实践生成。程序运行时的堆栈如图 12.7 所示。

在本程序中使用了一个宏定义"#define EXCEPTION_EXECUTE_HANDLER 1"。该宏定义出现在 except. h 中。这是异常处理的一个返回值，表明异常处理完毕。

C 程序中的语句__except (EXCEPTION_EXECUTE_HANDLER)的编译结果是：

```
mov eax,1
ret 0    ;等价于 ret
```

图 12.7　程序运行的堆栈示意图

在 except.h 中还定义了异常处理的另外两个返回值。

EXCEPTION_CONTINUE_SEARCH：表明异常没被识别，交由上一级处理函数处理。

EXCEPTION_CONTINUE_EXECUTION：表明忽略此异常，从异常点继续运行。如果此时再发生异常，还会调用异常处理函数。

对比使用汇编语言编写的程序，会直观感受到：对 C 语言程序编译时，会自动建立和恢复异常处理注册记录链表，使用 FS:[0]指向链表表头，在异常处理所需信息的数据区__sehtable $_main 中，会设置异常处理程序的入口地址。

习　题　12

12.1　什么是中断和异常？

12.2　引起中断的原因有哪些？

12.3　什么是中断描述符表？

12.4　简述确定中断和异常处理程序的入口地址的过程。

12.5　简述中断和异常响应的过程。

12.6　简述中断返回的处理过程。

12.7　中断和异常处理程序的调用与一般子程序的调用有何相同点和不同点？

上机实践 12

12.1　从 CPU 运行的角度分析如下 C 程序中异常处理的运行机理。

说明：本程序的后缀用.c 和.cpp 均可。

```
#include <stdio.h>
#include <windows.h>
#include <winternl.h>
int exception_filter(LPEXCEPTION_POINTERS p_exinfo)
```

```cpp
    {
        printf("Error address %x \n", p_exinfo->ExceptionRecord->ExceptionAddress);
        printf("Error Code %08x \n", p_exinfo->ExceptionRecord->ExceptionCode);
        printf("CPU register: \n");
        printf("eax=%08x ebx=%08x ecx=%08x edx=%08x \n",p_exinfo->ContextRecord->Eax,
            p_exinfo->ContextRecord->Ebx,p_exinfo->ContextRecord->Ecx,
            p_exinfo->ContextRecord->Edx);
        if (p_exinfo->ExceptionRecord->ExceptionCode==EXCEPTION_ACCESS_VIOLATION)
        {  puts("存储保护异常"); }
        if (p_exinfo->ExceptionRecord->ExceptionCode==EXCEPTION_INT_DIVIDE_BY_ZERO)
        { puts("被 0 除异常"); }
        return 1;
    }
    void main()
    {
        int x=10;
        int y=0;
        int result=3;
        int select;
        TEB* p;
        puts("hello");
        scanf_s("%d",&select);
        _ _try {
            if (select==1) {
                int* p;
                p=0;
                *p=45;     //该语句会导致一个异常 EXCEPTION_ACCESS_VIOLATION
                puts("This Message will not occur ...ACCESS_VIOLATION");
            }
            if (select==2) {
                result=x/y;//该语句会导致一个异常 EXCEPTION_INT_DIVIDE_BY_ZERO
                puts("This Message will not occur ...INT_DIVIDE_BY_ZERO ");
            }
            if (select !=1 && select !=2) {
                puts("no exception occur");
            }
        }
        _ _except (exception_filter(GetExceptionInformation()))
        { puts("异常已处理"); }
        puts("world");
        getchar();
    }
```

12.2　从 CPU 运行的角度,分析如下 cpp 程序中异常处理的运行机理。

　　　　说明:本程序是一个 cpp 程序,该文件名的后缀不能用.c。

```cpp
#include <stdio.h>
```

```cpp
double divide(const double& dividend, const double& divisor) {
    if (divisor==0) {
        throw "除数为 0!";
    }
    return dividend / divisor;
}
int main() {
    double num1=10, num2=0;
    double result=-1;
    try {
        result=divide(num1,num2);
    }
    catch (const char*  msg) { //捕获相应类型的异常
    printf("%s\n", msg);
    }
    catch (...) { //能处理任何类型的异常
        printf("error\n");
    }
    printf("%.2f\n", result);
    return 0;
}
```

第13章 Win32窗口程序设计

在 Windows 操作系统下运行的程序虽有无界面的后台进程,但更多的是有界面的应用程序,称为窗口程序或者窗口应用程序。Win32 窗口程序与前面介绍的控制台应用程序的工作过程有很大差别。本章主要介绍 Win32 窗口程序运行的基本过程、Win32 窗口程序的基本结构,以及使用汇编语言编写窗口应用程序的基本方法。当然,在开发实际的窗口应用程序时需要读者花比较多的精力去了解 Windows API 函数、各种事件产生的消息等知识。与采用 MFC(Microsoft foundation class)等开发的程序相比,基于汇编语言的程序能够更直观地展现 Windows 窗口程序的核心结构和执行过程。掌握窗口程序运行的基本原理有助于使用高级工具开发更复杂的应用程序。

13.1 Win32 窗口程序设计基础

13.1.1 窗口程序运行的基本过程

Windows 窗口程序是 Windows 环境下最常见的一种程序样式。例如 Word 文档编辑软件、PPT 幻灯片制作软件、Excel 表格制作软件、浏览器软件等都是窗口程序。

窗口一般是屏幕上的矩形区域,其大小和在屏幕上的显示位置均可调整。窗口通常包含标题栏、菜单、工具栏、状态栏、图标、最小化/最大化/关闭按钮、滚动条等,窗口中间还有用来显示信息和与用户交互的客户区。常见的对话框,如文件打开和保存对话框、字体选择对话框、查找和替换对话框、颜色选择对话框等,也是一种窗口,它中间包含按钮、输入框、单选按钮、复选框、组合框、列表框、静态文本框、滚动条等子窗口控件。

窗口应用程序运行的最大特点是事件驱动,没有固定的流程。用户点击菜单、点击工具栏、点击按钮、按键、移动鼠标、单击鼠标、拖动窗口、改变窗口大小等操作都是事件,程序会根据用户的操作进行响应,也就是调用对应的处理函数来完成程序所规定的功能。

应用程序的运行过程高度依赖 Windows 操作系统,其中很多功能是由操作系统完成的。图 13.1 给出了一个窗口程序的运行过程。

1. 获取应用程序的句柄

所谓句柄(handle),实际上是一个双字类型(32 位系统中)的整数值,它是由操作系统管理各种资源的唯一编号。应用程序、窗口、按钮、图标、文件等都有各自的句柄。用户程序必须先通过 Windows API 来获得指定程序、窗口、按钮、图标、文件等的句柄,然后才能通过该句柄对所代表的对象进行操作,如发送消息、读/写文件等。在程序中,使用 API 函数 GetModuleHandle 获取本应用程序的句柄。

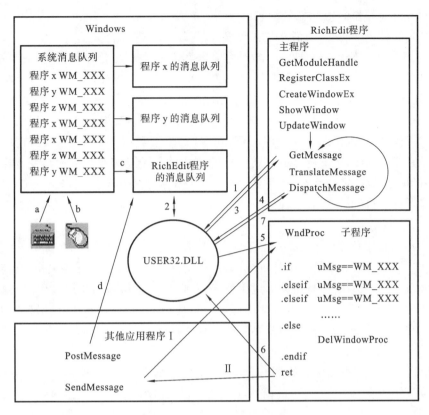

图 13.1　窗口程序的运行过程

2. 注册窗口

注册窗口(RegisterClassEx)就是向操作系统报告窗口的一些信息,由操作系统进行登记管理。其中比较重要的信息包括窗口类名、窗口上的图标和菜单、窗口消息处理函数等。

3. 创建窗口

创建窗口(CreateWindowEx)时的信息包括窗口类名(必须与注册窗口时所使用的窗口类名相同)、父窗口或者主窗口句柄、窗口的宽度和高度、窗口左上角点的坐标、窗口标题栏的名称、窗口风格等。创建窗口后,函数的返回值为窗口句柄。

4. 设置指定窗口的显示状态

窗口显示(ShowWindow)状态有隐藏、最小化显示、最大化显示、当前位置和大小显示等。

5. 刷新窗口客户区

UpdateWindow 函数通过发送一个 WM_PAINT 消息来更新指定窗口的客户区,该函数执行后,可看到显示的窗口。

6. 消息循环

消息循环是一个循环执行的程序段。该程序段的主要功能是:获取消息(GetMessage)、翻译消息(TranslateMessage)、派发消息(DispatchMessage)。

这里要先解决一个问题,即消息放在哪里,从何处获取消息。

如图 13.1 所示,其右半部分是一个窗口应用程序,左上部分是 Windows 操作系统进程,左下部分是其他应用程序。当应用程序在用户面前展现一个界面后,用户按下键盘、移动鼠标、按下或放开鼠标左键或右键等,都会产生相应的记录并放在 Windows 系统消息队列里(参见图 13.1 中的 a、b 箭头所示)。换句话说,用户操作键盘和移动鼠标等产生的消息并没有直接发送给应用程序,这也比较容易理解。Windows 环境下有多个程序在运行,它们共享一个键盘和一个鼠标。那么,按下键盘或移动鼠标后,产生的消息会发送给哪个应用程序呢? 这显然不是应用程序所能决定的事情,而是要由操作系统来管理。操作系统作为一个大管家,管理着这些外部设备,同时也管理着当前运行的各个程序。操作系统接收消息后,先放在系统消息队列中。

Windows 为每个程序(严格来说是每个线程)维护一个消息队列。Windows 操作系统检查系统消息队列里各个消息的发生位置或内容,根据窗口在屏幕上的层叠关系、当前哪个窗口处于激活状态等信息,判断消息所属的应用程序,并把该消息移送到应用程序的消息队列里,如图 13.1 中的箭头 c 所示。当然,其他程序也可以使用 PostMessage 向应用程序发送消息,如图 13.1 中的箭头 d 所示。操作系统不管应用程序是否来获取消息,都会将消息送到应用程序消息队列中。

当应用程序中的消息循环执行到 GetMessage 的时候,控制权转移到 GetMessage 所在的 USER32. DLL 中(参见图 13.1 中的箭头 1)。USER32. DLL 从程序消息队列中摘下队首一条消息(参见图 13.1 中的箭头 2),然后把这条消息返回应用程序(参见图 13.1 中的箭头 3)。当队列为空时,这个函数会被挂起。如果执行应用程序的某段代码耗时长,则在此期间产生的消息就会积压在应用程序消息队列中。应用程序只能一条一条地依次获取消息,并对消息进行处理,此时程序的运行会显得很"卡",跟不上用户操作的步伐。

应用程序对取回来的消息进行预处理,例如,使用 TranslateMessage 把基于键盘扫描码(位置编码)的虚拟按键消息转换成基于 ASCII 码的字符消息;使用 TranslateAccelerator 把键盘快捷键转换成命令消息等。

在对消息进行翻译等预处理后,应用程序将执行该消息对应的响应函数。但是应用程序不是直接调用窗口过程(即图 13.1 中的 WndProc 消息处理函数),而是通过 DispatchMessage 间接调用窗口过程。当控制权转移到 USER32. DLL 中的 DispatchMessage 时,DispatchMessage 会找出消息对应窗口的窗口过程(之前在操作系统注册窗口时,已登记窗口消息处理函数的入口地址),把消息的具体内容当作调用该窗口过程的参数,并调用该窗口过程(参见图 13.1 中的箭头 5)。窗口过程根据消息找到对应的需要执行的分支语言片段,窗口过程执行完后返回时(参见图 13.1 中的箭头 6),控制权回到 DispatchMessage。最后 DispatchMessage 函数返回应用程序(参见图 13.1 中的箭头 7)。这样,一个循环就结束了,程序又开始新一轮的 GetMessage。当获取到退出程序的消息(WM_QUIT)后,整个消息循环处理程序结束,进而退出程序,返回操作系统。

这里有一个问题,在获取消息和翻译消息后,为什么不是直接调用窗口消息处理程序,而是使用 DispatchMessage 来派发消息呢? 原因有几方面。一是一个应用程序可能有多个窗口,取回的消息是属于程序的消息,虽然消息结构中指明了它属于哪个窗口,但是需要根据窗口句柄来调用相应的消息处理函数,若让应用程序来控制,无疑会增加程序的工作量。二是其他程序可能会使用 SendMessage 通过 Windows 直接调用某个窗口消息处理函数，图 13.1 中左下部分的Ⅰ、Ⅱ给出了它的工作过程。三是 Windows 没有将所有的消息都放在消息队列中，对于实时性要求很强的消息，如 WM_SETCURSOR，操作系统会立即调用窗口消息处理函数对其进行处理。

13.1.2　Windows 消息

"消息"是指发送给应用程序的各种命令，例如，键盘和鼠标的输入命令、系统或其他软硬件产生的命令等。操作系统将这些不同的命令转换成统一的消息格式，按照命令产生的时间顺序存放到消息队列中。存放消息的结构 MSG 定义如下：

```
MSG STRUCT
    hwnd     DD    ?          ;窗口句柄，指明该消息属于哪个窗口
    message DD    ?          ;消息号，指明消息的种类
    wParam  DD    ?          ;消息的附加信息一，其含义依赖于消息号
    lParam  DD    ?          ;消息的附加信息二，其含义依赖于消息号
    time     DD    ?          ;指明消息产生的时间
    pt       POINT < >       ;指明消息产生时光标相对屏幕坐标的位置
                             ;(POINT 是由 X、Y 坐标值组成的结构)
MSG ENDS
```

注意，"MSG STRUCT…MSG ENDS"是采用汇编语言形式定义的结构体。有关结构体定义的语法可参见第 10 章的介绍。使用 C 语言定义的同名结构如下(参见 WinUser.h)：

```
typedef struct tagMSG {
    HWND      hwnd;
    UINT      message;
    WPARAM    wParam;
    LPARAM    lParam;
    DWORD     time;
    POINT     pt;
#ifdef _MAC
    DWORD     lPrivate;
#endif
} MSG;
```

比较使用 C 语言和使用汇编语言定义的 MSG 结构，两者本质是相同的，即组成的字段相同、字段顺序相同、各个字段的长度相同。注意，在 WinUser.h 定义的 MSG 结构中，有一条条件编译语句"#ifdef _MAC DWORD lPrivate；#endif"，在给出编译开关_MAC 时(在 Mac 操作系统环境下)，会多一个字段，但在 Windows 环境下，编译后不会有该项。

Windows 系统中的消息很多，编写程序时需要了解各种操作会带来什么消息。下面介绍一些常用的消息。

1. 键盘消息

涉及键盘操作的消息包括 WM_KEYDOWN、WM_SYSKEYDOWN、WM_KEYUP、WM_

SYSKEYUP。当按了键盘上的任何一个键时,Windows 都会收到一个击键消息。对于那些产生可显示字符的操作,Windows 还会收到字符消息。例如,当按了字符 A 键时,会依次产生 WM_KEYDOWN、WM_CHAR、WM_KEYUP 消息;当按了 Shift 键时,将产生 WM_KEYDOWN 和 WM_KEYUP 消息。字符消息 WM_CHAR 不是由硬件产生的,而是由可产生显示字符的击键消息转换而来的。对于一些特殊键,如 F10 键,以及包含有 Alt 键的组合键,它们用于快速激活菜单及菜单中的选项、切换当前窗口,会产生 WM_SYSKEYDOWN、WM_SYSKEYUP 消息。注意,WM_KEYDOWN、WM_KEYUP 等都是符号常量,它们对应一个数值编号。例如,WM_KEYDOWN 对应 100H,但是在程序中使用 WM_KEYDOWN 显然比使用 100H 具有更好的可读性。消息编号存放在 MSG 结构的 message 字段中。

在按键时,仅有一个消息编号是不够的,还需要知道被击键的信息,这些信息存放在 MSG 结构的 wParam 和 lParam 中。例如,当按下"←"时,产生的消息号 message = WM_KEYDOWN,wParam 中存放该键的虚拟键码 VK_LEFT(参见 WinUser.h),lParam 中存放指定重复按键次数(如按住该键不放)(双字中的第 0~15 位)、扫描码(16~23 位)、扩展键标识(第 24 位)、保留位(第 25~28 位)、关联码(第 29 位)、键的先前状态(第 30 位)、转换状态标识位(第 31 位)。

2. 鼠标消息

与鼠标有关的消息包括:鼠标移动(WM_MOUSEMOVE)、单击鼠标左键(WM_LBUTTONDOWN)、松开鼠标左键(WM_LBUTTONUP)、双击鼠标左键(WM_LBUTTONDBLCLK)、单击鼠标右键(WM_RBUTTONDOWN)、松开鼠标右键(WM_RBUTTONUP)、双击鼠标右键(WM_RBUTTONDBLCLK)、单击鼠标中键(WM_MBUTTONDOWN)、松开鼠标中键(WM_MBUTTONUP)、双击鼠标中键(WM_MBUTTONDBLCLK)、鼠标滚轮消息(WM_MOUSEWHEEL)。

在鼠标消息中,用 lParam 表明鼠标光标的位置,其参数值分为高位字与低位字,低位字中存储鼠标光标的 X 坐标值,高位字中存储 Y 坐标值;用 wParam 记录鼠标、Ctrl、Shift 的按键情况以及滚轮的滚动方向,其中间有 5 个二进制位分别用来记录 5 个键的按键状态,这 5 个二进制位分别对应的是 MK_LBUTTON(0x0001)、MK_RBUTTON(0x0002)、MK_SHIFT(0x0004)、MK_CONTROL(0x0008)、MK_MBUTTON(0x0010)。

3. 命令消息

当单击菜单、工具栏按钮、加速键、子窗口按钮的时候,都会产生 WM_COMMAND 消息。

WM_COMMAND 消息中,wParam 的高位字为通知码(菜单的通知码为 0,加速键的通知码为 1),wParam 的低位字(2 字节)为命令 ID。lParam 为发送命令消息的子窗体句柄,对于菜单和加速键来说,lParam 为 0,只有子窗体中的控件被点击时,此项才表示子窗口的句柄。命令 ID 是资源脚本中定义的菜单项的命令 ID 或者加速键的命令 ID,相当于它们的身份标识。

单击 Windows 菜单中的菜单项和加速键,会产生 WM_SYSCOMMAND 而不是 WM_COMMAND 消息。注意,WINDOWS 菜单是系统菜单,也就是在标题栏单击鼠标左键的时候弹出的菜单。

4. 退出程序运行的消息

　　一般退出程序时,会按退出程序的菜单项,或者按界面上的关闭图标(即窗口右上角的关闭按钮),此时将产生一个 WM_CLOSE 消息。WM_CLOSE 消息通常采用默认的(即 Windows操作系统自带的)处理方式,在该消息处理中调用 DestroyWindow 函数,销毁窗口(在屏幕上的窗口消失),并发送 WM_DESTROY 消息。对于有多个窗口的程序,一个子窗口的关闭并不代表程序的结束,主窗口仍正常显示在屏幕上,可继续接收并处理消息,即子窗口的处理程序可以使用默认的方法处理 WM_DESTROY 消息,关闭窗口。但是,对于主窗口而言,编程者应该对 WM_DESTROY 消息进行处理,调用 PostQuitMessage,发送 WM_QUIT 消息。在消息循环中收到 WM_QUIT 消息后,就退出消息循环。如果在主窗口的消息处理程序中使用默认方式处理 WM_DESTROY 消息,只是关闭窗口,虽然在屏幕上看不到窗口了,但在后台进程依然看得到该程序,程序并未真正结束。

　　Windows 的消息非常多,一个操作可能引发多个消息。除了从有关资料学习事件引发的消息外,还可采用捕获窗口收到消息的方法来了解各个事件会触发的消息。

13.1.3　Win32 窗口程序的开发环境

　　前面介绍的控制台程序在开发时采用了 Microsoft Visual Studio 2019 开发平台,该平台同样能开发 Win32 窗口程序,操作步骤也是类似的。

　　在 Windows 窗口程序中,要大量使用 Windows 操作系统提供应用程序开发接口函数。为了让编译器能正确地开展编译工作,必须对函数进行说明。例如,前面提到的一些函数的原型说明如下。

```
GetModuleHandle   PROTO STDCALL :DWORD
RegisterClassEx   PROTO STDCALL :DWORD
CreateWindowEx    PROTO STDCALL :DWORD,:DWORD,:DWORD,:DWORD,:DWORD,:DWORD
                  :DWORD,:DWORD,:DWORD,:DWORD,:DWORD,:DWORD
ShowWindow        PROTO STDCALL :DWORD,:DWORD
UpdateWindow      PROTO STDCALL :DWORD
GetMessage        PROTO STDCALL :DWORD,:DWORD,:DWORD,:DWORD
TranslateMessage  PROTO STDCALL :DWORD
DispatchMessage   PROTO STDCALL :DWORD
SendMessage       PROTO STDCALL :DWORD,:DWORD,:DWORD,:DWORD
PostMessage       PROTO STDCALL :DWORD,:DWORD,:DWORD,:DWORD
PostQuitMessage   PROTO STDCALL :DWORD
ExitProcess       PROTO STDCALL :DWORD
```

　　后面的例子中还将看到更多的 API 函数。另外,在程序中也会使用大量的符号常量,例如在介绍常见的 Windows 消息时会出现如下消息种类。

```
WM_KEYDOWN        equ 100h
WM_KEYUP          equ 101h
WM_CHAR           equ 102h
WM_COMMAND        equ 111h
```

```
WM_MOUSEMOVE          equ 200h
WM_LBUTTONDOWN        equ 201h
WM_LBUTTONUP          equ 202h
WM_LBUTTONDBLCLK      equ 203h
```

在程序中使用符号常量而不是后面的数值,优点是非常显著的。人们容易记住有规律的、有一定含义的名字,而记住数值就非常困难了。为了使用这些符号常量,在程序中也必须进行说明。

在 C 语言程序设计中,将数据结构的定义、符号常量的定义、函数原型说明放在一些头文件中,用户开发程序时使用♯include 包含相应的头文件即可。尽管在汇编语言程序中也要使用这些信息,但在汇编语言程序中不能直接使用这些文件,原因在于编译器不支持 C 语言的语法格式。

感谢 Steve Hutchesson 为汇编程序员所做的工作,提供一个汇编语言开发软件包 masm32,其中包含开发需要的规模庞大的头文件、导入库文件等。该软件包可以从 http://www. masm32.com/index.htm 下载,最新版本为 masm32v11r. zip。安装该软件包后有include 目录,直接使用该文件夹下的有关头文件即可。例如,消息结构 MSG 定义在 windows. inc 中,因此在程序的开头增加"include windows. inc"后就能直接使用 MSG 结构了。

在窗口应用程序中,经常会用到各种资源,如菜单(menu)、对话框(dialog)、工具栏(toolbar)、位图(bitmap)等。可以使用 Visual Studio 平台提供的资源编辑器来生成程序需要的资源文件。当然,也可以使用文本编辑器来生成资源脚本文件。

13. 2　Win32 窗口应用程序的结构

基于窗口的应用程序一般分为 4 个部分:主程序、窗口主程序、窗口消息处理程序以及用户处理程序。这 4 部分的基本关系为:操作系统首先执行主程序,主程序调用窗口主程序。窗口主程序创建窗口、向操作系统注册窗口,然后不断地从程序的消息队列中获取消息、翻译消息和派发消息。窗口主程序并不直接调用窗口消息处理程序,而是通过操作系统来调用窗口消息处理程序。窗口消息处理程序接收操作系统转发过来的消息,判断收到的消息种类,并调用用户处理程序完成相应的功能。当然,在程序简单的情况下,主程序与窗口主程序可合成一个函数,窗口消息处理程序和用户处理程序亦可合成一个函数。下面将更详细地介绍各部分的处理流程。

13. 2. 1　主程序

主程序一般用于完成初始化工作,主要包括:获取本应用程序在主存中的地址(也称句柄);当程序需要从命令行得到参数时,获取命令行参数的地址;调用窗口主程序等。主程序流程如图 13. 2 所示。

13. 2. 2　窗口主程序

窗口主程序是一个函数体,函数的名字和参数并没有特殊的要求,但为了与高级语言一致,一般把名字定为 WinMain。WinMain 首先完成窗口注册、窗口创建、程序所需资源的装载等操作,然后不断地从操作系统中获取消息,并分发到窗口消息处理程序。窗口主程序流程如图 13.3 所示。

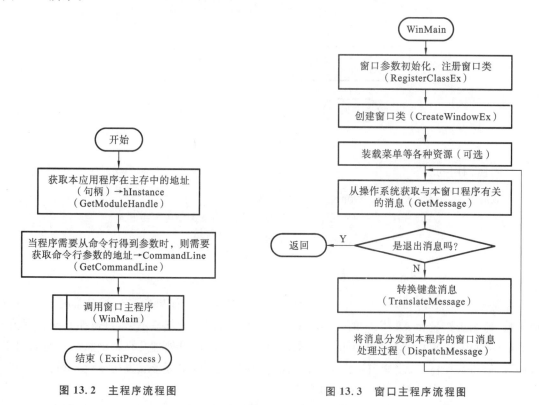

图 13.2 主程序流程图   图 13.3 窗口主程序流程图

一般而言,窗口主程序采用以下原型说明。

```
WinMain PROTO hInst:DWORD,        ;应用程序的实例句柄
                hPrevInst:DWORD,   ;前一个实例句柄(参数值恒为 NULL)
                lpCmdLine:DWORD,   ;命令行指针,指向以 0 结束的命令行字符串
                nCmdShow:DWORD     ;指出如何显示窗口
```

由于窗口主程序是在主程序中调用的,所以参数的个数和顺序由编程者自己决定。

13.2.3 窗口消息处理程序

窗口消息处理程序(或称窗口过程,也是一个函数体形式)的主要功能是对接收到的消息进行判断,完成对应的处理功能。其程序结构是一个典型的分支程序(switch…case、if)。如果一个分支的功能较复杂,包含的语句多,则可以将它们写到一个函数中,称为"用户处理程序",在分支中调用该函数即可。对于未处理的消息,交给操作系统进行默认处理,即分支程序的最后出口要么是处理了对应消息后直接返回(一般在 0→eax 后返回),要么是在调用默认处理的 Windows API 函数 DefWindowProc 后直接返回(将 DefWindowProc 的返回值作为此部分的返回值)。窗口消息处理程序流程如图 13.4 所示。

窗口消息处理程序的函数名自行定义,一般取名为 WndProc。与窗口主程序不同,窗口消息处理程序的原型说明必须满足以下形式,因为该函数不是应用程序直接调用的,而是由操

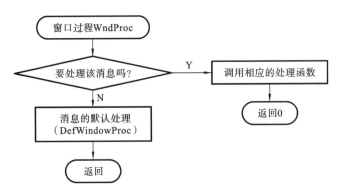

图 13.4　窗口消息处理程序流程图

作系统间接调用的。

```
WndProc PROTO hWin  :DWORD,       ;窗口句柄
                uMsg  :DWORD,     ;消息编号,是分支判断的主要依据
                wParam:DWORD,     ;消息的附加信息一
                                  ;若是子消息号,则是嵌套分支判断的依据
                lParam:DWORD      ;消息的附加信息二
```

在基于窗口的应用程序运行中,会产生各种各样的消息。如果所有的消息都要自己写响应函数,那么工作量无疑是巨大的。实际上,大部分窗口的行为都差不多,可遵循共同的规范。Windows API 提供了默认的消息处理函数 DefWindowProc,可处理几百种消息。正是利用了该函数,使得移动窗口、改变窗口大小、将鼠标移到窗口边框(鼠标形状发生变化)、最大化窗口和最小化窗口时,窗口都能做出正确的响应。

当然,如果用户不想使用 Windows 默认的行为,那么调用自己编写的消息处理方法即可。

用户处理程序主要是根据程序功能的需要、按照模块化的程序设计思想来编写的完成某个消息响应任务的函数。

13.3　窗口应用程序开发实例

13.3.1　不含资源的窗口程序

【例 13.1】　编写一个窗口应用程序,在屏幕上创建一个窗口,窗口的标题为"First Window"。当按下一个键时,在窗口中以十六进制形式显示该键的 ASCII 码。

本例主要是为了展现 Windows 窗口应用程序的基本结构,程序中不包含菜单、对话框、工具栏等资源。在窗口消息处理程序中只对 WM_CHAR 和 WM_DESTROY 进行处理,其他消息都采用默认的消息处理方式,调用 DefWindowProc 来完成。运行程序时,窗口可移动、可改变大小、可最大化、可最小化和可关闭,点击程序图标会弹出一个菜单。该程序可以同时运行多个实例,即打开多个如图 13.5 所示的窗口。

源程序如下。

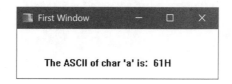

图13.5　程序运行界面示例

```
.686P
.model flat,stdcall
OPTION CASEMAP :NONE              ;大小写敏感,程序中的一些变量名与结构名同名
                                  ;区分大小写。若不区分,则可修改变量的名字
WinMain proto :DWORD              ;简化了窗口主程序,未用的信息未做参数
WndProc proto :DWORD,:DWORD,:DWORD,:DWORD      ;窗口消息处理程序
Convert proto :BYTE,:DWORD    ;数值(一个 BYTE)转换为 ASCII 串(串的首地址为 DWROD)
include windows.inc              ;头文件说明
include user32.inc
include kernel32.inc
include gdi32.inc
.data
szClassName       db "TryWinClass",0              ;窗口类名
szTitle           db "First Window",0             ;标题栏显示的信息
hInstance         dd 0                            ;应用程序的句柄
szDisplayStr      db "The ASCII of char '?' is:"  ;窗口中显示的串
szASCII           db "00H",20H,20H                ;20H 为空格符
dwDisplayLength   dd $-szDisplayStr               ;窗口显示串的长度
.code
start:
    invoke GetModuleHandle,NULL                   ;获得并保存本程序的句柄
    mov    hInstance,eax
    invoke WinMain,hInstance                      ;调用窗口主程序
    invoke ExitProcess,eax                        ;退出本程序,返回 Windows

;-------------窗口主程序 WinMain -------------
WinMain proc hInst:DWORD
    LOCAL wc:WNDCLASSEX      ;创建窗口时需要的信息使用结构 WNDCLASSEX 说明
    LOCAL msg:MSG           ;获取的消息使用消息结构 MSG 存放
    LOCAL hwnd:HWND         ;本窗口的句柄
    invoke RtlZeroMemory,addr wc,SIZEOF wc        ;将结构变量中的所有内容置 0
    mov    wc.cbSize,SIZEOF WNDCLASSEX            ;WNDCLASSEX结构的大小(字节数)
    mov    wc.style, CS_HREDRAW or CS_VREDRAW
                                ;本窗口风格(当窗口高度和宽度变化时,则重画窗口)
    mov    wc.lpfnWndProc,offset WndProc          ;本窗口消息处理程序的入口地址
    push   hInst
    pop    wc.hInstance                           ;本窗口所属的应用程序句柄
    mov    wc.hbrBackground,COLOR_WINDOW+1        ;窗口的背景色为白色
    mov    wc.lpszMenuName,NULL                   ;窗口上无菜单
    mov    wc.lpszClassName,offset szClassName   ;窗口的类名
```

```
        invoke LoadIcon,NULL,IDI_APPLICATION          ;装入系统默认的图标
        mov   wc.hIcon,eax                            ;窗口上的图标
        invoke LoadCursor,NULL,IDC_ARROW              ;装入系统默认的光标
        mov   wc.hCursor,eax                          ;窗口上的光标
        invoke RegisterClassEx, addr wc               ;注册窗口类
        invoke CreateWindowEx,NULL,addr szClassName,addr szTitle,\
            WS_OVERLAPPEDWINDOW,\
            CW_USEDEFAULT,CW_USEDEFAULT,CW_USEDEFAULT,CW_USEDEFAULT,\
            NULL,NULL,hInst,NULL
        mov hwnd,eax                                  ;创建窗口,获得窗口句柄
        invoke ShowWindow,hwnd,SW_SHOWNORMAL          ;显示窗口
        invoke UpdateWindow,hwnd
StartLoop:                                            ;消息循环
        invoke GetMessage,addr msg,NULL,0,0           ;获取消息
        cmp eax,0
        je ExitLoop
        invoke TranslateMessage,addr msg              ;翻译消息
        invoke DispatchMessage,addr msg               ;派发配消息
        jmp StartLoop
ExitLoop:
        mov eax,msg.wParam
        ret
WinMain ENDP


; -------------- 窗口消息处理程序 WndProc --------------
;hWnd    窗口句柄
;uMsg    消息号,指明消息的种类
;wParam 该消息的附加信息。若是子消息号,则是嵌套分支判断的依据
;lParam 该消息的附加信息
WndProc proc hWnd:DWORD,uMsg:DWORD,wParam:DWORD,lParam:DWORD
        LOCAL hdc:HDC                                 ;存放设备上下文句柄
.IF uMsg= = WM_DESTROY
        invoke PostQuitMessage,NULL
.ELSEIF uMsg= = WM_CHAR
        invoke GetDC,hWnd                             ;根据窗口句柄确定设备句柄
        mov    hdc,eax
        mov    eax,wParam                             ;将按键的 ASCII 码送到 AL 中
        mov    szASCII-8,al                           ;取代显示串中的"?"
        invoke  Convert,al,addr szASCII               ;数串转换
        invoke TextOut,hdc,40,40,addr szDisplayStr,dwDisplayLength    ;显示串
.ELSE
        invoke DefWindowProc,hWnd,uMsg,wParam,lParam
            ;未在本函数中处理的消息皆调用默认处理
        ret
.ENDIF
    xor eax,eax
```

```
        ret
WndProc endp

;-------------- 数串转换程序 Convert --------------
;lpStr :存放转换结果串的首地址
;bChar :待转换的数值
Convert proc bChar:BYTE,lpStr:DWORD
        push esi
        push eax
        mov  al,bChar
        mov  esi,lpStr
        shr  al,4
        cmp  al,10
        jb   L1
        add  al,7
L1:     add  al,30H
        mov  [esi],al
        mov  al,bChar
        and  al,0FH
        cmp  al,10
        jb   L2
        add  al,7
L2:     add  al,30H
        mov  [esi+ 1],al
        pop  eax
        pop  esi
        ret
Convert endp
end start
```

　　本例中使用了多个 Windows API 函数。要编写好一个 Windows 窗口应用程序，就要熟悉 API 函数，也要熟悉 Windows 的消息机制。

13.3.2　包含菜单和对话框的窗口程序

　　下面介绍包含菜单和对话框的简单窗口应用程序的开发过程，并给出程序的源代码。

1. 程序功能

　　在屏幕上创建一个窗口，窗口的标题为"Menu Dialog Test Window"，它的菜单项如图 13.6 所示。

　　点击"帮助"菜单下的"版本信息"、"作者信息"，都会出现一个消息框，列出有关信息。

　　点击"操作"菜单下的"打开一个对话框"，在框中输入信息后，按"确定"按钮，则会在主窗口中显示对话框中输入的信息，如图 13.7 所示，在框中输入"Welcome"，在主窗口中也显示该串；若在对话框单击"取消"按钮，或者单击对话框右上角的"关闭"按钮，则在主窗口中显示不同的信息。

图 13.6　程序的运行界面

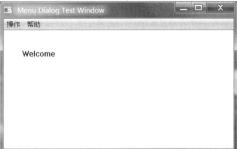

图 13.7　执行打开对话的运行界面

2. 资源编辑

在本程序中,要使用菜单(MENU)资源、对话框(DIALOG)资源,还要用到 Windows 系统提供的标准化资源,如应用程序标题栏左边的程序图标(ICON)、鼠标形状(CURSOR)。编程者可以使用 Visual Studio 自带的资源编辑器来编辑资源文件。这是一种所见即所得的资源编辑器,与 C++程序开发所采用的资源编辑形式完全相同。资源编辑器会根据用户的操作自动生成资源脚本文件 * . rc 和资源文件 * . res。资源脚本文件能使用文本编辑器打开和修改。

(1) 菜单的定义。

在本例中,菜单和对话框资源的脚本描述如下:

```
#include "resource.h"
IDM_MYMENU MENU
BEGIN
    POPUP "操作"
    BEGIN
        MENUITEM "打开一个对话框\tCtrl+O", ID_OP_OPEN
        MENUITEM "退出",                  ID_OP_EXIT
    END
    POPUP "帮助"
    BEGIN
        MENUITEM "版本信息",              ID_HELP_VERSION
        MENUITEM "作者信息",              ID_HELP_AUTHOR
    END
```

　　　　END

菜单的定义格式如下：

菜单 ID　MENU　［DISCARDABLE］

BEGIN

　　　菜单项定义 ……

END

　　首先，整个菜单有一个编号，取值为 1～65535。但是编写程序时使用数值编号易错，因此一般使用一个符号常量来代替。例如，在本例中取名为 IDM_MYMENU，在包含的头文件 resource.h 中以 C 语言的格式定义该符号常量为"♯define IDM_MYMENU 101"。DIS-CARDABLE 是菜单的一个可选内存属性，包含该选项，表示菜单不再使用时可以从内存中暂时释放它。

　　菜单项的定义有以下三种形式。

　　① MENUITEM　菜单文字，命令 ID　［,选项列表］

　　② MENUITEM　SEPARATOR

　　③ POPUP　菜单文字［,选项列表］

　　　BEGIN

　　　　　菜单项定义 ……

　　　END

　　第三种形式定义了一个弹出式菜单，在其菜单项定义中还可以包含弹出式菜单，形成一种层次结构。第二种形式只是在菜单项之间增加了一条分隔线。第一种形式定义的菜单项可被单击，它有命令 ID。当单击一个有命令 ID 的菜单项时，Windows 系统就会向窗口消息处理程序发送 WM_COMMAND 消息，消息的参数 wParam 就是该 ID。与整个菜单的 ID 一样，取值范围为 1～65535。为了便于编写程序，也采用符号常量代替数值量。取名时，要注意名称的可读性。一般情况下，不同的菜单项有不同的 ID。若两个菜单项有相同的 ID，则它们被单击的消息参数 wParam 就相同，也会执行相同的功能。

　　菜单项的选项列表用来定义菜单的各种属性。如 CHECKED 表示在菜单项名的前面打钩；GRAYED 表示菜单项是灰化的；INACTIVE 表示菜单项禁用。

　　（2）对话框的定义。

　　对话框定义的格式如下：

对话框 ID　DIALOGEX　［DISCARDABLE］　X 坐标,Y 坐标,宽度,高度

［可选属性］

BEGIN

　　　子窗口控件……

END

　　其中：可选属性包括标题文字、窗口风格、扩展风格、字体、菜单、窗口类等，各项的格式如下。

标题文字：CAPTION 窗口标题栏上的文字。

窗口风格：STYLE 风格组合。

扩展风格：EXSTYTLE 风格组合。

字体：FONT 大小,"字体名"。

菜单:MENU 菜单 ID。

窗口类:CLASS"类名"。

子窗口控件的一般格式如下:

控件名称 文本,ID,类,风格,X 坐标,Y 坐标,宽度,高度［,扩展风格］

控件名称包括 PUSHBUTTON(按钮)、DEFPUSHBUTTON(默认按钮)、EDITTEXT(文本编辑框)、CHECKBOX(复选框)、RADIOBUTTON(单选按钮)、LISTBOX(列表框)、COMBOBOX(组合框)、LTEXT、CTEXT/RTEXT(左/居中/右对齐的静态文本框)、SCROLLBAR(滚动条)等。

下面给出了本程序的对话框的脚本描述。

```
IDD_MY_DIALOG DIALOGEX 0,0,186,82
STYLE DS_SETFONT|DS_MODALFRAME|DS_FIXEDSYS|WS_POPUP
|WS_CAPTION|WS_SYSMENU
CAPTION "Dialog Test"
FONT 8, "MS Shell Dlg",400,0,0x1
BEGIN
    DEFPUSHBUTTON    "确定",IDOK,105,53,50,14
    PUSHBUTTON       "取消",IDCANCEL,34,53,50,14
    LTEXT            "请输入一个字符串",IDC_STATIC,66,16,87,11,WS_BORDER
    EDITTEXT         IDC_MYDIALOG_EDIT,35,31,121,15,ES_AUTOHSCROLL
END
```

在资源脚本文件中,出现了一系列的资源名称,这些名称是在编辑资源时取的名字,它们都对应一个资源编号。使用 VS 编辑器时,将它们的定义放在了 resource.h 中。

```
#define IDM_MYMENU            101
#define IDD_MY_DIALOG         102
#define IDC_MYDIALOG_EDIT     1001
#define ID_Menu               40004
#define ID_OP_OPEN            40005
#define ID_OP_EXIT            40006
#define ID_HELP_VERSION       40007
#define ID_HELP_AUTHOR        40008
```

在汇编源程序中,也要使用这些资源名称,需要使用汇编语言的格式来定义这些符号常量。

```
IDM_MYMENU          EQU    101
IDD_MY_DIALOG       EQU    102
IDC_MYDIALOG_EDIT   EQU    1001
ID_Menu             EQU    40004
ID_OP_OPEN          EQU    40005
ID_OP_EXIT          EQU    40006
ID_HELP_VERSION     EQU    40007
ID_HELP_AUTHOR      EQU    40008
```

这些符号的定义可直接放在汇编源程序中,但建议将它们放在一个头文件,如 resource.inc 中,然后使用 include 来包含头文件。

3. 主程序

本节的示例程序中有两个窗口，一个是对话框窗口，一个是主窗口，两个都有各自独立的窗口消息处理函数。发生在各自框上的消息，将由操作系统的消息派发到对应的消息处理函数中。源程序如下。

```
.686P
.model flat,stdcall
OPTION CASEMAP:NONE
WinMain proto :DWORD
WndProc proto :DWORD,:DWORD,:DWORD,:DWORD        ;主窗口的消息处理程序
DialogProc proto :DWORD,:DWORD,:DWORD,:DWORD     ;对话框窗口的消息处理程序
include windows.inc
include user32.inc
include kernel32.inc
include gdi32.inc
include resource.inc
.data
szClassName         db "MenuDialogTest",0
szTitle             db "Menu Dialog Test Window",0
hInstance           dd   0
szMessageBoxTitle   db "Message Box Title",0
szMessageConfirm    db "Are you sure to close the window ?",0
szAuthorInfo        db "Author : Xu Xiang Yang",0
szVersionInfo       db "Version : 1.0",0
szInputText         db   100 dup(0)
dwInputLength       dd   0
szCancelPress       db "Cancel Button is pressed ",0
dwCancelPressLength = $ - szCancelPress -1
szClosePress        db "Close Window is pressed. ",0
dwClosePressLength =  $ - szClosePress -1
szClearText         db 100 dup(' ')
.code
start:
    invoke GetModuleHandle,NULL
    mov    hInstance,eax
    invoke WinMain,hInstance
    invoke ExitProcess,eax

;-------------- 窗口主程序 WinMain --------------
WinMain proc hInst:DWORD
    LOCAL    wc:WNDCLASSEX
    LOCAL    msg:MSG
    LOCAL    hwnd:HWND
    LOCAL    hMenu:HMENU
    invoke   RtlZeroMemory,addr wc,SIZEOF wc
```

```
        mov     wc.cbSize,SIZEOF WNDCLASSEX
        mov     wc.style,CS_HREDRAW or CS_VREDRAW
        mov     wc.lpfnWndProc,offset WndProc
        push    hInst
        pop     wc.hInstance
        mov     wc.hbrBackground,COLOR_WINDOW+ 1
        mov     wc.lpszClassName,offset szClassName
        invoke  LoadIcon,NULL,IDI_APPLICATION
        mov     wc.hIcon,eax
        invoke  LoadCursor,NULL,IDC_ARROW
        mov     wc.hCursor,eax
        invoke  RegisterClassEx,addr wc
        invoke  LoadMenu,hInst,IDM_MYMENU        ;装载菜单
        mov     hMenu,eax                        ;在创建窗口时带上菜单
        invoke  CreateWindowEx,NULL,addr szClassName,addr szTitle,\
                WS_OVERLAPPEDWINDOW,\
                CW_USEDEFAULT,CW_USEDEFAULT,CW_USEDEFAULT,CW_USEDEFAULT,\
                NULL,hMenu,hInst,NULL
        mov     hwnd,eax
        invoke  ShowWindow,hwnd,SW_SHOWNORMAL
        invoke  UpdateWindow,hwnd
StartLoop:
        invoke  GetMessage,addr msg,NULL,0,0
        cmp     eax,0
        je      ExitLoop
        invoke  TranslateMessage,addr msg
        invoke  DispatchMessage,addr msg
        jmp     StartLoop
ExitLoop:
        mov     eax,msg.wParam
        ret
WinMain ENDP


; -------------- 主窗口的消息处理程序 WndProc --------------
;hWnd      主窗口的窗口句柄
;uMsg      消息号,指明消息的种类
;wParam    该消息的附加信息。若是子消息号,则是嵌套分支判断的依据
;lParam    该消息的附加信息
WndProc    proc hWnd:DWORD,uMsg:DWORD,wParam:DWORD,lParam:DWORD
  LOCAL    hdc:HDC
  LOCAL    x:DWORD
.IF uMsg==WM_COMMAND        ;菜单上的消息
    .IF wParam==ID_OP_OPEN
        invoke DialogBoxParam,NULL,IDD_MY_DIALOG,hWnd,offset DialogProc,NULL
                ;创建对话框窗口,指明该窗口的处理函数是 DialogProc
        invoke GetDC,hWnd
```

```
        mov     hdc,eax
        invoke TextOut,hdc,40,40,addr szClearText,100
        invoke TextOut,hdc,40,40,addr szInputText,dwInputLength
            ;显示信息,信息在对话框的消息处理函数中设置
    .ELSEIF wParam==ID_OP_EXIT
        invoke DestroyWindow,hWnd
        invoke PostQuitMessage,NULL
    .ELSEIF wParam==ID_HELP_VERSION
        invoke MessageBox,hWnd,addr szVersionInfo,addr szMessageBoxTitle,MB_OK
    .ELSEIF wParam==ID_HELP_AUTHOR
        invoke MessageBox,hWnd,addr szAuthorInfo,addr szMessageBoxTitle,MB_OK
    .ENDIF      ;菜单消息处理结束
.ELSEIF uMsg==WM_CLOSE;关闭窗口消息
        invoke MessageBox, hWnd,addr szMessageConfirm,
                addr szMessageBoxTitle,MB_YESNO
    .if eax==IDYES      ;上面在询问是否要关闭,点击 YES 才关闭,否则不做处理
            invoke DestroyWindow,hWnd
        .endif
.ELSEIF uMsg==WM_DESTROY
        invoke PostQuitMessage,NULL
.ELSE
        invoke DefWindowProc,hWnd,uMsg,wParam,lParam
        ret
.ENDIF
  xor eax,eax
  ret
WndProc endp


;-------------- 对话框上的窗口消息处理程序 DialogProc --------------
;hWnd    对话框窗口的窗口句柄
DialogProc proc hWnd:DWORD,uMsg:DWORD,wParam:DWORD,lParam:DWORD
LOCAL hEdit:DWORD
.IF uMsg==WM_CLOSE
    invoke wsprintf,addr szInputText,addr szClosePress
    mov dwInputLength,dwClosePressLength
    invoke  EndDialog,hWnd,NULL
.ELSEIF uMsg==WM_COMMAND
    .IF wParam==IDOK
        invoke GetDlgItem,hWnd,IDC_MYDIALOG_EDIT
        mov hEdit, eax
        invoke GetWindowTextLength,hEdit
        mov dwInputLength,eax
        invoke GetDlgItemText,hWnd,IDC_MYDIALOG_EDIT,offset szInputText,100
        invoke EndDialog,hWnd,NULL
    .ELSEIF wParam==IDCANCEL
        invoke wsprintf,addr szInputText,addr szCancelPress
```

```
        mov dwInputLength,dwCancelPressLength
        invoke EndDialog,hWnd,NULL
    .ENDIF
.ENDIF
  xor eax,eax
  ret
DialogProc endp
end start
```

编译上述文件时,还需要实现所用到的 API 函数的库文件。由于 Visual Studio 一般已默认包含 kernel32.lib、user32.lib、gdi32.lib 等,因此在程序中无需使用 includelib 包含这些库文件。它们的用法与 C 语言程序开发没有区别。

Windows 操作系统的功能强大,提供的开发接口的内容是非常丰富的。上面仅介绍了最基本的内容。更详细的内容请参考相关的编程指南及 SDK 应用指南。

13.4　与 C 语言开发的窗口程序比较

根据第 13.2 节的介绍,窗口应用程序有比较固定的结构。Visual Studio 2019 中定制了多种类型的程序的模板,使用模板能够自动生成程序的框架。自动生成的程序可以直接编译、运行。

下面给出了使用"Windows 桌面向导"自动生成的桌面应用程序,其运行界面如图 13.8 所示。

图 13.8　自动生成的桌面应用程序的运行界面

自动生成的程序如下。

```
#include "framework.h"
#include "桌面应用.h"
#define MAX_LOADSTRING 100
HINSTANCE hInst;                       //当前实例
WCHAR szTitle[MAX_LOADSTRING];         //标题栏文本
WCHAR szWindowClass[MAX_LOADSTRING];   //主窗口类名
//此代码模块中包含的函数的前向声明
ATOM                    MyRegisterClass(HINSTANCE hInstance);
BOOL                    InitInstance(HINSTANCE, int);
LRESULT CALLBACK        WndProc(HWND, UINT, WPARAM, LPARAM);
INT_PTR CALLBACK        About(HWND, UINT, WPARAM, LPARAM);
int APIENTRY wWinMain (_In_HINSTANCE hInstance,
```

```
                        _In_opt_HINSTANCE hPrevInstance,
                        _In_LPWSTR lpCmdLine,
                        _In_int nCmdShow)
{
    UNREFERENCED_PARAMETER(hPrevInstance);
    UNREFERENCED_PARAMETER(lpCmdLine);
    //初始化全局字符串
    LoadStringW(hInstance,IDS_APP_TITLE,szTitle,MAX_LOADSTRING);
    LoadStringW(hInstance,IDC_MY,szWindowClass,MAX_LOADSTRING);
    MyRegisterClass(hInstance);
    //执行应用程序初始化
    if (!InitInstance (hInstance,nCmdShow))
    {
        return FALSE;
    }
    HACCEL hAccelTable=LoadAccelerators(hInstance,MAKEINTRESOURCE(IDC_MY));
    MSG msg;
    //主消息循环
    while (GetMessage(&msg,nullptr, 0, 0))
    {
        if (! TranslateAccelerator(msg.hwnd,hAccelTable,&msg))
        {
            TranslateMessage(&msg);
            DispatchMessage(&msg);
        }
    }
    return (int) msg.wParam;
}


//函数:MyRegisterClass()
//目标:注册窗口类
ATOM MyRegisterClass(HINSTANCE hInstance)
{
    WNDCLASSEXW wcex;
    wcex.cbSize=sizeof(WNDCLASSEX);
    wcex.style=CS_HREDRAW | CS_VREDRAW;
    wcex.lpfnWndProc=WndProc;
    wcex.cbClsExtra=0;
    wcex.cbWndExtra=0;
    wcex.hInstance=hInstance;
    wcex.hIcon=LoadIcon(hInstance, MAKEINTRESOURCE(IDI_MY));
    wcex.hCursor=LoadCursor(nullptr, IDC_ARROW);
    wcex.hbrBackground= (HBRUSH)(COLOR_WINDOW+1);
    wcex.lpszMenuName=MAKEINTRESOURCEW(IDC_MY);
    wcex.lpszClassName=szWindowClass;
    wcex.hIconSm=LoadIcon(wcex.hInstance,
```

```
MAKEINTRESOURCE(IDI_SMALL));
    return RegisterClassExW(&wcex);
}


//函数:InitInstance(HINSTANCE,int)
//目标:保存实例句柄并创建主窗口
//在此函数中,在全局变量中保存实例句柄并创建和显示主程序窗口
BOOL InitInstance(HINSTANCE hInstance,int nCmdShow)
{
    hInst=hInstance;        //将实例句柄存储在全局变量中
    HWND hWnd= CreateWindowW(szWindowClass,szTitle,WS_OVERLAPPEDWINDOW,
        CW_USEDEFAULT,0,CW_USEDEFAULT,0,nullptr,nullptr,hInstance,nullptr);
    if (! hWnd)
    {
        return FALSE;
    }
    ShowWindow(hWnd,nCmdShow);
    UpdateWindow(hWnd);
    return TRUE;
}


//函数: WndProc(HWND, UINT, WPARAM, LPARAM)
//目标: 处理主窗口的消息
//WM_COMMAND    ——处理应用程序菜单
//WM_PAINT      ——绘制主窗口
//WM_DESTROY    ——发送退出消息并返回
LRESULT CALLBACK WndProc(HWND hWnd,UINT message,WPARAM wParam,LPARAM lParam)
{
    switch (message)
    {
    case WM_COMMAND:
        {
            int wmId=LOWORD(wParam);
            //分析菜单选择
            switch (wmId)
            {
            case IDM_ABOUT:
                DialogBox(hInst, MAKEINTRESOURCE(IDD_ABOUTBOX),hWnd,About);
                break;
            case IDM_EXIT:
                DestroyWindow(hWnd);
                break;
            default:
                return DefWindowProc(hWnd,message,wParam,lParam);
            }
        }
```

```
        break;
    case WM_PAINT:
        {
            PAINTSTRUCT ps;
            HDC hdc=BeginPaint(hWnd,&ps);
            //TODO:在此处添加使用 hdc 的任何绘图代码……
            EndPaint(hWnd,&ps);
        }
        break;
    case WM_DESTROY:
        PostQuitMessage(0);
        break;
    default:
        return DefWindowProc(hWnd,message,wParam,lParam);
    }
    return 0;
}


//"关于"框的消息处理程序
INT_PTR CALLBACK About(HWND hDlg,UINT message,WPARAM wParam,LPARAM lParam)
{
    UNREFERENCED_PARAMETER(lParam);
    switch (message)
    {
    case WM_INITDIALOG:
        return (INT_PTR)TRUE;
    case WM_COMMAND:
        if (LOWORD(wParam)==IDOK || LOWORD(wParam)==IDCANCEL)
        {
            EndDialog(hDlg,LOWORD(wParam));
            return (INT_PTR)TRUE;
        }
        break;
    }
    return (INT_PTR)FALSE;
}
```

　　通过阅读、反汇编调试该 C 语言程序，有助于熟悉 Windows 窗口应用程序的结构、消息处理机制、窗口应用程序的运行过程。

　　当然，使用 Visual Studio 2019 还能创建基于 MFC 的应用程序。MFC 将 Windows API 函数进行封装，形成很多类库，以供开发者使用。开发 MFC 应用程序时，需要面向对象（C++）的程序设计知识，以及对 MFC 类库的了解。

　　总之，开发工具越高级，开发应用程序就越简单，离计算机底层的实现机理就越远。从机器语言的角度了解程序的运行过程，掌握其原理，有利于更好地开发出程序。

习　题　13

13.1　Windows 窗口应用程序由哪些部分组成？各组成部分完成的主要功能是什么？

13.2　Windows 窗口应用程序工作的基本流程是什么？

13.3　什么是句柄？

13.4　什么是消息？

13.5　单击一个菜单项,会产生什么消息？如何知道单击的是哪一个菜单项？

13.6　鼠标移动会产生什么消息？如何知道鼠标在什么位置？

13.7　编写一个程序,在窗口中显示鼠标的位置信息。当鼠标移动时,显示鼠标的新位置坐标。

上机实践 13

13.1　使用 Visual Studio 2019 创建 Windows 应用程序。阅读自动生成的程序,描述程序的基本结构、消息处理机制。

13.2　在上机实践 13.1 的基础上,增加第 13.3.2 节中程序的菜单项和对话框资源。

13.3　使用反汇编的方法,观察 C 语言程序的反汇编结果,比较它们与使用汇编语言编写程序的相同点和不同点。

第14章 x87 FPU程序设计

解决实际问题时,常常会涉及浮点数的处理。x87 浮点运算单元(floating-point unit, FPU)是 80387、80487 的统称,它们是 Intel 公司为 80386SX、80486SX 设计的浮点数处理的协处理器。浮点数的存储表示与第 3 章中介绍的整数表示有所不同,它们的运算也有专门的指令,不同于前面介绍的通用机器指令。本章介绍浮点数的表示方法以及 x87 FPU 的部分浮点数运算指令。在学习浮点数表示和处理等知识的过程中,推荐先编写相应的 C 语言程序,借助调试和观察反汇编代码等手段更好地掌握这些知识。

14.1 浮 点 数 据

14.1.1 浮点数据在机内的表示形式

对于一个十进制数,不论是整数还是实数,都能表示成如下形式:

$$\pm (a_n 10^n + \cdots + a_1 10^1 + a_0 10^0 + a_{-1} 10^{-1} + \cdots + a_{-m} 10^{-m} + \cdots) = \pm \sum_{i=-m}^{n} a_i 10^i$$

其中:$a_i(i=-m \sim n)$是 0 至 9 中的一个数码。

类似这种写法,任意一个十进制数也能写成如下二进制的形式:

$$\pm (a_n 2^n + a_{n-1} 2^{n-1} + \cdots + a_1 2^1 + a_0 2^0 + a_{-1} 2^{-1} + \cdots + a_{-m} 2^{-m} + \cdots)$$

采用二进制表示法,可简记为:

$$\pm a_n a_{n-1} \cdots a_1 a_0 . a_{-1} \cdots a_{-m} \cdots B$$

其中:$a_i(i=-m \sim n)$是 0、1 之一。

例如:$123.45 = 1111011.01110011001100 \cdots B$

将十进制数转换为二进制数时,整数部分转换一般采用除以 2 取余法,小数部分采用乘以 2 取整法得到。

进一步规范数的表示形式,使得整数部分为 1,可表示为:

$$123.45 = 1.11101101110011001100 \cdots * 2^6 B$$

同理:

$$0.012345 = 0.0000001100101001000010101111 \cdots B$$
$$= 1.100101001000010101111 \cdots * 2^{-7} B$$

上面的表示法为科学表示法。对于一般的二进制数而言,小数点左边的一个二进制位恒为 1。是否存储该位,在 1985 年之前,各 CPU 厂商都有自己的浮点数表示规则,并不统一,使得不同计算机之间的程序移植困难。在 1985 年制定 IEEE 754 标准后,各 CPU 厂商都遵循了同一个标准,即不存储小数点左边的 1。

除了一般的规格化数据 $\pm 1.X * 2^n$ B（X 表示由 0-1 组成的串）外，还有一些数据是不能表示成这种形式的，称为非规格化数据（denormalized number 或 subnormal number）。例如，数值 0、数值 -0，在小数点前无法出现整数 1，它的有效数字全部为 0。非常接近于 0 的数也有类似问题，如 $1.01 * 2^{-130}$ B。表面上看，它写成了规范化形式，但是指数部分超出了（单精度浮点）表示范围，若将指数调整到表示范围内，该数则要写成 $0.000101 * 2^{-126}$ B。对于非规格化数据，小数点左边的数码为 0。

除规格化数据、非规格化数据外，还有一些特殊数值，如正无穷（$+\infty$）、负无穷（$-\infty$）、非数值（not a number，NaN）。非数值表示运算结果不是实数或者无穷，例如对 -1 开平方，其结果就是非数值；非数值也可以用于表示未初始化的数据。

下面具体介绍 IEEE 754 中浮点数的表示方法。它用三个组成部分（符号位、指数部分、有效数字部分）来表示一个数。从十进制数 123.45 转换为二进制数的结果来看，小数点后的位数是无穷的，计算机中只能存储有限的位数，因此只能使用不同精度的数来近似。浮点数分为单精度符点数、双精度浮点数和高（扩展）精度浮点数，它们的组成形式类似，只是各部分的长度不同。

单精度浮点数（4 个字节）的组成如下：

31	30	23 22	0
符号	8 位指数	23 位尾数	

双精度浮点数（8 个字节）的组成如下：

63	62	52 51	0
符号	11 位指数	52 位尾数	

高精度浮点数（10 个字节）的组成如下：

79	78	64 63	0
符号	15 位指数	64 位尾数	

符号位：浮点数的最高二进制位，其值为 0 表示正数，其值为 1 表示负数。

指数（阶码）部分：以 2 为底数的指数。对于一个浮点数而言，指数可能是正数也可能是负数。为了表示正负，采用"移码"来表示，这与补码表示不同。单精度浮点数的指数部分占 8 个二进制位，其偏移基数为 7FH（即 127）。对于某一个指数 A，它的编码为 $127+A$。当然，看到一个编码后，也很容易求出其实际值为"编码-127"。例如指数为 6 的编码为 10000101B，指数为 -7 的编码为 01111000B。

注意，指数编码中所有二进制位全 0 和全 1 的两个编码有特殊含义。因此编码的范围为 00000001～11111110B，对应的实际的指数值是从 -126 到 $+127$。

双精度浮点数的指数部分占 11 个二进制位，其偏移基数为 3FFH。高精度浮点数的偏移基数为 3FFFH，其他规则等同单精度浮点数的规则。

有效数字部分：对于规格化数据 $\pm 1.fff\cdots ff * 2^n$ B，只存储小数点后的部分。

非规格化数据：当指数和有效数字全为 0 时，其值为 0（包括数值相等的 $+0$ 和 -0）。当指数全为 0，但有效数字非全 0 时，为数值非常接近于 0 的非规格化数据。

特殊值：指数全为 1，有效数字全为 0，表示 $+\infty$ 或 $-\infty$（有符号无穷大）；指数全为 1 但有效数字不全为 0,表示非数值(NaN,不是实数的一部分)。

　　浮点数和非数值(NaN)的编码如表 14.1 所示。注意,表中的非数值(NaN)被分成两类:SNaN(signaling NaN)和 QNaN(quiet NaN)。SNaN 中的有效数字部分的首位为 0,但剩下的位不能全为 0。两者的区别是 SNaN 产生一个浮点数非法操作的异常信号,而 QNaN 不会产生异常信号。

表 14.1　浮点数和 NaN 的编码

表示的对象	符号位	指数部分	有效数字部分
$+\infty$	0	11…11	00…00
$+$Normals	0	11…10 至 00…01	11…11 至 00…00
$+$DeNormals	0	00…00	11…11 至 00…01
$+0$	0	00…00	00…00
-0	1	00…00	00…00
$-$DeNormals	1	00…00	00…01 至 11…11
$-$Normals	1	00…01 至 11…10	00…00 至 11…11
$-\infty$	1	11…11	00…00
SNaN	$\times$	11…11	$0\times\cdots\times$
QNaN	$\times$	11…11	$1\times\cdots\times\times$

【例 14.1】　将单精度浮点数 3FA00000H 转换成普通十进制实数的形式。

解　首先写成二进制形式:

　　　　3FA00000H＝0011 1111 1010 0000 0000 0000 0000 0000 B

其次,将它分成符号位、指数部分和有效数字部分。

　　　　3FA00000H＝0　0111 1111　0100 0000 0000 0000 0000 000 B

符号位为 0,表明它是正数。

指数部分为 0111 1111,表示指数＝127－127＝0。

有效数字部分为 0100 0000 0000 0000 0000 000,表示有效数＝1.01＝$1+2^{-2}$＝1.25。

这个浮点格式的单精度数转换成实数的最终结果为 1.25。

存储数据时,仍遵循数据的最高字节放在地址最大的字节、数据的最低字节放在地址最小的字节中的原则(即小端存储的原则)。在内存中看到的存放结果为:00 00 A0 3F。

14.1.2　浮点类型变量的定义

在汇编语言程序设计中,可以使用以下方式定义浮点数类型的变量。

```
f1 real4    1.25    ;对应 C 语言的 float,单精度浮点数,4 个字节
f2 real8    1.25    ;对应 C 语言的 double,双精度浮点数,8 个字节
f3 real10   1.25    ;对应 C 语言的 long double,高精度浮点数,10 个字节
i1 dd       1.25    ;4 个字节的变量
i2 dq       1.25    ;8 个字节的变量
i3 dt       1.25    ;10 个字节的变量
```

注意：变量 f1 和 i1 中的存储结果相同；变量 f2 和 i2 中的存储结果相同；变量 f3 和 i3 中的存储结果相同。但 f1、f2、f3 中的存储结果是不同的，它们分别对应单精度、双精度、高精度的浮点数。

与前面介绍的地址类型转换一样，浮点变量的地址亦能进行地址类型转换，即将该地址作为不同类型的变量的起始地址，将连续的字节当成指定的类型来解释。下面给出了一个 C 语言程序的调试示例，可观察浮点数的存储形式以及数据类型转换的结果。

```
float fx=1.25;
int iy,iz;
iy=*(int *)&fx;
iz=(int) fx;
printf("%f %d %d\n",fx,iy,iz);
```

运行该程序，显示了三个数：1.250000　1067450368　1

其中 1067450368 对应的十六进制数为 3FA00000H。

调试程序时，可在监视窗口观察变量 fx、iy、iz 的地址（&fx、&iy、&iz），并在内存窗口观察它们对应的内存单元的存储结果。

语句 iy=*(int *)&fx;是进行地址类型转换，即将一个浮点数的地址当成一个整型数的地址来看，保持内容不变。地址类型转换后，fx 和 iy 中存储的结果是一样的，皆为 00 00 A0 3F。语句 iz=(int) fx;是进行数据类型转换，即将一个浮点数转换为一个整型数，数的大小保持近似不变（有舍入误差）。

在汇编语言程序调试中，观察浮点数类型的变量的存储结果与 C 语言变量的存储结果是相同的。

14.2　x87 FPU 的寄存器

在早期的 CPU（8088/8086、80286、80386SX）中，需要浮点运算时，CPU 通过软件模拟来实现，浮点数运算速度很慢。为此，Intel 公司为 80386SX 设计了浮点运算协处理器 80387，为 80486SX 设计了协处理器 80487。它们统称为 x87 FPU。浮点部件具有浮点数值运算的功能并提供相应指令系统，能完成三角函数、指数函数、对数函数等运算，其运算精度高、流量大、速度快。与此同时，Intel 公司也开发了集成协处理器的 CPU：80386DX、80486DX。到了奔腾时代，Intel 公司将协处理器全部集成在 CPU 内部，不再有带和不带协处理器之说。不同时期的 CPU 中的浮点运算部件并不相同，下面简单介绍 x87 FPU 中的寄存器，包括数据寄存器、标记寄存器、状态寄存器、控制寄存器，以及用于异常处理的寄存器。

14.2.1　x87 FPU 数据寄存器

在 x87 FPU 中有 8 个 80 位的寄存器，用于存放扩展（高）精度的浮点数据。这些寄存器的名称为 r0,r1,…,r7。它们的用法与通用寄存器 eax、ebx 等的用法有很大区别。eax 等寄存器是随机存取的，只要在指令中给出寄存器的名字即可访问，在机器指令中有对应寄存器的编码。FPU 中的 8 个数据寄存器组成一个堆栈，按照后进先出的堆栈原则工作，不能在指令中直接使用这些寄存器。装载一个数到 FPU 数据寄存器时,相当于执行一次入栈操作。当然在数据入栈时,首先将其转换为高精度浮点数格式,然后将其入栈。当前栈顶的寄存器编号由 FPU 中的状态寄存器的 TOP 字段指明。装载一个数到 FPU 的数据寄存器时(指令为 fld、fild、fbld),TOP 值减 1 且按 8 取模,数据随后放在 R_{TOP} 指示的寄存器中。

设程序开始运行时,TOP=0。装载第一个数据到 FPU 的寄存器中时,TOP 减 1 取模 8 后为 7,第一个数即放在 r7 中;接着若又装载第二个数据到 FPU 的寄存器中,第二个数放在 r6 中,TOP=6;依此类推。当然,连续 8 次装载数据后,栈已装满,即所有的数据寄存器都被使用了(标记寄存器标记了各寄存器的存储属性,皆非空状态),若此时再装载数据,则会出现栈溢出的错误,在 FPU 的状态寄存器中会有标志位来记录溢出错误。从堆栈中弹出数据时(指令为 fstp、fistp、fbstp),先将 R_{TOP} 指示的寄存器中的数据传送到目的单元,然后 TOP=(TOP+1) mod 8,同样,栈为空时再弹出数据也会出现错误。

当使用 Visual Studio 2019 等调试程序时,在寄存器窗口选择显示浮点寄存器后看不到 r0～r7,而是看到 st0、st1、……、st7。st0～st7 并不是固定与 r0～r7 对应,而是浮动的记号。助记符 st0 始终是指向栈顶的数据寄存器。任意时刻,寄存器 R_{TOP} 都对应 st0,在该栈顶之下的寄存器由 st1 指示,对应的寄存器为 $R_{(TOP+1) \bmod 8}$,依此类推。在汇编语言程序中,使用的浮点数据寄存器符号为 st(i)(i=0～7),对于 st(0)可写成 st。

假设程序一开始的指令是"fld f1"和"fld f2",TOP 的初始值为 0,执行后的结果如图 14.1 所示。

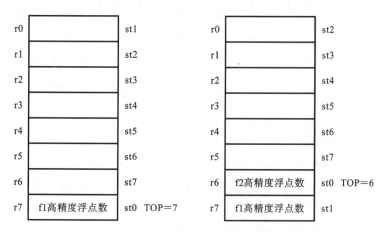

图 14.1 执行两条指令后 FPU 数据寄存器数据存放的示意图

14.2.2 x87 FPU 其他寄存器

FPU 中除数据寄存器外,还有标记寄存器、状态寄存器、控制寄存器及用于异常处理的寄存器。

1. 标记寄存器

为了表明每个浮点数据寄存器中数据的性质,可使用一个 16 位的寄存器来存放标记结果,称为标记寄存器(tags)。该寄存器被分为 8 个部分,每部分包含 2 个二进制位,其中最高的 2 位(即第 15 位和第 14 位)是 r7 的标记结果;最低的 2 位是 r0 的标记结果,即由高到低分别对应 r7～r0 的标记结果。标记寄存器的结构如图 14.2 所示。

15　　14 13	12 11	10 9	8 7	6 5	4 3	2 1	0
r7的标记	r6的标记	r5的标记	r4的标记	r3的标记	r2的标记	r1的标记	r0的标记

图 14.2　FPU 内的标记寄存器

各种标记值的含义如下。

00:对应的数据寄存器中存有有效的数据。

01:对应的数据寄存器中的数据为 0。

10:对应的数据寄存器中的数据是特殊数据(非数值(NaN)、无穷大或非规格化数据)。

11:对应的数据寄存器内没有数据(空状态)。

使用 Visual Studio 2019 等调试程序时,在寄存器窗口可以看到 tags,其初值为 FFFF。执行"fld f1"后,tags 变为 3FFF;再执行"fld f2",tags 变为 0FFF。

2. 状态寄存器

状态寄存器(stat)表明 FPU 当前的各种操作状态以及每条浮点指令执行后所得结果的特征,其作用与 CPU 中的标志寄存器相当,各个标志位如图 14.3 所示。

15	14	13　　　11	10	9	8	7	6	5	4	3	2	1	0
B	C3	TOP	C2	C1	C0	ES	SF	PE	UE	OE	ZE	DE	IE

图 14.3　FPU 内的状态寄存器

状态寄存器包含 FPU 忙闲标志(busy)、栈顶寄存器指针(TOP)、条件码标志位(condition code,C3～C0)、异常综合标志位(exception summary,ES)、堆栈错误标志位(stack fault,SF)、异常标志位(exception flags,PE、UE、OE、ZE、DE、IE)。

图 14.3 中各参数说明如下。

B=1:表示 FPU 忙。

TOP:指明当前栈顶的浮点数据寄存器编号(0～7)。

C0～C3:保存浮点运算结果的标志,与 CPU 中标志寄存器 eflags 中的条件标志位 SF、ZF、OF、CF 等的作用类似。

ES=1:至少存在一种错误,即第 5～0 位中至少有一位置为 1。

SF=1:上溢(栈满时再入栈,SF=1,C1=1);下溢(栈空再出栈,SF=1,C1=0)。

PE=1:精度异常,运算结果不能用二进制精确表示成目的操作数的格式。

UE=1:向下溢出异常,结果太小,小于目标操作数允许的最小值。

OE=1:向上溢出异常,结果太大,超过了目标操作数允许的最大值。

ZE=1:除 0 异常,除数为 0。

DE=1:不合规格操作数异常,至少有一个操作数是非规格化的。

IE=1:无效操作异常,非法操作,如对负数开平方等。

在使用 Visual Studio 2019 等调试程序时,在寄存器窗口可看到状态寄存器(stat)。状态寄存器中的值可以通过"fstsw"指令传送到 ax 中,也可以通过"fstenv opd"等指令转存到主存中的变量缓冲区,以便于根据状态寄存器的值进行后续处理。置位后的错误标志必须用指令"fclex、fnclex、finit、fninit"清除,否则将保持不变。当 FPU 出现错误时,可利用控制寄存器中的相应屏蔽位分别对异常标志 PE、UE、OE、ZE、DE、IE 为 1 时的异常进行屏蔽。

3. 控制寄存器

控制寄存器(ctrl)用于控制 FPU 的异常屏蔽、精度、舍入操作,各个控制位如图 14.4 所示。

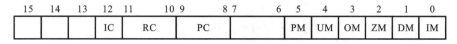

15	14	13	12	11	10 9	8 7	6	5	4	3	2	1	0
			IC	RC	PC			PM	UM	OM	ZM	DM	IM

图 14.4　FPU 的控制寄存器

控制寄存器中的最低 6 位分别与状态寄存器中的最低 6 位对应,以决定相应的错误是否被屏蔽。在状态寄存器中的某一错误标志位为 1 的情况下,若控制寄存器中对应的异常屏蔽位为 1,则该异常被屏蔽,FPU 自动产生一个事先定义的结果,程序继续执行;若这个异常没有被屏蔽,则 FPU 将调用异常处理程序。

图 14.4 中各参数说明如下。

PC:用于控制浮点计算结果的精度,占 2 个二进制位。00 表示单精度,01 表示保留,10 表示双精度,11 表示扩展精度。

RC:舍入控制位,也占 2 个二进制位。00 表示四舍五入;01 表示向下舍入,即取地板,得到小于等于原操作数的最大整数;10 表示向上舍入,即取天花板,得到大于等于原操作数的最小整数;11 表示截断舍入,舍入结果接近但绝对值不大于原操作数。注意,对于一个正数,向下舍入与截断舍入的结果相同,但对于负数则不相同。

IC:无穷大控制位,对于 80387 以后的 FPU,该位必须置 1。

4. 用于异常处理的三个寄存器

x87 FPU 中还有三个特殊的寄存器,"最后一条 x87 FPU 指令指针寄存器"、"最后一条数据指针寄存器"、"最后一条 x87 FPU 指令操作码寄存器"。在 Visual Studio 2019 反汇编调试中,看到的最后一条指令指针寄存器为 EIP,它与前面介绍的 CPU 中的指令指针 EIP 不同。CPU 中的指令指针指向下一条要执行的指令的地址;而 FPU 中的 EIP 指向的是当前时刻之前、最后执行的一条 FPU 指令的地址。最后一条数据指针寄存器指向的是当前时刻之前、浮点运算指令中最后使用到内存单元的地址,在 Visual Studio 2019 反汇编调试中对应的是 EDO。最后一条 x87 FPU 指令操作码寄存器只有 11 位,所有的 FPU 指令的最高 5 位为 11011B,它不保留这 5 位,只保留后 11 位。这三个寄存器由操作系统和异常处理程序使用,目的是让异常处理程序获得触发异常的指令的一些信息。注意,在异常产生后,状态寄存器上设置了异常标志,若控制寄存器上异常未被屏蔽,则会自动调用异常处理程序。

14.3　x87 FPU 指令

x87 FPU 指令集被 Intel 486、Pentium、Pentium with MMX Technology、Celeron、Pentium II、Pentium III、Pentium IV、Intel Xeon、Intel Core Solo、Intel Core Duo、Intel Core 2 Duo、Intel Atom 等处理器所支持。

x87 FPU 有自己的指令系统，它们的指令助记符全部以 f 开头。进一步细化有：以 fi 开头的指令表示整数操作；以 fb 开头的指令表示 BCD 码数操作。浮点指令可分成数据传送、算术运算、超越函数、比较运算、常数（指 π、1.0、0.0）入栈、FPU 控制等指令。

浮点指令一般需要 1 或 2 个操作数，操作数既能存放在 FPU 内的浮点数据寄存器中，又能存放在主存中，但不能是立即数。当操作数存放在主存中时，采用第 4 章中介绍的各种存储器寻址方式访问。在主存中的操作数的类型不必与浮点数据寄存器的类型一致，但必须类型明确。许多浮点指令将 st(0) 作为隐含的目的操作数。

1. 数据传输指令

fld ops：将 ops 中的浮点数压入数据寄存器栈顶 st(0)，ops 为内存单元或 st(i)。

fild ops：将内存中的整数转换为高精度浮点数压入栈顶 st(0)。

fbld ops：将内存中的 BCD 码数压入栈顶 st(0)。

fst opd：将栈顶 st(0) 的数据存放到 opd 中，opd 为内存单元或 st(i)。数据存放到内存单元中时，要进行浮点数据格式转换，栈顶不变。

fist opd：将栈顶 st(0) 的数据按照整数格式存入内存单元中，栈顶不变。

fstp opd：将栈顶 st(0) 的数据按照浮点格式存放到内存单元中，然后出栈。

fistp opd：将栈顶 st(0) 的数据按照整数格式存入内存，然后出栈。

fbstp opd：将栈顶 st(0) 的数据按照 BCD 码数格式存入内存，然后出栈。

fxch st(i)：st(0) 与 st(i) 的内容交换。

fcmovcc st(0),st(i)：在条件 cc 成立时，(st(i))→st(0)，cc 指某种条件，例如：fcmovb：below，cf=1；，与之相反的是 fcmovnb。fcmove：equal，zf=1；，与之相反的是 fcmovne。

类似的还有 fcmovbe(cf=1 或 zf=1)、fcmovnbe、fcmovu(pf=1)、fcmovnu(pf=0)。

注意：fstp 比 fst、fistp 比 fist 多一个弹出栈顶元素的操作，p 是 pop 的缩写。fld 与 fild 的区别很大，前者是将 (ops) 当成一个浮点数看，后者是将 (ops) 当成一个整数看。

2. 算术指令

fadd ops：(st(0))+(ops)→st(0)，ops 为内存中的单/双精度数的地址。

fadd st(i),st(j)：(st(i))+(st(j))→st(i)，i、j 中至少有一个为 0。

faddp st(i),st(0)：(st(i))+(st(0))→st(i)，然后弹出 st(0)，i 不能为 0。

fiadd ops：(st(0))+(ops)→st(0)，ops 为内存中的字/双字整数的地址。

fsub ops：(st(0))−(ops)→st(0)，ops 为内存中的单/双精度数的地址。

fsub st(i),st(j)：(st(i))−(st(j))→st(i)，i、j 中至少有一个为 0。

fsubp st(i),st(0)：(st(i))−(st(0))→st(i)，然后弹出 st(0)，i 不能为 0。

fsubr ops：((ops)−st(0))→st(0)，ops 为内存中的单/双精度数的地址。

fsubr st(i),st(j)：(st(j))−(st(i))→st(i)，i、j 中至少有一个为 0。

fsubrp st(i),st(0)：(st(0))−(st(i))→st(i)，然后弹出 st(0)，i 不能为 0。

fisub ops：(st(0))−(ops)→st(0)，ops 为内存中的字/双字整数的地址。

fmul ops：(st(0)) * (ops)→st(0)，ops 为内存中的单/双精度数的地址。

fmul st(i),st(j)：(st(i)) * (st(j))→st(i)，i、j 中至少有一个为 0。

fmulp st(i),st(0)：(st(i)) * (st(0))→st(i)，然后弹出 st(0)，i 不能为 0。

fimul ops：(st(0)) * (ops)→st(0)，ops 为内存中的字/双字整数的地址。

fdiv ops：(st(0))/(ops)→st(0)，ops 为内存中的单/双精度数的地址。

fdiv st(i),st(j)：(st(i))/(st(j))→st(i)，i、j 中至少有一个为 0。

fdivp st(i),st(0)：(st(i))/(st(0))→st(i)，然后弹出 st(0)，i 不能为 0。

fdivr st(i),st(j)：(st(j))/(st(i))→st(i)，i、j 中至少有一个为 0。

fdivrp st(i),st(0)：(st(0))/(st(i))→st(i)，然后弹出 st(0)，i 不能为 0。

fidiv ops：(st(0))/(ops)→st(0)，ops 为内存中的字/双字整数的地址。

fchs：−(st(0))→st(0)。

fabs：|(st(0))|→st(0)。

fsqrt：计算(st(0))的平方根→st(0)。

fscale：(st(0)) * $2^{(st(1))}$→st(0)。

frndint：(st(0))舍入→st(0)，舍入方式由控制寄存器的 RC 决定。

fprem：(st(0))％(st(1))→st(0)求余数。

从上面列出的部分指令来看，算术运算指令较多，但也有一些规律。对于加、减、乘、除浮点运算有以下形式。

(1) fadd/fsub/fmul/fdiv memreal，即 st(0)与一个内存单元浮点数据运算，结果存放在 st(0)中。

(2) fadd/fsub/fmul/fdiv st(i),st(j)，要求两个寄存器中至少有一个是 st(0)。

(3) fsubr/fdivr st(i),st(j)，指令名带后缀 r，表示 reverse，即源操作数与目的操作数交换位置。由于加法和乘法两个运算数交换位置后的结果是一样的，故不带 r。对于减法、除法，交换被减(被除)数与减(除)数的位置，结果是不同的。

(4) faddp/fsubp/fmulp/fdivp st(i),st(0)，指令名带后缀 p，表示 pop，即有数要出栈，而栈顶为 st(0)。显然，st(0)不应做目的操作数地址，因为若做目的操作数地址，操作结果存放在 st(0)中，然后又废弃该结果，运算就无实际意义了，因此 st(0)只做源操作数。

(5) fsubrp/fdivrp st(i),st(0)，指令名带后缀 r 和 p，是 reverse 和 pop 的组合。

除此之外，还有 fiadd/fisub/fimul/fidiv meminteger，即 st(0)与一个内存单元中的整数(字或者双字)进行运算。

3. 比较指令

fcom ops：(st(0))为目的操作数，源操作数是内存单元或其他的堆栈寄存器 st(i)，根据比较结果设置状态寄存器中的条件标志位，设置规则如表 14.2 所示。

表 14.2 浮点数比较的条件标志位设置方法

条件	C3	C2	C0
(st(0))＞源操作数	0	0	0
(st(0))＜源操作数	0	0	1
(st(0))＝源操作数	1	0	0
不可比较	1	1	1

fcomp ops：在 fcom 功能的基础上，增加比较后弹出栈顶功能。

fcompp：st(0)与 st(1)比较，之后弹出数据寄存器栈中的两个数。

类似的指令还有 fucom/fucomp/fucompp、ficom/ficomp、fcomi/fcomip、fucomi/fucomip、ftst。

在比较指令后一般会有转移指令，根据比较结果执行不同的分支。FPU 的指令集中没有转移指令，因此要产生 FPU 条件跳转，必须采用间接方法，即使用"fstsw ax"、"fstenv opd"等指令将状态寄存器的内容存入 ax 或一个内存单元中。之后使用指令 sahf 将标志信息存入 CPU 的标志寄存器里，最后使用 CPU 指令 jl/jg/je/ja/jb 来跳转至正确处执行。fcomi/fcomip 等指令直接设置了 CPU 中的 eflags。

4. 超越函数指令

fsin：正弦函数，sin(st(0))→st(0)，(st(0))为弧度。

fcos：余弦函数，cos(st(0))→st(0)，(st(0))为弧度。

fptan：正切函数，计算结果以分数 y/x 的形式表示，其中 x＝1。先将 y 压入堆栈，再将 1 压入堆栈，即 st(1)＝tan(st(0))，st(0)＝1。

fpatan：反正切函数，计算 arctan (st(1)/st(0))→st(0)。先弹出一个数作为分母，再弹出一个数作为分子，计算后结果入栈。

5. 控制和常数指令

finit：检查错误条件后，初始化浮点单元。每次开始浮点运算和运算完毕后应该执行该指令。

fldcw mem16：将字存储单元(mem16)中的内容传入控制寄存器。

fstcw mem16：将(控制寄存器)传入字存储单元(mem16)。

fstsw ax/mem16：在检查错误条件后，将(状态寄存器)传入 ax 或字存储单元。

fnstsw ax/mem16：不检查错误条件，将(状态寄存器)传入 ax 或字存储单元。

fclex：在检查错误条件后，清除状态寄存器中的异常标志。

fnclex：不检查错误条件，清除状态寄存器中的异常标志。

fstenv/fnstenv：将 FPU 状态寄存器、控制寄存器、标记寄存器、FPU 中三个特殊的寄存器的内容都保存到内存中。

fsave/fnsave：除完成 fstenv 的功能外，还保存 FPU 的数据寄存器的内容到内存中。保存后初始化浮点单元，如同 finit/fninit。

fldpi：将常数 π 送到 FPU 堆栈上。

fld1：将常数 1.0 送到 FPU 堆栈上。

fldz：将 0.0 压入堆栈顶。

fwait/wait：使处理器处于等待状态，强制协处理器检查待处理且未屏蔽的异常，直到异常处理结束，才继续执行 fwait 之后的指令。

fnop：空操作，等同于 CPU 的 nop 指令。

注意：编写汇编源程序时，应先通过".387"、".487"等伪指令说明使用哪种协处理器的指令集，在 80486 以后的机型只需说明 CPU 类型即可，例如".586"、".686"、".686P"等。

14.4　浮点数处理程序示例

随着 CPU 的发展，浮点数运算的指令和相关寄存器的变化较大，增加的内容多，浮点数处理指令也难于记忆。我们认为并不需要读者去记忆这些内容,只需要学会一种方法,能够正确地理解、应用相关的指令即可。要学习浮点数处理指令,推荐先编写一个 C 语言程序,然后进行反汇编,看看使用了哪些浮点数处理指令。通过查阅相关的参考资料,如《Intel© 64 and IA-32 Architectures Software Developer's Manual》、《Intel 奔腾系列 CPU 指令全集》等了解相关指令的格式、功能和用法即可。

1. C 语言程序示例

下面给出一个简单的 C 语言程序,先实现两个浮点数相加,然后显示结果。

```
#include <stdio.h>
int main(int argc,char* argv[])
{
    float x,y,z;
    x=3.14;
    y=5.701;
    z=x+y;
    printf("%f\n",z);
    return 0;
}
```

2. C 语言程序编译时生成汇编代码

除了在调试状态下阅读反汇编代码外,还可以在对 C 语言程序进行编译时让编译器生成汇编语言程序。操作方法为:先设置"项目属性"→"C/C++"→"输出文件"→"汇编程序输出",再选择"带源代码的程序集(/FAs)"。

3. C 语言程序编译时选用的指令集

使用 Visual Studio 2019 的开发环境对上面的 C 语言程序进行编译后,看到的汇编代码并不是本章介绍的指令,而是 XMM 中的浮点数处理指令。为了看到本章所学指令,在编译时应设置使用的指令集。操作方法为:先设置"项目属性"→"C/C++"→"代码生成"→"启用增强指令集",再选择"无增强指令/arch:IA32",在此选项下会生成使用 x87 FPU 指令的程序。

在反汇编窗口有如下程序片段。

```
x=3.14;
fld  dword ptr [__real@ 4048f5c3 (0A57B34h)]
fstp dword ptr [x]
y=5.701;
fld  dword ptr [__real@ 40b66e98 (0A57B3Ch)]
fstp dword ptr [y]
z=x+y;
fld  dword ptr [x]
fadd dword ptr [y]
fstp qword ptr [z]
printf("%f\n",z);
sub  esp,8
```

```
fld   qword ptr[z]
fstp qword ptr[esp]    ;转换为 8 字节浮点数后送到[esp]指向的单元
push offset string "%f\n"(0A57B30h)
call _printf (0A51046h)
add   esp,0Ch            ;浮点数占 8 个字节,格式串地址占 4 个字节
```

4. x87 FPU 程序示例

仿照 C 语言程序的编译结果,能够比较轻松地编写出汇编语言程序。请看下面的例子。

```
.686P          ;686P 支持 80387 数学协处理器指令
               ;将处理器选择伪指令换成.387、.486 等均可
.model flat,stdcall
  ExitProcess proto stdcall:dword
  includelib  kernel32.lib
  printf       proto C:ptr sbyte,:vararg
  includelib  libcmt.lib
  includelib  legacy_stdio_definitions.lib
.data
  lpFmt db "%f",0ah,0dh,0
  x real4 3.14
  y real4 5.701
  z real4 0.0
.stack 200
.code
main proc c
    fld    x     ;将变量 x 中的内容压入 FPU 数据寄存器栈的栈顶 st(0)
    fadd   y     ;(st(0))+(y)->st(0)
    fst    z     ;(st(0))->z
    sub    esp,8
    fstp   qword ptr[esp]     ;(st(0))转换成 4 字类型,送到堆栈中
    invoke printf,offset lpFmt
    add    esp,8
    invoke ExitProcess,0
main endp
    end
```

以上汇编语言程序比使用 C 语言编译后生成的汇编代码要简单。细心的读者可能会发现,程序中没有直接使用"invoke printf,offset lpFmt,z",而是使用"sub esp,8"和"fstp qword ptr[esp]"来传递 z 的值。直接使用"invoke printf,offset lpFmt,z",编译并没有错误,但运行结果不正确。原因在于 printf 显示浮点数时,要求一个 double 类型的浮点数,而 z 的定义为 real4。如果将 z 的定义改为 z real8 0.0,就能直接使用"invoke printf,offset lpFmt,z"。另外,将 z 定义为 real4 和 real8 时,汇编语句"fst z"对应的机器码不同,其分别是将 FPU 栈顶寄存器中的数据转换为单精度浮点数和双精度浮点数。

另外,要注意的一个小细节是,在调用 printf 后,使用"add esp,8",可使栈恢复到执行 printf 之前的状态。对本例而言,虽然在 printf 后是使用 ExitProcess 返回操作系统,并不需

要恢复栈状态,但是,若将该函数调用语句替换成"ret"指令,此时就必须恢复栈的状态,否则运行时会出现异常。还有一点:在 C 程序反汇编结果中的是"add esp,0Ch",而在汇编程序中使用的是"add esp,8",因为 invoke 伪指令编译后,编译器会自动增加语句"add esp,4"来清除 invoke 中用到的参数。

有兴趣的读者可以编写一些 C 语言程序的例子,通过阅读其对应的汇编程序或者调试执行程序,熟悉 x87 FPU 的编程。

习　题　14

14.1　将十进制浮点数 10.2 转换成二进制数的科学表示法。

14.2　IEEE 754 标准中,规格化数据、非规格化数据、特殊值各表示什么含义?

14.3　将十进制浮点数 10.2 用 IEEE 754 标准中的单精度、双精度数来表示,结果各是什么?

14.4　x87 FPU 中有哪些寄存器? 各有什么作用?

14.5　设数据段中定义了如下变量:

```
x dd 13
y real4 0.0
```

(1) 编写一个程序,完成 y＝x 的功能,即将整型变量中的值送入一个浮点数变量中。

(2) 编写程序完成 x＝y 的功能。

上机实践 14

14.1　使用 C 语言编写一个程序,从一组单精度浮点数中找出最大数并输出结果。要求编译生成代码时,在"启用增强指令集"中选择"无增强指令/arch:IA32"。使用反汇编方法观察用到的 x87 FPU 指令。

14.2　编写一个汇编语言程序,从一组单精度浮点数中找出最大数并输出结果。

第15章 MMX程序设计

为了提高视频、音频、图像等多媒体信号的处理能力,Intel 公司设计了一套支持单指令多数据流(single instruction multiple data, SIMD)的指令系统,称为多媒体扩展(multi-media extension, MMX)指令集。从 Pentium II 开始引入 IA-32 结构,为后续的 x86 SIMD 扩展,包括 x86-SSE、x86-AVX 等奠定了基础。本章介绍 MMX 技术的基本概念、运行环境、指令系统,给出了 MMX 编程示例,以及使用 C 语言开发 MMX 程序的示例。

15.1 MMX 技术简介

1. 单指令多数据流的基本概念

在多媒体信息处理中,涉及使用相同方法对大量的数据进行操作。这些数据通常用向量、矩阵来存储。例如,一幅图像用一个矩阵来存储,图像的高度和宽度对应矩阵的行数和列数,每一个矩阵元素对应图像中的一个像素点。一个视频表示为连续的多幅图像,可用一个多维矩阵来存储。图像处理即是对矩阵中的数据进行处理。例如,将某一个固定场景的两个不同时刻的图像相减,从差值图像中发现两幅图像发生的变化,进而判断有无物品丢失或者出现闯入者。图像相减的本质是两个对应的矩阵相减,即矩阵中各个对应元素相减,涉及对多个数据项进行相同的操作。采用传统的对矩阵元素逐个处理的方法,效率无疑是比较低的。

从字面上看,单指令多数据流(SIMD)就是要对多个数据项同时进行相同的操作。图 15.1所示为 4 个成对数据同时进行相同 OP 操作的示意图。

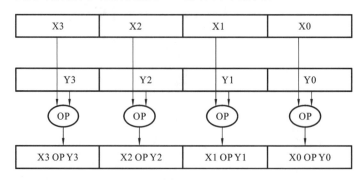

图 15.1 4 个成对数据同时进行相同 OP 操作的示意图

图 15.2 所示的为 4 个字数据对进行加法运算的一个示例。

图 15.2 中的各对数据是独立运算的,一对数据的运算与其他数据对的运算没有关系。虽然成组数据存放在 64 位寄存器中的表现形式与一个 64 位数据的表现形式相同,但是成组运算不同于一个 64 位数的运算。例如,若将图 15.2 中的数据视为一个 64 位的整型数,则有如

10(000AH)	20(0014H)	30(001EH)	40(0028H)
25(0019H)	−1(0FFFFH)	−35(0FFDDH)	35(0023H)
35(0023H)	19(0013H)	−5(0FFFBH)	75(004BH)

（+ 位于左侧，跨第二、三行）

图 15.2　4 个字数据对进行的加法运算

下结果，由低位向高位产生的进位会影响高位运算的结果。

```
000A0014001E0028H+ 0019FFFFFFDD0023H = 00240013FFFB004BH
```

在微处理器中，单指令多数据流是一个控制器控制多个平行的处理微元，以实现数据并行处理的一种技术。使用该技术将大幅度提高大数据的处理性能。

2. mmx 寄存器

支持 MMX 技术的处理器中有 8 个 64 位的寄存器，名为 mm0～mm7。每一个寄存器存放 8 个字节数据或者 4 个字数据或者 2 个双字数据。也就是说，将 8 个字节数据一次性存放到 mmx 寄存器中，形成一个打包整数（packed integers）。若两个这样的 mmx 寄存器相加，一次加法实现 8 个字节数据的加法。4 个字数据、2 个双字数据打包运算是类似的。

mmx 寄存器与 CPU 中的 32 位的寄存器 eax、ebx 等一样，在指令中可以直接使用这些寄存器的名字，即采用寄存器寻址方式访问。但是这些寄存器不能用于寄存器间接寻址、变址寻址和基址加变址寻址，即不能用于寻址内存中的操作数。

mmx 寄存器的另一个用途是用于浮点运算，即这些寄存器既能用于整数运算，又能用于浮点运算，它与 x87 FPU 中的数据寄存器是混叠使用的。调试程序时，在寄存器窗口将会看到 mmx 寄存器和 FPU 的 st 寄存器在同步变化。当然，在一个程序中可以同时有 fpu 指令和 mmx 指令，不过在切换指令前，应先用 emms 指令切换使用这些寄存器的状态。

3. 环绕运算和饱和运算

对于打包的整型数据，有环绕运算（wrap around arithmetic）和饱和运算（saturation arithmetic）。饱和运算又可分为有符号的饱和运算和无符号的饱和运算（signed/unsigned saturation arithmetic）。环绕运算与以前介绍过的运算是一样的，可将数据看成是 0→7FH→80H→0FFH→0 的一个循环，例如，一个字节的数据 70H 与另一个字节的数据 0A0H 相加，结果为 10H(CF=1,OF=0)；而 70H−0A0H=0D0H(CF=1,OF=1)，0A0H−70H=30H(CF=0,OF=1)。所谓饱和运算，是指计算的结果会被处理器自动修改，使其不会上溢或下溢。例如，对于无符号的字节数据，其上、下边界为 255 和 0，若将数 70H 和 0A0H 用无符号的饱和运算法相加，结果为 0FFH；用无符号的饱和运算法相减（70H−0A0H），结果为 0。根据以前学过的知识，对于无符号数运算，使用标志位 CF 判断是否溢出，若 CF=1，则溢出，此时就对结果进行修正。

对于有符号的字节数据，其上、下边界为 127(7FH) 和 −128(80H)。若将数 70H 和 0A0H 用有符号的饱和运算法相加，结果为 10H；用有符号的饱和运算法相减（070H−0A0H），结果为 7FH；用有符号的饱和运算法相减（0A0H−070H），结果为 80H。根据以前学过的知识，对于有符号数运算，使用标志位 OF 判断是否溢出，若 OF=1，则溢出，此时就对结果进行修正。

对于字数据饱和运算的原则与字节运算的原则相同,只是上、下边界不同。对于无符号字数据,上、下边界为 65535(0FFFFH)和 0;对于有符号字数据,上、下边界为 32767(07FFFH)和 −32768(8000H)。

设在数据段中定义如下变量:

```
x    db   70H, 0A0H,50H,50H, 0F0H,0F0H,0F0H,0F0H
y    db   0A0H,70H, 30H,0F0H,01H, 20H, 81H, 0F0H
```

使用下列语句,可打包字节数据的加法运算:

```
movq mm0,qword ptr x     ;mm0 = F0 F0 F0 F0 50 50 A0 70
movq mm1,qword ptr y     ;mm1 = F0 81 20 01 F0 30 70 A0
```

在执行上述语句后,分别执行(非顺序执行)下面三条语句,运算结果在语句后的注释中给出。

```
paddb mm0,mm1            ;mm0 = E0 71 10 F1 40 80 10 10
paddsb mm0,mm1           ;mm0 = E0 80 10 F1 40 7F 10 10
paddusb mm0,mm1          ;mm0 = FF FF FF F1 FF 80 FF FF
```

其中:paddb(add packed byte integers)为打包字节整数的环绕加法指令;paddsb(add packed signed byte integers with signed saturation)为有符号的饱和字节加法指令;paddusb(add packed unsigned byte integers with unsigned saturation)为无符号的饱和字节加法指令。

15.2　MMX 指令简介

MMX 指令集被 Pentium with MMX Technology、Celeron、Pentium II、Pentium III、Pentium IV、Intel Xeon、Intel Core Solo、Intel Core Duo、Intel Core2 Duo、Intel Atom 等处理器所支持。

MMX 指令集按功能可分为 8 类:数据传送、算术运算、比较运算、逻辑运算、移位、转换、解组、状态控制。MMX 指令中常用字母后缀来标志需要处理的元素大小,b、w、d、q 分别对应字节(byte)、字(word)、双字(doubleword)、四字(quadword)。

1. 数据传送

数据传送有以下两种格式。

(1) movd opd,ops;move doubleword

将(ops)中的低位双字送入 opd 中。opd、ops 中至少有一个 mmx 寄存器,ops 不能为立即数。若 opd 为一个 mmx 寄存器,则该寄存器的左半部分为 0。

(2) movq opd,ops;move quadword

将(ops)中的 4 字送入 opd 中。其他要求同 movd。

2. 算术运算

算术运算包括加、减、乘。对应数据互不影响。根据运算方法的不同,加法运算细分为环绕字节/字/双字加法(add packed byte/word/doubleword integers)、有符号饱和字节/字/双字加法(add packed signed byte/word/doubleword integers with signed saturation)和无符号饱和字节/字/双字加法(add packed unsigned byte/word/doubleword integers with unsigned saturation)。类似于加法运算,减法运算可细分为环绕减法、有符号饱和减法和无符号饱和减法。乘法运算与加减法运算有所不同,2 个字数据相乘,结果是 1 个双字。将字数据成组打包后,理论上存放结果的单元的长度要加倍,但实际上目的操作数地址类型是不变的,它只能存放结果的一半。MMX 的乘法指令中采用的原则是保留乘积的高字或者低字。另外,MMX 中提供了一种相乘后再相加的指令,先执行有符号打包整型字乘法,产生 4 个双字乘积后,对相邻双字相加得 2 个双字。

MMX 算术运算的指令如表 15.1 所示。

表 15.1　MMX 算术运算指令

指令类别	指令助记符	功　能
加法运算(环绕)	paddb、paddw、paddd	字节、字、双字的环绕加法
加法运算(有符号饱和)	paddsb、paddsw	有符号打包整数饱和加法
加法运算(无符号饱和)	paddusb、paddusw	无符号打包整数饱和加法
减法运算(环绕)	psubb、psubw、psubd	字节、字、双字的环绕减法
减法运算(有符号饱和)	psubsb、psubsw	有符号打包整数饱和减法
减法运算(无符号饱和)	psubusb、psubusw	无符号打包整数饱和减法
乘法	pmullw、pmulhw	有符号打包整型的字乘法,每一对单字相乘的结果为双字,L/H 是保留双字的低字/高字
乘后加法	pmaddwd	有符号打包整型的字乘法,产生 4 个双字乘积,相邻双字相加得 2 个双字

注意:pmullw 的含义是 multiply packed signed word integers and store low result。

3. 比较运算

(1) pcmpeqb/pcmpeqw/pcmpeqd。按字节/字/双字比较打包整型数中的各个对应元素是否相等(compare packed bytes /words/doublewords for equal),若相等,则目的操作数中的对应元素被置为全 1(即 FF/FFFF/FFFFFFFF),否则被置为全 0。

(2) pcmpgtb/pcmpgtw/pcmpgtd。按字节/字/双字比较有符号打包整型数中的各对应元素,若目的操作数大于对应的源操作数,则目的操作数被置为全 1,否则被置为全 0。

4. 逻辑运算指令

逻辑运算指令有 pand、por、pxor、pandn,它们分别对源操作数和目的操作数进行按位的逻辑与、逻辑或、逻辑异或以及源操作数与求反的目的操作数按位逻辑与操作。

5. 移位指令

移位指令中各个元素的处理规则与第 5 章中介绍的移位规则是相同的。移位指令包括逻辑左移(shift packed data left logical)、逻辑右移(shift packed data right logical)、算术右移(shift packed data right arithmetic)。MMX 移位指令如表 15.2 所示。

表 15.2　MMX 移位指令

指令类别	指令助记符	功　能
逻辑左移	psllw、pslld、psllq	每个字、双字、4 字分别逻辑左移
逻辑右移	psrlw、psrld、psrlq	每个字、双字、4 字分别逻辑右移
算术右移	psraw、psrad	每个字、双字分别算术右移

6. 转换指令

转换指令(conversion instructions)用于实现数据类型的变换。由于不同类型的数据的表示范围不同,所以,当长类型数据向短类型数据转换时,数据会发生变化。

(1) packsswb(pack words into bytes with signed saturation):使用有符号饱和运算分别将源操作数和目的操作数中的各个字整数分别压缩成有符号字节整数,压缩结果存放在目的寄存器中,源操作数的压缩结果存放在高位。如果字的有符号值超出有符号字节的范围(即大于 7FH 或小于 80H),压缩后为 7FH 或 80H。例如,设

　　　mm0=0001 0234 5678 9ABC H, mm1=0045 6789 8ABC 0067 H

执行 packsswb mm0、mm1 后,mm0＝45 7F 80 67 01 7F 7F 80H。其中,0045H 的压缩结果为 45H;6789H 的压缩结果为 7FH;8ABCH 的压缩结果为 80H。

(2) packssdw(pack doublewords into words with signed saturation):将有符号双字数据压缩为字数据,压缩时使用饱和运算,方法类似 packsswb 的方法。

(3) packuswb(pack words into bytes with unsigned saturation):使用无符号饱和运算将字数据压缩为字节数据。

7. 解组指令

(1) punpckhbw:按字节取源操作数的高位字节(前 4 个字节)和目的操作数的高位(前 4 个字节)拼成 4 个字数据,放在目的操作数中。例如,设

　　　mm0=0001 0234 5678 9ABC H, mm1=0045 6789 8ABC 0067 H

执行 punpckhbw mm0、mm1 后,mm0＝0000 4501 6702 8934H。

(2) punpckhwd(unpack high-order words):数据的高位按字解组,拼接为双字。

(3) punpckhdq:数据的高位按双字解组,拼接为 4 字。

(4) punpcklbw、punpcklwd、punpckldq:用数据的低位部分完成解组和拼接。

8. 状态控制

emms 指令用来清除 MMX 的状态信息,换句话说,它通过将 x87 FPU 中的标记寄存器(tags)设置为 FFFF 来表明所有 mmx 寄存器都未使用。将 MMX 指令转换为 FPU 指令之前,都应执行指令 emms。

15.3　MMX 编程示例

采用 MMX 指令编写程序与之前介绍的使用 CPU 指令编写程序的方法差别不大,最主要

的是将数据打包运算,以减少相同指令执行的次数,提高程序运行的效率。

【例 15.1】 求两个数组之和,结果存入第三个数组中。

为了验证 MMX 指令能够加快运算速度,采用了在 C 语言程序中嵌入汇编语言的编写方法。比较使用一般的 C 语言语句、非 MMX 指令、MMX 指令三种写法的执行效率。程序如下:

```c
#include <stdio.h>
#include <time.h>
#include <stdlib.h>
#include <conio.h>
#define LEN 100000                 //数组大小
int main() {
    clock_t stTime,edTime;
    int i,j;
    unsigned short a[LEN];
    unsigned short b[LEN];
    unsigned short c[LEN];
    srand(time(NULL));
    for (i=0;i < LEN;i++) {      //生成随机数组
        a[i]=rand();
        b[i]=rand();
    }
    stTime=clock();
/*      //为了比较性能,将运算 c = a + b 重复执行了 1000 次
        //执行此处的语句,即可得到使用传统方法写出的程序的效率
for (j=0;j<1000;j++) {
        for (i=0;i<LEN;i++) {
            c[i]=a[i]+b[i];
        }
    }
* /
    __asm{
            mov ecx,1000
        l1:
            lea edi,a
            lea esi,b
            lea ebx,c
            mov edx,LEN/4
        l2:
            movq mm0,qword ptr [edi]
            movq mm1,qword ptr [esi]
            paddw mm0,mm1
            movq qword ptr[ebx],mm0
            add edi,8
            add esi,8
            add ebx,8
```

```
            dec edx
            jnz l2
            dec ecx
            jnz l1
            emms
    }
    edTime=clock();
    unsigned int spendtime=edTime-stTime;
    printf("time used:%d\n",spendtime);
        //下面只是为了验证计算是否正确
    for (i=0;i<20;i++)
        printf("%d+%d=%d \n",a[i],b[i],c[i]);
    _getch();
    return 0;
}
```

在笔者的机器上,上述程序的运行时间约为 70 毫秒。

如果运行注释中的 C 语言程序段,而不使用内嵌的汇编代码,上述程序的运行时间约为 800 毫秒。

将内嵌的汇编代码段改为非 MMX 指令的实现方式,上述程序的运行时间约为 200 毫秒。修改后的内嵌汇编代码段如下:

```
    _ _asm{
    mov ecx,1000
    l1:
        lea edi,a
        lea esi,b
        lea ebx,c
        mov edx,LEN
    l2:
        mov ax,word ptr[edi]
        add ax,word ptr[esi]
        mov word ptr[ebx],AX
        add edi,2
        add esi,2
        add ebx,2
        dec edx
        jnz l2
        dec ecx
        jnz l1
    }
```

总之,采用 MMX 指令后显著提高了程序的执行速度。

【例 15.2】 实现两个向量的内积。

设有向量 a=(a1,a2,a3,a4),向量 b=(b1,b2,b3,b4)。向量 a、b 的内积为 $\langle a,b \rangle$ = a1 * b1+a2 * b2+a3 * b3+a4 * b4。

代码如下:

```
.686P
.MMX
.model flat, c
  ExitProcess proto stdcall:DWORD
  printf          proto:vararg
  includelib   libcmt.lib
  includelib   legacy_stdio_definitions.lib
.data
  buf1         sword   1,-2,3,400H
  buf2         sword   2, 3,4,500H
  buf3         sdword 0,0
  lpFmt        db "%d %x(H)",0dh,0ah,0
.stack 200
.code
main proc
    movq       mm0,qword ptr buf1          ;mm0=04000003FFFE0001H
    movq       mm1,qword ptr buf2          ;mm1=0500000400030002H
    pmaddwd    mm0,mm1                      ;mm0=0014000CFFFFFFFCH
    movq       qword ptr buf3,mm0
    mov        eax,buf3
    add        eax,buf3+4
    emms
    invoke printf,offset lpFmt,eax,eax
    invoke Exitprocess,0
main endp
    end
```

执行该程序后，显示结果为 1310728 140008(H)。

注意：0400H * 0500H＝00140000H，-2 * 3＝-6＝0FFFFFFFAH。

编写程序的时候，注意处理器的选择伪指令要包含".mmx"。

15.4　使用 C 语言编写 MMX 应用程序

使用 MMX 指令可以提升大数据（矩阵、向量）的运算速度，但若只能使用汇编语言编写 MMX 应用程序，不免让人觉得编写程序麻烦，好奇的读者会问是否能使用 C 语言编写类似的程序以提高计算速度，或者有无函数"封装"了 MMX 指令。答案是肯定的。

对于例 15.1 中的程序，只需进行如下改动。

（1）增加头文件 ♯include〈mmintrin. h〉。

（2）增加以下几个局部变量：

```
__m64  * pa;     //指向数组 a
__m64  * pb;     //指向数组 b
__m64  * pc;     //指向数组 c
int   LEN4;      //由于打包运算一次运算 4 个数,所以总循环次数要减少
```

对于原来的双循环语句,可以写成如下形式:

```
for (j=0;j<1000;j++) {
    pa=(__m64 *)a;
    pb=(__m64 *)b;
    pc=(__m64 *)c;
    LEN4=LEN / 4;
    for (i=0;i<LEN4;i++) {
        *pc=_m_paddw(*pa,*pb);
        pa+=1;    //反汇编后,地址是加 8
        pb+=1;
        pc+=1;
    }
}
_m_empty();        //实际是 emms 指令
```

在笔者的机器上,上段程序的执行时间约为 220 毫秒。

在 mmintrin. h 中定义了 UNION 联合体__m64。该 64 位二进制信息可以看成是 8 个字节数据、4 个字数据、2 个双字数据或者 1 个 64 位数据。在头文件中还有很多函数,基本上就是 MMX 指令上的封装,采用反汇编手段可看到对应的机器指令。

前面已介绍使用 MMX 指令集的单指令多数据流指令能够明显提升大数据的处理能力,也给出了使用相应的 C 语言函数编写程序的示例。在开发多媒体应用软件时,推荐使用一些高性能库函数,不但能够提升系统的开发效率,而且能够提升系统的运行效率。其中著名的有 OpenCV 和 IPP。OpenCV 是一个开源的跨平台的计算机视觉库,可以运行在多种操作系统上,由一系列 C 函数和少量 C++类构成。IPP(Intel integrated performance primitives)同样是一套跨平台的软件函数库,提供了广泛的多媒体功能,包括音频解码器、图像处理、信号处理、语音压缩和加密机制等。本章只对 MMX 指令进行了简单介绍,为读者打开一扇编写高性能多媒体应用程序的大门。

习　题　15

15.1　什么是单指令多数据流技术?

15.2　MMX 中有哪 8 个 64 位的寄存器?

15.3　什么是环绕运算、有符号饱和运算、无符号饱和运算?

15.4　指出分别使用环绕字节加法、有符号饱和字节加法、无符号饱和字节加法后,下列数据对的运算结果。

　　50H 和 0C0H　　　　30H 和 70H　　　　0A0H 和 0B0H

15.5　指出分别使用环绕字节减法、有符号饱和字节减法、无符号饱和字节减法后,下列数据对的运算结果(前面的数为被减数)。

　　50H 和 0C0H　　　　30H 和 70H　　　　0A0H 和 0B0H

15.6　设有变量

```
x  db  70H, 0A0H, 50H, 50H, 0F0H, 0F0H, 0F0H, 0F0H
```

```
y   db  0A0H,70H, 30H, 0F0H,01H,  20H,  81H,  0F0H
z   db  8 DUP(0)
```

编写程序,完成无符号字节饱和加法 z＝x＋y,x、y 和 z 都看成为向量。要求分别用下面两种方式实现:

(1) 使用 MMX 指令。

(2) 使用 CPU 指令(第 5 章中介绍的),不使用 MMX 指令。

15.7　设有变量

```
buf1   sword  1,-2, 3, 400H
buf2   sword  2, 3, 4, 500H
result sdword 0, 0, 0, 0
```

编写程序,使用 MMX 指令实现向量 buf1 和 buf2 的点乘,即各个对应元素相乘,结果存放在 result 中。result 中的结果为 00000002H,0FFFFFFFAH,0000000CH,00140000H。

提示:用到的指令有 movq、pmullw、pmulhw、punpckhwd、punpcklwd、emms 等。

上机实践 15

15.1　使用 C 语言编写程序,实现两个矩阵的乘法。对矩阵相乘的部分进行计时。

假设矩阵中元素类型为 short,矩阵行列数都是 4 的倍数。

(1) 使用传统方法(即逐个元素运算)实现。

(2) 使用 MMX 打包运算方法(参见 mmintrin.h 中的函数)。

15.2　功能与上机实践 15.1 的相同,即实现矩阵的乘法,但矩阵中的行、列数为任意正整数。

第16章 SSE程序设计

多媒体扩展(multi-media extension,MMX)技术是从 Pentium II 开始引入 IA-32 结构的,首次在 x86 平台上实现了单指令多数据流(single instruction multiple data,SIMD)的增强功能。在 Pentium III 中引入了流式 SIMD 扩展(streaming SIMD extensions,SSE),进一步提高了视频/图像处理、语音识别、音频合成、电话和视频会议、二维/三维图形处理等方面的性能。在此之后出现了 SSE2、SSE3、SSSE3 等。本章介绍 x86-SSE 技术的基本概念、运行环境和指令系统,给出 SSE 编程示例,以及使用 C 语言开发 SSE 程序的示例。

16.1 SSE 技术简介

1. SSE 概览

流式 SIMD 扩展的首个版本称为 SSE,它增加了 8 个 128 位宽的寄存器 xmm0～xmm7。SSE 保留了使用 mmx 的 64 位寄存器对组合整数进行运算,同时增加了单精度浮点数打包运算的指令,也增加了标量单精度浮点数运算指令。所谓标量单精度浮点数运算就是使用 xmm 寄存器的低位双字对一个单精度浮点数进行运算,图 16.1 给出了标量单精度浮点数运算的示意图,目的操作数的高位保持不变,只是最低的双字数据进行了运算。

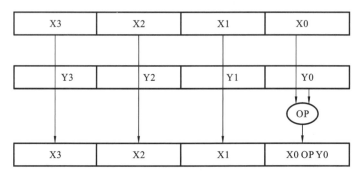

图 16.1 标量单精度浮点数运算示意图

在奔腾(Pentium)IV 处理器中对 SSE 进行了升级,称为 SSE2。SSE2 支持 128 位的打包整型数据计算,能够一次打包 16 个字节、8 个字、4 个双字、2 个 4 字的整型数据。对于整数(字节、字、双字、4 字)组合运算,运算模式与 MMX 中采用的模式是一样的,包含环绕、有符号饱和、无符号饱和三种模式。SSE2 的整数运算指令保留了 MMX 中的指令,例如,paddusb 同样表示为无符号字节组合整型加法运算,同时也增加了一些新的指令,如 paddq,用于实现双字组合整型的环绕加法。对于相同的指令助记符,在机器编码上采用了指令前缀(参见第 4.9 节)来区分的方法。例如"paddusb mm0,mm1"与"paddusb xmm0,xmm1"的机器码分别为"0F DC C1"和"66 0F DC C1"。

SSE2 除了增加整型数据组合运算外,还将 SSE 中的单精度浮点数运算扩展为双精度浮点数运算,增加了更多的打包运算指令。在之后的英特尔酷睿双核处理器中,出现了 SSE3 和 SSSE3(Supplemental SSE3)、SSE4 等新的技术。后面第 16.2 节将介绍 SSE 指令,第 16.3 节将介绍 SSE2 和后续版本中的指令。更详细的介绍请查阅《Intel© 64 and IA-32 Architectures Software Developer's Manual》。

2. SSE 中的数据寄存器

支持 SSEX 技术的处理器中有 8 个 128 位的寄存器,名为 xmm0~xmm7。这些寄存器与 CPU 中的 32 位寄存器 eax 等一样,在指令中可以直接使用这些寄存器的名字,即采用寄存器寻址方式访问。但是这些寄存器不能用于寄存器间接寻址、变址寻址和基址加变址寻址,即不能用于寻址内存中的操作数。

与 mmx 寄存器不同,xmm 寄存器完全独立于 x87 FPU 中的寄存器。在 SSE 指令与 FPU 指令之间切换时,不需要使用 emms 指令改变状态。当使用 Visual Studio 2019 调试程序时,在寄存器窗口选择显示 SSE 寄存器后,可看到 xmm0~xmm7。

3. SSE 执行环境中的控制和状态寄存器

SSE 执行环境中有一个 32 位的控制和状态寄存器 mxcsr(control and status register)。它中间的控制标志用来指定浮点运算和异常处理的方式,与 x87 FPU 中的控制寄存器(ctrl)的作用类似。mxcsr 寄存器中的状态标志用于存放浮点运算的结果状态,与 x87 FPU 中的状态寄存器(stat)的作用类似。图 16.2 给出了 mxcsr 寄存器中各标志位的位置。

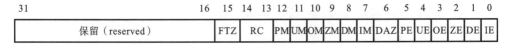

图 16.2　mxcsr 控制和状态寄存器

各标志位的含义如下。

FTZ(flush to zero):结果强制冲刷为 0,当该位为 1 时,发生了下溢错误且屏蔽了该异常。

RC:舍入控制。00 表示四舍五入,01 表示地板,10 表示天花板,11 表示截断。

PM~IM:为 1,表示屏蔽对应的异常。

PE~IE:为 1,表示发生了异常,详情请参见 x87 FPU 中的状态寄存器的介绍。

DAZ(denormals-are-zeros):为 1,表示将非规格化操作数强制转化为 0。

与 x87 FPU 中的状态寄存器一样,在发生异常后,处理器不会自动清除 mxcsr 的状态标志,必须写指令进行复位。当执行指令时,若出现异常状态,则要看屏蔽控制标志是否为 0,为 0,即非屏蔽控制下可进行异常处理。

16.2　SSE 指令简介

流式 SIMD 扩展指令集被 Pentium III、Pentium III Xeon、Pentium IV、Intel Xeon、Pentium M、Intel Core Solo、Intel Core Duo、Intel Core 2 Duo、Intel Atom 等处理器所支持。

SSE 指令分为 4 类:组合和标量单精度浮点指令、64 位 SIMD 整数指令、状态管理指令、其他指令(缓存控制、预取、内存排序)。

16.2.1 组合和标量单精度浮点指令

组合和标量单精度浮点指令分为数据传送、算术运算、比较运算、逻辑运算、重排和解组、转换等。为了便于记忆指令的助记符,下面给出助记符的英文全称,并将其中的 single-precision floating-point 简记为 S. p. f. p.。一般的指令中都有源操作数 ops 地址和目的操作数地址 opd,虽然在指令中未列出,但从功能描述上不难想象对 ops 和 opd 的要求,如是寄存器还是内存地址等。

1. 数据传送

(1) movss:move scalar S. p. f. p(标量单精度浮点数传送)。

将(ops)中的一个单精度浮点数送入 opd。opd、ops 中至少有一个 xmm 寄存器,ops 不能为立即数。若 opd 为一个 xmm 寄存器,则该寄存器的最低 4 个字节为传入的值,其他字节为 0。

(2) movaps:move aligned packed S. p. f. p(对齐的组合单精度浮点数传送)。

将 4 个单精度浮点组合数据(ops)送入 opd。对于内存地址,必须对齐到 16 字节边界(即地址被 16 整除),否则会出现异常,下面给出一个例子。

```
align 16                        ;地址对齐伪指令
sf1 real4 15.67,1.34,1.78,2.56  ;单精度浮点数数组
movaps xmm0,sf1 或者 movaps xmm0,xmmword ptr sf1
```

(3) movups:move unaligned packed S. p. f. p。

功能与 movaps 的功能相同,只是无内存地址,必须对齐到 16 字节边界。

(4) movlps:move low packed S. p. f. p。

内存与 xmm 寄存器的低 4 字之间传送 2 个打包的单精度浮点数,高 4 字不变。

(5) movhps:move high packed S. p. f. p。

内存与 xmm 寄存器的高 4 字之间传送 2 个打包的单精度浮点,低 4 字不变。

(6) movlhps:move packed S. p. f. p low to high。

将源 xmm 寄存器中的低 4 字传送到目的 xmm 寄存器中的高 4 字。

(7) movhlps:move packed S. p. f. p high to low。

将源 xmm 寄存器中的高 4 字传送到目的 xmm 寄存器中的低 4 字。

(8) movmskps:move packed S. p. f. p mask。

将 xmm 寄存器中的 4 个单精度浮点数的符号位传送到一个通用寄存器的低 4 位中,可用于后续指令的分支条件。

2. 算术运算

算术运算包括对标量和组合单精度浮点数的加、减、乘、除。

(1) addss:add scalar S. p. f. p(标量单精度浮点数加法)。

(2) subss:subtract scalar S. p. f. p(标量单精度浮点数减法)。

（3）mulss：multiply scalar S. p. f. p（标量单精度浮点数乘法）。

（4）divss：divide scalar S. p. f. p（标量单精度浮点数除法）。

（5）addps：add packed S. p. f. p（组合单精度浮点数加法）。

（6）subps：subtract packed S. p. f. p（组合单精度浮点数减法）。

（7）mulps：multiply packed S. p. f. p（组合单精度浮点数乘法）。

（8）divps：divide packed S. p. f. p（组合单精度浮点数除法）。

除了一般的加、减、乘、除外，还有一些特殊的算术运算如下。

（1）sqrtss/sqrtps：compute aquare root of scalar(packed) S. p. f. p（计算标量（组合）单精度浮点数的平方根）。

（2）rcpss/rcpps：compute reciprocal of scalar(packed) S. p. f. p（计算标量（组合）单精度浮点数的倒数）。

（3）rsqrtss/rsqrtps：peciprocal of square root of scalar(packed) S. p. f. p（计算标量（组合）单精度浮点数的平方根的倒数）。

（4）maxss/maxps：return maximum of scalar(packed) S. p. f. p（比较标量（组合）单精度浮点数的大小得到大的浮点数）。

（5）minss/minps：return minimum of scalar(packed) S. p. f. p（比较标量（组合）单精度浮点数的大小得到小的浮点数）。

3. 比较运算

（1）cmpss/cmpps xmm1,xmm2/m128,imm8：单个/成组 S. p. f. p 比较。

指令中 xmm1 和 xmm2 表示某个 xmm 寄存器；m128 表示一个地址，在 cmpss 中该地址类型是一个单精度浮点数类型，而在 cmpps 中则应是一个 xmmword 类型；imm8 是一个立即数。imm8 用于指定(xmm1)和(xmm2/m128)的比较方式，若关系成立，则目的操作数中的对应元素被置为全 1（即 FFFFFFFF），否则被置为全 0。

imm8＝0：表示判断是否相等，指令等价于伪指令 cmpeqss/cmpeqps xmm1,xmm2/m128。

imm8＝1：表示判断是否小于，等同于 cmpltss/cmpltps。

imm8＝2—7，依次表示小于等于(LE)、无序(UNORD)、不相等(NEQ)、不小于(NLT)、不小于等于(NLE)、有序(ORD)，它们分别对应的伪指令为 cmpless/cmpleps、cmpunorderss/cmpunorderps、cmpneqss/cmpneqps、cmpnltss/cmpnltps、cmpnless/cmpnleps、cmpordss/cmpordps。

（2）comiss/ucomiss：(unordered)compare scalar S. p. f. p and set eflags。

根据比较结果，设置 eflags 中的 ZF、PF、CF，以确定两个浮点数之间的大于、小于、相等或者无序关系。comiss 和 ucomiss 指令的差别是对 NaN 操作数是否产生一个非法操作的异常标志，即控制和状态寄存器中 IM 是否置 1。

4. 逻辑运算

逻辑运算指令有 andps、andnps、orps、xorps，它们分别对源操作数和目的操作数进行按位的逻辑与、与非、逻辑或、逻辑异或操作。

5. 转换

转换(conversion instructions)指令用于实现将一种数据类型转换为另一种数据类型的

功能。

（1）cvtpi2ps：convert packed doubleword integers to packed S. p. f. p（将成组双字整型数转换为成组浮点数）。

（2）cvtsi2ss ：convert a signed doubleword integer to scalar S. p. f. p（将单个双字整型数转换为标量单精度浮点数）。

指令 cvtps2pi，cvtss2si 用于执行从浮点数向双字整型数转换的功能。例如：sf1 real4 15.67。执行 cvtss2si eax，sf1；，当舍入控制 RC 为 00 时，(eax)＝10H。

6. 重排和解组

（1）shufps xmm1，xmm2/m128，imm8：按指定方式重排数据。

将 xmm1 中的 4 个浮点数和 xmm2/m128 中的 4 个浮点数"洗牌"到 xmm1 中。imm8 是一个字节的立即数，用于控制洗牌的方法。假设 xmm1 中的 4 个数依次记为{x3，x2，x1，x0}，xmm2 中的 4 个数依次记为{y3，y2，y1，y0}，则将 imm8 看成一个四进制数 p3 p2 p1 p0，换句话说，pi 是 2 个二进制位，对应 0～3，则重排的结果为 xmm1＝{y(p3) y(p2) x(p1) x(p0)}。

（2）unpckhps：unppack and interleave high packed S. p. f. p。

设目的操作数为{x3，x2，x1，x0}，源操作数为{y3，y2，y1，y0}，执行该指令后的目的操作数为{y3，x3，y2，x2}。

（3）unpcklps：unppack and interleave low packed S. p. f. p。

设目的操作数为{x3，x2，x1，x0}，源操作数为{y3，y2，y1，y0}，执行该指令后的目的操作数为{y1，x1，y0，x0}。

16.2.2 64 位 SIMD 整数指令

SSE 64 位整数运算采用 64 位的 mmx 寄存器和 64 位的内存操作数，它保留了第 15 章中介绍的指令，同时增加了一些新的指令。

（1）pavgb/pavgw：compute average of packed unsigned byte(word) integers。

计算对应整型数的平均值，((ops)＋(opd))/2→opd。

（2）pextrw reg32，mm，imm8：extract word。

从 mmx 寄存器中选择一个字数据传送给一个 32 位的通用寄存器，imm8 用于指明是传送哪一个字，32 位通用寄存器的高 16 位置 0。

（3）pinsrw mm，reg32/m32，imm8：insert word。

将通用寄存器低 16 位或者内存中的一个字传送到 mmx 寄存器的指定位置，imm8 用于指明字的位置。

（4）pmaxub/pminub：maximum(minimum)of packed unsigned byte integers。

将对应的两个无符号字节整型数中的大者(小者)传送到目的操作数的对应位置。

（5）pmaxsw/pminsw：maximum (minimum) of packed signed word integers。

将对应的两个有符号字整型数中的大者(小者)传送到目的操作数的对应位置。

（6）pmovmskb reg32，mm：move byte mask。

将寄存器 mm 中各字节的最高位传送到 32 位通用寄存器的低 8 位。

(7) pmulhuw：multiply packed unsigned word integers and store high result。

无符号整型字数据相乘,保留结果的高位。

(8) psadbw：compute sum of absolute differences。

计算对应的无符号整型字节的差值的绝对值,然后将这些差值(绝对值)相加,将和存放在目的操作数的低字中。

(9)pshufw mm1,mm2/m32, imm8：shuffle packed word integers。

按指定的顺序对源操作数中的字数据进行重排,结果存放在目的操作数中。imm8 为一个字节立即数,每 2 位二进制对应一个位置编号。

16.2.3　状态管理指令

(1)ldmxcsr：load the state of the mxcsr。

从内存中取一个双字送给 mxcsr。

(2) stmxcsr：store the state of the mxcsr。

将 mxcsr 的内容存放到一个内存单元。

16.2.4　缓存控制指令

SSE 中增加了缓存(cache)控制指令,赋予了程序员对缓存的控制能力。缓存控制指令有两类:一类是数据预存取(prefetch)指令,可以增加从主存到缓存的数据流;另一类是内存流(memory streaming)优化处理指令,可以增加从处理器到主存的数据流。

数据预存取指令用于完成将要使用的数据预先从内存中取出存入缓存。这样处理器能更快地获取信息,从而改进应用的性能。缓存是层次结构,在预存取数据时可指定缓存到哪一级。内存流优化处理指令允许应用越过缓存直接访问主存。通常情况下,处理器写出的数据都将暂时存储在缓存中以备处理器稍后使用。如果处理器不再使用它,那么数据最终将被移至主存。对于多媒体应用来说,很多数据在近期不会再使用,因此不必放在缓存中,从而提高了缓存的利用率。

缓冲控制指令有以下几条。

(1) movntq：store quadword using non-temporal hint。

(2) movntps：store packed S. p. f. using non-temporal hint。

(3) maskmovq：store selected bytes of quadword。

(4) prefetcht0/prefetcht1/prefetcht2/prefetchnta：temporal data-fetch data into levels of cache hierarchy。

16.3　SSE2 及后续版本的指令简介

在 SSE 之后出现了 SSE2、SSE3、SSE4 等版本,不断增强了多媒体数据的处理能力。下面列出了一些指令,不再区分不同的版本。

SSE2 指令分为 4 类:组合双精度浮点数和标量双精度浮点数指令、64 位和 128 位整数指令、状态管理指令、其他指令（缓存控制、预取、内存排序）。

16.3.1 组合双精度浮点数和标量双精度浮点数指令

组合双精度浮点数和标量双精度浮点数指令分为数据传送、算术运算、比较运算、逻辑运算、重排和解组、转换等。为了便于记忆指令的助记符，下面给出助记符的英文全称，并将其中的 double-precision floating-point 简记为 D. p. f. p。由于 SSE2 中的双精度浮点数指令与 SSE 中的单精度浮点数指令的功能非常相似，所以在此不再一一解释。

1. 数据传送

双精度浮点数据传送指令有 movsd、movapd、movupd、movlpd、movhpd、movmskpd，它们分别与单精度浮点数据传送指令 movss、movaps、movups、movlps、movhps、movmskps 对应。

2. 算术运算

与单精度浮点数运算对应的是双精度浮点数运算。标量双精度浮点数运算指令有 addsd、subsd、mulsd、divsd，它们分别与标量单精度浮点数运算指令 addss、subss、mulss、divss 对应。组合双精度浮点数运算指令有 addpd、subpd、mulpd、divpd，它们分别与组合单精度浮点数运算指令 addps、subps、mulps、divps 对应。

对于其他类指令，类似的有 sqrtsd/sqrtpd、maxsd/maxpd、minsd/minpd。

3. 比较运算

比较运算指令也将单精度浮点数比较运算扩展到双精度浮点数比较运算，指令有 cmpsd/cmppd、comisd/ucomisd。

4. 逻辑运算

逻辑运算指令有 andpd、andnpd、orpd、xorpd，它们分别对源操作数和目的操作数进行按位的逻辑与、与非、逻辑或、逻辑异或操作。

5. 转换

转换指令（conversion instructions）用于实现将一种数据类型转换为另一种数据类型的功能。由于增加了双精度浮点数类型，因此有单精度浮点数、双精度浮点数之间的转换；双精度浮点数与双字整型之间的转换；单精度浮点数与双字整型之间的转换。不同类型数据之间的转换指令如图 16.3 所示。

6. 重排和解组

重排和解组指令（shuffle and unpack instructions）有 shufpd、unpckhpd、unpcklpd，它们分别与 shufps、unpckhps、unpcklps 的功能类似。

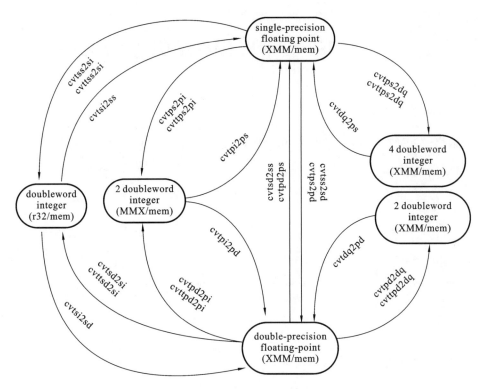

图 16.3 SSE 和 SSE2 的转换指令

16.3.2 64 位和 128 位整数指令

组合整数传送指令有 movdqa、movdqu、movq2dq、movdq2q。

组合整数的算术运算有 paddq/psubq、pmulld、pmuludq/pmuldq、pmaddubsw、pmulhrsw、pminub/pminuw/pminud、pminsb/pminsw/pminsd、pmaxub/pmaxuw/pmaxud、pmaxsb/pmaxsw/pmaxsd、pabsb/pabsw/pabsd、psignb/psignw/psignd、phaddw/phaddd、phsubw/phsubd、phaddsw/phsubsw。除了这些在 SSE2 及后续版本中新增的指令外,还可以使用 MMX 中的算术运算指令,只是源操作数和目的操作数是 128 位的。例如,paddb/paddw/paddd 等。

组合整数的比较指令有 pcmpeqb/pcmpeqw/pcmpeqd/pcmpeqq、pcmpgtb/pcmpgtw/pcmpgtd/pcmpgtq。

组合整数的格式转换(packed integer format conversions)指令有 pmovsxbw/ pmovsxbd/ pmovsxbq、pmovsxwd/pmovsxwq、pmovsxdq、pmovzxbw/pmovzxbd/pmovzxbq、pmovzxwd/ pmovzxwq、pmovzxdq、packuswb/packusdw。

组合整数的重排和解组指令有 pshufd、pshuflw、pshufhw、punpcklqdq、punpckhqdq。

组合整数插入和提取指令有 pinsrb/pinsrw/pinsrd、pextrb/pextrw/pextrd。

组合整数移位指令有 pslldq、psrldq。

文本字符串处理指令有 pcmpestri、pcmpestrm、pcmpistri、pcmpistrm。

16.4　SSE 编程示例

1. C 语言程序示例

下面给出一个简单的 C 语言程序,用于实现两个浮点数相加,然后显示结果。

```
# include <stdio.h>
int main(int argc,char*  argv[])
{
    float x,y,z;
    x=3.14;
    y=5.701;
    z=x+y;
    printf("%f\n",z);
    return 0;
}
```

该程序的反汇编程序如下。

```
        x=3.14;
00E61828  movss     xmm0,dword ptr [_ _real@ 4048f5c3 (0E67B34h)]
00E61830  movss     dword ptr [x],xmm0
        y=5.701;
00E61835  movss     xmm0,dword ptr [_ _real@ 40b66e98 (0E67B38h)]
00E6183D  movss     dword ptr [y],xmm0
        z=x+y;
00E61842  movss     xmm0,dword ptr [x]
00E61847  addss     xmm0,dword ptr [y]
00E6184C  movss     dword ptr [z],xmm0
    printf("%f\n",z);
00E61851  cvtss2sd  xmm0,dwordptr [z]
00E61856  sub       esp,8
00E61859  movsd     mmword ptr [esp],xmm0
00E6185E  push      offset string "%f\n" (0E67B30h)
00E61863  call      _printf (0E61046h)
00E61868  add       esp,0Ch
```

注意:编译时要设置使用的指令集。在"项目属性→C/C++→代码生成→启用增强指令集"中选择"未设置"即可。

2. 汇编语言程序示例

汇编语言程序如下。

```
.XMM             ;处理器选择伪指令,支持 SSE、SSE2、SSE3 指令集
.model flat,stdcall
```

```
    ExitProcess proto stdcall:dword
    includelib   kernel32.lib
    printf        proto c:ptr sbyte,:vararg
    includelib   libcmt.lib
    includelib   legacy_stdio_definitions.lib
.data
    lpFmt db  "%f",0ah,0dh,0
    x real4 3.14
    y real4 5.701
    z real4 0.0
.stack 200
.code
main proc c
    movss      xmm0,z
    addss      xmm0,y
    movss      z,xmm0
    cvtss2sd   xmm0,z
    sub        esp,8
    movsd      mmword ptr [esp],xmm0
    invoke     printf,offset lpFmt
    add        esp,8
    invoke     ExitProcess,0
main endp
    end
```

若将 z 的定义改为 z real8 0.0，程序中的片段可进一步简化如下：

```
    movss      xmm0,x
    addss      xmm0,y
    cvtss2sd   xmm0,xmm0
    movsd      z,xmm0
    invoke printf,offset lpFmt,z
```

当然，对于第 15 章中使用 MMX 实现的矩阵运算的例子同样可改为使用 SSE 指令来实现，其运行效率将得到进一步的提升。

16.5　使用 C 语言编写 SSE 应用程序

除了直接使用 SSE 指令编写汇编语言程序外，Visual Studio 2019 中同样提供了一些 C 语言函数，封装了相应的机器指令，以简化程序的开发。

完整的程序清单如下。

```
#include <stdio.h>
#include <time.h>
#include <stdlib.h>
#include <conio.h>
```

```
#include <emmintrin.h>
#define LEN 100000          //数组大小
int main() {
    clock_t stTime,edTime;
    int i,j;
    _declspec(align(16)) unsigned short a[LEN];
    _declspec(align(16)) unsigned short b[LEN];
    _declspec(align(16)) unsigned short c[LEN];
    __m128i *pa;
    __m128i *pb;
    __m128i *pc;
    int LEN8;
    srand(time(NULL));
    for (i=0;i<LEN;i++) {
        a[i]=rand();
        b[i]=rand();
    }
    stTime=clock();
    for (j=0;j<1000;j++) {
        pa=(__m128i *)a;
        pb=(__m128i *)b;
        pc=(__m128i *)c;
        LEN8=LEN/8;
        for (i=0;i<LEN8;i++) {
            *pc=_mm_adds_epu16(*pa,*pb);
            pa+=1;
            pb+=1;
            pc+=1;
        }
    }
    edTime=clock();
    unsigned int spendtime=edTime-stTime;
    printf("time used:%d \n",spendtime);
    _getch();
    return 0;
}
```

在笔者的机器上,上段程序的执行时间约为 120 毫秒。而使用基于 C 语言的 MMX 函数的运行时间约为 220 毫秒(参见第 15.4 节)。

在 emmintrin. h 中定义了 UNION 联合体__m128i。该 128 位二进制信息可以是 16 个字节数据(int8)、8 个字数据(int16)、4 个双字数据(int32),或者 2 个 64 位数据(int64),它们都是有符号的数据;该 128 位二进制信息也可以是无符号的字节、字、双字、4 字数据。在头文件中还有很多函数,基本上就是 SSE 指令上的封装。

如果直接在 C 语言中嵌入汇编代码,则测试用时约为 60 毫秒。嵌入部分的代码如下:

```
__asm{
```

```
        mov ecx,1000
    l1:
        lea edi,a
        lea esi,b
        lea eax,c
        mov edx,LEN/8
    l2:
        movdqu xmm0,xmmword ptr[esi]
        paddusw xmm0,xmmword ptr[edi]
        movdqu xmmword ptr[eax],xmm0
        add edi,16
        add esi,16
        add eax,16
        dec edx
        jnz l2
        dec ecx
        jnz l1
    }
```

如果单纯只有 SSE 的指令，则可以使用头文件 xmmintrin. h。在该文件中包含 SSE 指令封装后的函数。除此之外，在 Visual Studio 2019 平台中，有多个 * intrin. h，它们对应不同版本的指令封装。

习　题　16

16.1　SSE 中有哪 8 个 128 位的寄存器？控制寄存器和状态寄存器中有哪些控制和状态标志位？

16.2　设有变量

```
x   dw   70H,0FFA0H,50H,50H,0F0H,0F0H,0F000H,0F0H
y   dw   0A0H,0070H,30H,0F0H,01H,20H,8001H,0F0H
z   dw   8 DUP(0)
```

编写程序，完成 z＝x＋y，x、y 和 z 都可看成为向量，并要求分别使用以下两种规则实现。

(1) 使用 SSE 指令实现无符号饱和字加法。

(2) 使用 SSE 指令实现字环绕加法。

16.3　设有变量

```
buf1     sword   1,-2,3,-4, 5,-6, 7, 8
buf2     sword   2, 3,4, 5,-6,-7,-8,-9
result sqword   8 dup(0)
```

编写程序，使用 SSE 指令实现向量 buf1 和 buf2 的点乘，即各个对应元素相乘，结果存放在 result 中。

上机实践 16

16.1 使用 C 语言编写程序,实现两个矩阵的乘法,并对矩阵相乘的部分进行计时。
假设矩阵中的元素类型为 short,矩阵行、列数都是 8 的倍数。
(1) 使用传统方法(即逐个元素运算)实现。
(2) 使用 SSE 打包运算方法(参见 emmintrin. h 中的函数)实现。

16.2 功能与上机实践 16.1 的相同,即实现矩阵的乘法,但矩阵中的行、列数为任意正整数。

第17章 AVX程序设计

高级向量扩展(advanced vector extensions,AVX)是在 MMX、SSE 序列之后于 2011 年出现的 SIMD 增强版。2013 年,Intel 公司发布了 AVX2,2016 年推出了 AVX-512。本章简单介绍 x86-AVX 技术的新增处理能力、运行环境、指令系统,以及给出 AVX 编程示例。

17.1 AVX 技术简介

1. AVX 概览

2011 年,Intel 公司在微处理器架构 Sandy Bridge 中引入了第一代 AVX,它将 SSE 中的浮点数运算能力从 128 位扩展到了 256 位。另一个很大的变化是支持了新的三目运算符指令,简化了汇编语言程序的编写。采用新的指令系统,能够实现 128 位的组合整数、128 位和 256 位的组合浮点数运算。在 Intel 酷睿(Core)处理器 i3、i5、i7 系列中使用了 Sandy Bridge 微架构。2012 年,Intel 公司发布了新版的微处理结构 Ivy Bridge,引入了半精度浮点数变换指令。

2013 年,Intel 公司发布了新的微处理器架构 Haswell,引入了 AVX2。AVX2 支持 256 位的组合整型的运算,增强了数据广播、混合和排列指令。引入了新的向量索引寻址模式,增加了从不连续的地址空间载入数据的能力、乘法与加法融合运算(fused multiply add,FMA)能力、位操作以及不带标志位的循环和位移能力。面向工作站和服务器的 Xeon E3 v3 采用了微处理器架构 Haswell。

2016 年,Intel 公司发布了 AVX-512,在 Intel 酷睿 i7 和 Intel 酷睿 i9 等 CPU 中都支持 AVX-512。这也是在深度学习的背景下,面对大规模的数据计算问题,Intel 公司不甘落后,应对 NVIDIA(英伟达)GPU 发出挑战的成果。AVX-512 支持 512 位的组合整数运算、512 位的组合单/双精度浮点数运算。

2. AVX 中的数据寄存器

支持 AVX 技术的处理器中有 8 个 256 位的寄存器,名为 ymm0~ymm7。可以在指令中直接使用这些寄存器的名字,即采用寄存器寻址方式访问组合整数、组合浮点数和标量浮点数。但是这些寄存器不能用于寄存器间接寻址、变址寻址和基址加变址寻址,即不能用于寻址内存中的操作数。

ymm 寄存器的低 128 位可以看成是一个 xmm 寄存器,AVX 指令中既能使用 ymm 作为操作数,又能使用 xmm 作为操作数。当使用 SSE 指令时,对应 xmm 寄存器的 ymm 寄存器的高 128 位保持不变;但是使用 AVX 指令时,若目的操作数为 xmm 寄存器,则对应的 ymm 的高 128 位被设置为 0。

3. 半精度浮点数

半精度浮点数使用 16 个二进制位来存储,最高位为符号位,之后是指数部分(5 位)、有效数字部分(10 位)。半精度浮点数无法进行加、减、乘、除等运算,主要用来节约存储空间。

4. 乘法与加法混合运算

要计算 r＝x＊y＋z,可以使用以前的方法处理,处理器在执行完 x＊y 后会进行一个舍入操作,然后做加法,进行第二次舍入操作。采用乘法与加法融合运算(fused multiply add, FMA)指令,不会对乘法的结果进行舍入处理,只有在得到最后加法的结果后才会进行舍入操作。这样,使用 FMA 指令能提高乘法累加(如向量内积)运算的性能和精度。

17.2 AVX 指令简介

AVX 在指令编码模式中采用了一种新的前缀(VEX)。大多数 AVX 指令采用三目运算符的格式:"vop desop,srcop1,srcop2"。其中 srcop1 和 srcop2 为源操作数地址,desop 为目的操作数地址。例如,对于 SSE 中的指令"addps xmm1,xmm2/m128",可等价地写成"vaddps xmm1,xmm2,xmm3/m128"。AVX 指令集大致可分为三类:一是使用新的表示方法但功能等效于 SSE 指令的升级版本指令;二是新引入的指令;三是功能扩展指令,包括半精度浮点数变换、乘法与加法混合运算指令和新的通用寄存器指令。本节主要介绍新引入的指令和功能扩展指令。

17.2.1 新引入的指令

AVX 新指令包括数据广播指令、数据提取和插入指令、数据掩码移动指令、数据排列指令、变长移位指令、数据收集指令等。

1. 数据广播指令

将一个数据(整型字节、字、双字、4 字、单精度浮点数、双精度浮点数、组合的 128 位数据)拷贝到目的操作数的各个子元素中。数据广播指令有 vpbroadcastb、vpbroadcastw、vpbroad-castd、vpbroadcastq、vbroadcastss、vbroadcastsd、vbroadcasti128、vbroadcastf128。

2. 数据提取和插入指令

在 ymm 寄存器和 xmm 寄存器之间或者在内存之间传送部分数据,或向 ymm 的指定位置提取或插入数据。数据提取和插入指令有 vextracti128、vextractf128、vinserti128、vin-sertf128。

3. 数据掩码移动指令

根据掩码的值来决定目的操作数中的某一位置是否从源操作数的对应位置拷贝数据,对于未拷贝数据的位置,元素置为 0。数据掩码移动指令有 vmaskmovps、vmaskmovpd、vpmaskmovd、vpmaskmovq。

4. 数据排列指令

按照指定的顺序,将源操作数中的各个元素进行重排,结果存入目的寄存器中。数据排列指令有 vpermd、vpermq、vperms、vpermpd、vpermps、vpermilpd、vpermilps、vperm2i128、vperm2f128。

5. 变长移位指令

在移位指令中,将组合数据中的各个元素分别采用不同的移动位数,即变长移位。变长移位指令有 vpsllvd、vpsllvq、vpsravd、vpsrlvd、vpsrlvq。

6. 数据收集指令

从内存的不同位置拷贝数据到寄存器中。在数据收集指令中,有各个元素的条件拷贝控制掩码。对于掩码为 1 的元素拷贝,从内存拷贝数据到寄存器的相应位置,否则,保留寄存器的相应位置的数据不变。

数据收集指令有 vgatherdpd、vgatherqpd、vgatherdps、vgatherqps、vgatherdd、vgatherqd、vgatherdq、vgatherqq。

17.2.2　功能扩展指令

功能扩展指令包括乘法与加法融合(fused multiply add,FMA)指令、通用寄存器指令、半精度浮点数转换指令等。

1. 乘法与加法融合指令

乘法与加法融合指令可以分成几个小类,包括组合浮点/标量浮点乘法与加法融合、组合浮点/标量浮点乘法与减法融合,以及组合整型乘法与加法融合和组合整型乘法与减法融合等。

(1) vfmadd ＊＊＊ pd|ps|sd|ss op1,op2,op3,浮点乘法与加法融合。

pd 和 ps 分别是组合双精度浮点和组合单精度浮点的简称;sd 和 ss 分别是标量双精度浮点和标量单精度浮点的简称。

＊＊＊ 是 1、2、3 这三个数的排列,指明在运算表达式中三个 op 出现的顺序。例如,132 代表 op1 ＊ op3＋op2。op1,op2 是 128 位或者 256 位的 xmm 寄存器或 ymm 寄存器;op3 为 xmm 寄存器、ymm 寄存器或者内存单元。

浮点乘法与加法融合的具体指令有 vfmadd132pd、vfmadd132ps、vfmadd132sd、vfmadd132ss、vfmadd213pd、vfmadd231pd 等。

(2) vfmsub ＊＊＊ pd|ps|sd|ss op1,op2,op3,浮点乘法与减法融合。

浮点乘法与减法融合与浮点乘法与加法融合相对应,只是将 add 替换为 sub,乘法之后再做减法运算。

(3) vfmaddsub ＊＊＊ pd|ps op1,op2,op3,浮点乘法、加法、减法融合。

只用于组合整型数据的运算,将组合整型数据中的序号为奇数的元素做加法运算,将序号为偶数的元素做减法运算。

（4）vfmsubadd＊＊＊pd|ps op1,op2,op3,浮点乘法、减法、加法融合。

只用于组合整型数据的运算,与 vfmaddsub ＊＊＊ pd|ps 类似,只是对奇元素做减法运算,偶元素做加法运算。

（5）vfnmadd＊＊＊pd|ps|sd|ss op1,op2,op3,浮点乘的相反数加法融合。

做乘法运算后,对乘的结果取相反数,然后再做加法运算。

（6）vfnmsub＊＊＊pd|ps|sd|ss op1,op2,op3,浮点乘的相反数减法融合。

做乘法运算后,对乘的结果取相反数,然后再做减法运算。

2. 通用寄存器指令

下面为一些涉及通用寄存器的指令。

（1）andn desop,srcop1,srcop2:表示第一个源操作数（srcop1）求反后与第二个源操作数（srcop2）进行逻辑与操作,结果保存在目的操作数中。目的操作数和第一个源操作数应为通用寄存器,第二个源操作数可为通用寄存器或内存单元。

（2）sarx、shlx、shrx:分别表示算术右移、逻辑左移、逻辑右移。

（3）pextr:表示从第一个源操作数的指定位置开始提取指定长度的二进制位,存放到目的操作数中。

（4）blsi:表示提取源操作数的最低位存放到目的操作数的最低位,目的操作数的其他位置为 0。

（5）lzcnt:表示统计源操作数中前导 0 的个数（count the number of leading zero bits）。

17.3   AVX 编程示例

AVX 的指令有很多,要让一个初学者掌握这些指令还是有一定困难的。同样,编写 C 语言程序,编译时,在代码生成的"启用增强指令集"的选项中选择"高级矢量扩展（/arch:AVX）",则会生成使用 AVX 指令的代码。

1. C 语言程序示例

以下 C 语言程序实现了两个浮点数相加并显示了结果。

```
#include <stdio.h>
int main(int argc,char* argv[])
{
    float x,y,z;
    x=3.14;
    y=5.701;
    z=x+y;
    printf("%f\n",z);
    return 0;
}
```

使用"高级矢量扩展（/arch:AVX）"后生成的反汇编程序片段如下。

```
        x=3.14;
00421828 vmovss xmm0,dword ptr [__real@ 4048f5c3 (0427B34h)]
00421830 vmovss dword ptr [x],xmm0
        y=5.701;
00421835 vmovss xmm0,dword ptr [__real@ 40b66e98 (0427B38h)]
0042183D vmovss dword ptr [y],xmm0
        z=x+y;
00421842 vmovss xmm0,dword ptr [x]
00421847 vaddss xmm0,xmm0,dword ptr [y]
0042184C vmovss dword ptr [z],xmm0
        printf("%f\n",z);
00421851 vcvtss2sd xmm0,xmm0,dword ptr [z]
00421856  sub     esp,8
00421859  vmovsd qword ptr [esp],xmm0
0042185E  push    offset string "%f\n" (0427B30h)
00421863  call    _printf (0421046h)
00421868  add     esp,0Ch
```

调试时,在寄存器窗口中可以看到 xmm0 低 4 字节的内容与 ymm0 的低 4 字节的内容相同。

2. 汇编语言程序示例

对于上面的例子,可以使用汇编语言实现相同的功能,代码如下。

```
.686P
.xmm
.model flat,c
  ExitProcess proto stdcall:dword
  printf        proto:vararg
  includelib   libcmt.lib
  includelib   legacy_stdio_definitions.lib
.data
  lpFmt db "%f",0ah,0dh,0
  x real4 3.14
  y real4 5.701
  z real4 0.0
.stack 200
.code
main proc
    vmovss xmm0,x
    vaddss xmm0,xmm0,dword ptr y
    vmovss z,xmm0
    cvtss2sd xmm0,z
    sub esp,8
    vmovsd qword ptr [esp],xmm0
    invoke printf,offset lpFmt
    add esp,8
```

```
        invoke Exitprocess,0
    main endp
    end
```

注意:若要在单精度浮点数和双精度浮点数之间实现 C 语言的类型赋值功能,则要使用相应的类型转换指令;若只是简单地在它们之间传送,则实现的只是内容的拷贝。显然,对于一个浮点数,使用单精度表示与使用双精度表示的结果并不相同,内容的拷贝无法实现类型的转换功能。

另外,与 C 语言编程中使用 MMX、SSE 技术一样,在 C 语言编程中可以使用 AVX 函数,以提高大规模数据运算的能力。具体的函数可以参考头文件 zmmintrin.h。

编程时,应对 CPU 支持采用的指令集进行判断。使用 cpuid 指令可以获得 CPU 的多种信息,进而判断是否支持相应的指令集。

习 题 17

17.1 AVX 中有哪 8 个 256 位的寄存器?

17.2 设有变量

```
x   dd   70H, 0FFA0H, 50H, 50H, 0F0H, 0F0H, 0F000H, 0F0H
y   dd   0A0H, 0070H, 30H, 0F0H, 01H,  20H,  8001H, 0F0H
z   dd   8 DUP(0)
```

编写程序,完成 z＝x＋y,x、y 和 z 都看成为向量,并要求分别使用下面两种规则实现。

(1) 使用 AVX 指令实现无符号饱和双字加法。

(2) 使用 AVX 指令实现双字环绕加法。

上机实践 17

17.1 使用 C 语言编写程序来实现两个矩阵的乘法,并对矩阵相乘的部分进行计时。

假设矩阵中元素的类型为 short,矩阵行、列数都是 8 的倍数。

(1) 使用传统方法(即逐个元素运算)实现。

(2) 使用 AVX 打包运算方法(参见 zmmintrin.h 中的函数)实现。

17.2 功能与上机实践 17.1 的相同,即实现矩阵的乘法,但矩阵中的行、列数为任意正整数。

第18章 x86-64位汇编程序设计

x86-64,亦称 Intel 64 或 x64(64-bit extented),是 x86 架构的 64 位拓展。x86-64 的指令集与 x86-32 的指令集兼容。在此之前,Intel 公司推出了 IA-64 架构,但它采用的是全新的指令集,与 x86-32 的指令集不兼容,市场反应较为冷淡。目前,在市场上广泛使用的 Intel CPU 采用的是 x86-64 指令集。正是由于 x86-64 的指令集与 x86-32 的指令集兼容,所以我们在掌握 x86-32 位程序设计后很容易过渡到 x86-64 上。本章介绍了 x86-64 的运行环境,包括寄存器、寻址方式和指令系统,x86-64 与 x86-32 程序设计的差别和程序示例。

18.1　x86-64 的运行环境

x86-64 指令集在 Pentium IV、Pentium D、Pentium Extreme Edition、Celeron D、Xeon、Intel Core 2、Core i3、Core i5、Core i7 及 Core i9 处理器上使用。从编写汇编语言程序的角度来看,x86-64 与 x86-32 是非常相似的,其指令兼容,差异主要体现在引入了 64 位的寄存器,内存寻址采用 64 位地址,指令有一些升级等。

18.1.1　寄存器

1. 通用寄存器

x86-64 处理器包含 16 个 64 位的通用寄存器,分别是 rax、rbx、rcx、rdx、rbp、rsi、rdi、rsp、r8、r9、r10、r11、r12、r13、r14、r15。其中前 8 个分别是 32 位的寄存器 eax、ebx、ecx、edx、ebp、esi、edi、esp 的扩展;后 8 个是新增加的通用寄存器。这些寄存器的低双字、最低字、最低字节都能被独立访问,各自都有自己的名字。对于前 8 个 64 位的寄存器,它们的低双字的名字就是原 32 位寄存器的名字,而 r8～r15 的低双字寄存器为 r8d～r15d。64 位寄存器的最低字也是低双字中的低字,它们的名字分别为 ax、bx、cx、dx、bp、si、di、sp、r8w、r9w、r10w、r11w、r12w、r13w、r14w、r15w。最低字节为 al、bl、cl、dl、bpl、sil、dil、spl、r8b、r9b、r10b、r11b、r12b、r13b、r14b、r15b。

注意,最低字节寄存器的命名和用法发生了较大的变化。首先,原 x86-32 中,si、di、bp、sp 的低字节是没有名字的,不能单独使用;而在 x86-64 中,它们有了名字 sil、dil、bpl、spl,即在 16 位寄存器的名字中增加了后缀 l(low),可单独使用。另外,新增寄存器的最低字节命名不是以 l 结尾的,而是以 b 为后缀。对于 x86-32 中的 ah、bh、ch、dh,它们仍然可以继续使用。当然,为了统一规范,不建议使用。在机器编码中,通过使用不同的指令前缀来区分 32 位指令和 64 位指令。

2. 标志寄存器 rflags

rflags 是一个 64 位的寄存器,是 x86-32 中标志寄存器 eflags 的扩展,其低 32 位与 eflags

的完全相同,目前其高 32 位并未使用。

3. 指令指针 rip

rip 的作用与 x86-32 中的 eip 的作用是相同的,用来保存当前将要执行的指令的偏移地址。与 eip 一样,不允许在程序中直接使用 rip 的名字,它的值由 CPU 自动维护,不论是顺序执行的指令,还是 call、ret、jmp 和其他条件转移等的指令,都会自动地更新 rip。在 x86-64 处理器中,16 位的段寄存器 cs、ds、es、ss、fs、gs 仍保持不变。

4. 浮点及多媒体寄存器

对于 x87 FPU 而言,仍然使用 32 位环境下的浮点寄存器 st(0)~st(7)。对于 MMX 技术而言,也还是使用原来的 8 个 64 位寄存器 mm0~mm7。对于 SSE,仍使用 128 位的寄存器 xmm0~xmm7。在 SSE2 中,新增了 8 个 128 位的寄存器 xmm8~xmm15。在 AVX 中,除了原来的 8 个 256 位的寄存器 ymm0~ymm7 外,还增加了 8 个 256 位的寄存器 ymm8~ymm15。

18. 1. 2　寻址方式

与 x86-32 处理器一样,x86-64 处理器的寻址方式也是 6 种:立即寻址、寄存器寻址、直接寻址、寄存器间接寻址、变址寻址、基址加变址寻址。寻址方式没有大的变化,但要注意一些细节。

(1) 在 x86-64 处理器中,内存的地址是 64 位的,因此对应内存寻址中的 4 种方式,计算出的地址是 64 位的。

(2) 不能使用 32 位的寄存器用于寄存器间接寻址、变址寻址和基址加变址寻址,而应该使用 64 位的寄存器。任意一个通用的 64 位寄存器都能作为基址寄存器,而变址寄存器(或称为索引寄存器)是除 rsp 之外的其他通用寄存器。

(3) 比例因子仍为 1、2、4、8。

(4) 偏移量为 8 位、16 位、32 位的有符号常量值,不能使用 64 位的偏移量。

由于受偏移量大小的限制,因此使用带变量的变址寻址、基址加变址寻址,如 x[rax]、x[rax+rbx*4],就会出现问题。变量 x 对应的是其偏移地址,是 64 位的。为了解决这一问题,可以使用以前的方式编写程序,应在 Visual Studio 2019 平台中设置有关选项:"项目属性→链接器→系统→启用大地址",选择"否(/LARGEADDRESSAWARE:NO)"。

(5) 立即数的变化。

在 mov 指令中,立即数可以是 64 位的,也可以是 8 位、16 位、32 位的。但在其他指令中,立即数不能是 64 位的。对于 32 位立即数,会自动采用有符号扩展方式扩展为 64 位有符号数。例如:

指令"mov rax,0F00000H"的机器码为 48 B8 00 00 00 F0 00 00 00 00,执行后(rax)=00000000F0000000H。在指令中使用的是 64 位立即数。

指令"add rax,90000000H"的机器码为 48 05 00 00 00 90,对应于 add rax,0FFFFFFFF90000000H。在指令中使用 32 位立即数,但自动采用有符号扩展方式扩展为 64 位数。相加的结果为(rax)=0000000080000000H。

注意：在 Visual Studio 2019 平台中，在不启用大地址模式的情况下，仍然支持 x86-32 下的用法，即使用 32 位的寄存器作为基址寄存器和变址寄存器。

18.1.3　指令系统

（1）x86-64 指令基本上向下兼容 x86-32 的指令集。

对于原 x86-32 位微处理器中的指令，绝大多数指令予以保留。若不涉及 64 位的地址和 64 位的操作数，依旧可以使用原 x86-32 位中的指令。例如，下列指令依然可用。

```
mov  al,8          ;一般数据传送指令
xchg eax,ebx       ;数据交换指令
add  ah,10h        ;加法指令
imul bx,2          ;有符号乘法指令
shl  ax,2          ;逻辑左移指令
jmp  l1            ;转移指令
```

（2）对大多数的 x86-32 指令进行了升级。

升级的指令主要是增加 64 位数的处理能力，同时将内存地址升级到 64 位。例如：

```
mov   rax,1234567887654321h    add  rax,rbx        sub rax,1234h
lea   rax,x  cmp  rcx,[rax]     and  [r10+ 5],dl    shl rax,4
movsx rax,x  movzx rbx,y        push r10            pop r11
```

（3）一些指令默认使用的寄存器升级到 64 位的寄存器。

例如，push 和 pop 指令使用 rsp 执行栈顶；loop 指令使用 rcx 来控制循环次数；rep/repe/repne 重复前缀使用 rcx 来控制循环次数；串操作指令中的 movsb/movsw/movsd、cmpsb/cmpsw/cmpsd、lodsb/lodsw/lodsd 等指令使用 rsi、rdi 来指向操作数的地址。

（4）增加了一些新的指令。

cdqe：将 eax 中的双字符号扩展为 rax(convert doubleword to quadword)。

movsq/cmpsq/lodsq/scasq/stosq：串操作指令，一次处理 4 字数据。

此外新增的指令还有 syscall、sysret、cmpxchg16b、swapgs 等。

（5）删除了几条指令。

有几条在 x86-32 位平台下很少使用的指令不再支持，例如：pusha、popa、pushad、popad、aaa、aas 等。

此外，在 x86-64 环境中，仍然可以使用 x87 FPU、MMX、SSE、AVX 的指令集进行浮点数运算、单指令多数据流的组合数据运算，这对遗留的代码升级会很简便。在新代码的开发中，建议直接使用最新技术的指令集，如 AVX，而不使用 x87 FPU 和 MMX 等指令集。

18.2　64 位的程序设计

18.2.1　64 位平台下与 32 位平台下的区别

从机器语言的角度来看，虽然在 x86-32 与 x86-64 平台下的程序的区别不大，但是使用

Visual Studio 2019 开发汇编语言程序时,还要使用编译和链接器将源程序翻译成机器语言程序。两者的编译链接器不同,分别是 ml.exe 和 ml64.exe。两种编译器对伪指令的支持有较大的区别。ml64.exe 对于很多高级用法不再支持,具体如下。

(1) 不支持处理器选择伪指令,无".686P"、".xmm"的用法。

(2) 不支持存储模型说明伪指令,无".model"的用法。

(3) 不支持 invoke 伪指令,函数调用的参数传递由编程者自己掌控。

(4) 不支持条件流控制伪指令。

(5) 不支持"end 表达式"的用法,要在项目属性中设置程序的入口点。

由于是自己设置程序运行的入口点(在"项目属性→链接器→高级→入口点"输入),入口点的名称可自由设定。

当子系统选择为"窗口(/SUBSYSTEM:WINDOWS)"时,有一个默认的入口点 WinMain-CRTStartup,即程序中有"WinMainCRTStartup proc…. WinMainCRTStartup endp"。当子系统选择为"控制台(/SUBSYSTEM:CONSOLE)"时,默认的入口点是 mainCRTStartup。

(6) 不支持在 C 语言程序中内嵌汇编。

(7) 不支持".stack"定义堆栈段。

由于 ml64 对高级伪指令用法不再支持,所以编写汇编语言程序会麻烦一些。除此之外,在 C 语言函数、Windows API 函数调用方面也出现了较大的变化。下面通过一个具体的例子来比较 32 位和 64 位平台的区别。例如,设定义为:

```
int x,y,z,u,v;
printf("%d%d%d%d%d\n", x, y, z, u, v);
```

在 Win32 平台下的翻译结果如下。

```
00AD1433 8B F4                mov     esi,esp
00AD1435 8B 45 A4             mov     eax,dword ptr [v]
00AD1438 50                   push    eax
00AD1439 8B 4D B0             mov     ecx,dword ptr [u]
00AD143C 51                   push    ecx
00AD143D 8B 55 8C             mov     edx,dword ptr [z]
00AD1440 52                   push    edx
00AD1441 8B 45 BC             mov     eax,dword ptr [y]
00AD1444 50                   push    eax
00AD1445 8B 4D C8             mov     ecx,dword ptr [x]
00AD1448 51                   push    ecx
00AD1449 68 58 58 AD 00       push    0AD5858h
00AD144E FF 15 14 91 AD 00    call    dword ptr ds:[0AD9114h]
00AD1454 83 C4 18             add     esp,18h
00AD1457 3B F4                cmp     esi,esp
00AD1459 E8 D8 FC FF FF       call    __RTC_CheckEsp (0AD1136h)
```

在 Win32 平台中,函数参数采用堆栈传递参数,在执行 call 语言之前,从右向左逐个将参数压入栈。此外,函数调用者会检查栈是否平衡,即调用函数前的栈顶指针与调用函数后的栈顶指针是否相同。实现方法也不难,在传递参数前有"mov esi,esp",函数执行完后有"cmp esi,esp",并在__RTC_CheckEsp 中根据标志位判断栈是否平衡。

在 x64 平台下,其翻译的结果发生了变化,结果如下。

```
000000013F77108B 8B 44 24 54        mov   eax,dword ptr [v]
000000013F77108F 89 44 24 28        mov   dword ptr [rsp+28h],eax
000000013F771093 8B 44 24 50        mov   eax,dword ptr [u]
000000013F771097 89 44 24 20        mov   dword ptr [rsp+20h],eax
000000013F77109B 44 8B 4C 24 5C     mov   r9d,dword ptr [z]
000000013F7710A0 44 8B 44 24 4C     mov   r8d,dword ptr [y]
000000013F7710A5 8B 54 24 48        mov   edx,dword ptr [x]
000000013F7710A9 48 8D 0D 50 7F 00 00 lea rcx,[$xdatasym+ 0DA0h (013F779000h)]
000000013F7710B0 FF 15 72 A1 00 00 call qword ptr [__imp_printf (013F77B228h)]
```

从 C 语言程序的编译结果来看:

(1)前 4 个参数依次在 rcx、rdx、r8、r9 中;edx、r8d、r9d 分别是 rdx、r8、r9 的低双字;更进一步,如果只有一个参数,就只使用 rcx 存放该参数;如果有第二个参数,第二个参数就被存放到 rdx 中,依此类推。

(2)当参数多于 4 个时,多的那部分参数从右至左压入栈。但是这些参数放入栈的位置等同于所有参数都入栈的位置。超出 4 个参数的部分压入栈中,但为前 4 个参数在栈中保留了空间。在执行 call 指令之前,栈中数据的存放结果如图 18.1 所示。

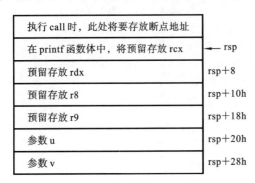

图 18.1　执行 call 指令之前,栈中数据的存放结果

(3)每个参数占 8 个字节。

(4)长度不足 64 位的参数不进行零扩展,因此其高位的值是不确定的。在函数的实现中应正确使用相应的参数。

(5)函数调用者不再进行栈的平衡检查。

在 64 位平台下,当汇编语言调用 C 和 API 函数时,必须遵循上面的约定,即将参数放入指定的寄存器中或者精确控制放入栈中的位置。对 printf 函数而言,跟踪进入该函数,可看到如下语句:

```
mov  qword ptr [rsp+8],rcx
mov  qword ptr [rsp+10h],rdx
mov  qword ptr [rsp+18h],r8
mov  qword ptr [rsp+20h],r9
```

后面也会使用栈中的值,如果未能正确将参数放入指定的寄存器中,则程序的运行结果也是非预期的。

当然,从机器语言的角度来看,不论是 mov、push、pop、call、ret 指令,还是其他指令,都有严格规定的语义,这些指令对参数传递的方法是没有约束的。只要函数(子程序)的编写者和调用者之间约定好参数和结果传递的规则即可。因此,单纯使用汇编语言开发程序时,可以自己随意控制参数的传递,可以使用寄存器、约定单元、栈或者几种方式的组合,并没有使用 rcx、rdx、r8、r9 等传递参数的要求。如果在汇编语言中调用 C 语言函数,或者在 C 语言程序中调用汇编语言编写的函数,就必须遵循前面看到的参数传递规则,遵循调用者和被调用者之间的约定,这些约定与编译器是有很大关系的。

18.2.2　显示一个消息框

下面给出一个完整的程序示例,弹出一个消息框。

```
.data
  MessageBoxA proto
  lpContent db  'Hello x86-64',0
  lpTitle   db  'My first x86-64 Application',0
.code
start proc
    sub  rsp,28h
    xor  r9d,r9d
    lea  r8,lpTitle
    lea  rdx,lpContent
    xor  rcx,rcx
    call MessageBoxA
    add  rsp,28h
    ret
start endp
end
```

在以上程序中,遵循了 API 函数 MessageBoxA 调用时的参数约定规则。此外,在程序的开头有"sub rsp,28h",实际上就是为函数 MessageBoxA 的 4 个参数加上该函数调用的断点地址(8 * 5＝28h)留出空间。最后再使用"add rsp,28h",让栈保持了平衡。这样执行 ret 才能正确返回到调用子程序 start 保存的断点处。如果没有"sub rsp,28h"或者留出的空间不够,则在程序运行时会出现异常。

此外,在外部函数说明中使用了"MessageBoxA proto"。由于编译器不支持 invoke 伪指令,编译器也不用关心 MessageBoxA 有几个参数、参数传递的顺序、如何消除参数所占用的空间等,因此在说明外部符号时予以简化,不再列出语言类型及各参数的类型。另外,也可以采用"extern MessageBoxA:proc"的形式。

值得注意的是,虽然在 32 位平台和 64 位平台上调用的 C 语言库函数和 Windows API 函数名相同,但是它们是两个不同的版本。

18.2.3　浮点数运算

下面是一个简单的浮点数相加(z＝x＋y)运算并显示结果的完整程序。在程序中使用了 AVX 指令，与 x86-32 平台上所使用的指令完全相同。只是实现 printf 函数的库有所变化。

```
    extern ExitProcess:proc
    extern printf:proc
    includelib libcmt.lib
.data
    lpFmt db "%f",0ah,0dh,0
    x real4 3.14
    y real4 5.701
    z real4 0.0
.code
main proc
    vmovss xmm0,x
    vaddss xmm0,xmm0,dword ptr y
    vmovss z,xmm0
    cvtss2sd xmm0,z
    movd rdx,xmm0
    lea  rcx,lpFmt
    sub  rsp,28h
    call printf
    add  rsp,28h
    mov  rcx,0
    call Exitprocess
main endp
end
```

18.2.4　程序自我修改

下面给出一个简单的自我修改的完整程序。在程序的运行中，修改了机器码，使得程序运行结果发生了变化。

```
extern MessageBoxA:proc
extern ExitProcess:proc
extern VirtualProtect:proc
.data
 szMsg1 db    'before Modify:Hello',0
 szMsg2 db    'After Modify:Interesting',0
 szTitle db   'Modify Program Self',0
 oldprotect dd ?
.code
 mainp  proc
   sub  rsp,28H
   lea  r9,oldprotect       ;对应参数:pfloldProtect,指向前一个内存保护值
   mov  r8d,40H             ;对应参数:flNewProtect,要应用的内存保护的类型
   mov  rdx,1               ;对应参数:dwsize,要更改的内存页面区域的大小
```

```
      lea   rcx,ModifyHere        ;对应 lpAddress,要更改保护特性的虚拟内存的基址
      call VirtualProtect
      add   rsp,28H
      lea   rax,ModifyHere
      inc   byte ptr [rax]        ;jz、jnz 的机器码分别为74H、75H
                                  ;可比较有此语句和无此语句程序运行结果的差异
      lea   rdx,szMsg1
      xor   eax,eax
   ModifyHere:
      jz    next
      lea   rdx,szMsg2
   next:
      sub   rsp,28H
      mov   r9d,0
      lea   r8,szTitle
      mov   rcx,0
      call MessageBoxA
      add   rsp,28h
      mov   rcx,0
      call ExitProcess
   mainp endp
      end
```

注意:在工程的"项目属性→链接器→高级→入口点"中设置入口点 mainp。运行以上程序将显示一个对话框"After Modify:Interesting"。从程序的执行流程来看,"xor eax,eax"后一定有(eax)=0,ZF=1。单纯地看"jz next"的转移条件成立,要转移到 next 处,从而显示"before Modify:Hello"。但是,实际上,之后有语句"lea rax,ModifyHere"和"inc byte ptr [rax]",修改了程序,让转移语句变成了"jnz next",从而使得显示的串地址为 szMsg2。如果注释掉程序中的语句"inc byte ptr [rax]",显示的结果就是"before Modify:Hello"。

18.3　x86-64 机器指令编码规则

x86-64 模式下的机器指令的编码规则与 x86-32 模式下的机器指令的编码规则是相似的。一条机器指令的编码由指令前缀(prefix)、操作码(opcode)、寻址方式 R/M(ModR/M,非必需)、索引寻址描述(即比例因子-变址-基址(SIB))、地址偏移量(displacement)、立即数(immediate)等组成,其中操作码是必须有的,而其他部分是否出现则依赖于具体的指令。

1. 寄存器编码

不论是寄存器寻址,还是寄存器间接寻址、变址寻址、基址加变址寻址,都要用到寄存器。在 x86-32 中,对寄存器,使用 3 位二进制来编码,但为了区分是双字寄存器、字寄存器,还是字节寄存器,可以采用指令前缀或者在操作码中指出所用寄存器的类型。在 x86-64 的指令编码中沿用了这一思想,增加一个 64 位模式下特有的 REX 前缀,开启 64 位计算功能以及访问新增寄存器的能力,用来区分 16 个 64 位的寄存器、8 个 64 位的 mmx 寄存器、16 个 128 位的

xmm 寄存器。64 位寻址方式下的寄存器编码如表 18.1 所示。

表 18.1 64 位寻址方式下的寄存器编码

编码	字节寄存器	字寄存器	双字寄存器	4 字寄存器	8 字寄存器
0000	al	ax	eax	rax、mm0	xmm0
0001	cl	cx	ecx	rcx、mm1	xmm1
0010	dl	dx	edx	rdx、mm2	xmm2
0011	bl	bx	ebx	rbx、mm3	xmm3
0100	spl	sp	esp	rsp、mm4	xmm4
0101	bpl	bp	ebp	rbp、mm5	xmm5
0110	sil	si	esi	rsi、mm6	xmm6
0111	dil	di	edi	rdi、mm7	xmm7
1000	r8l	r8w	r8d	r8	xmm8
……	……	……	……	……	……
1111	r15l	r15w	r15d	r15	xmm15

注意:表中省略的部分为 r9～r14(r9l～r14l、r9w～r14w、r9d～r14d)的编码,依次为 1001～1110。

2. 指令前缀

在第 4.9 节介绍了一些指令前缀,这些前缀在 64 位寻址方式中依然使用。下面结合实例来进一步详细介绍有关指令前缀。

(1) REX 前缀。

REX 前缀用来表明指令是 64 位操作数和寄存器扩展编码(即寄存器编码的高位为 1),其取值范围为 40H～4FH,这就占用了原本作为指令的 opcode,这些原来的 opcode 在 64 位模式下失效,变成了 REX 前缀。

REX 前缀字节的组成部分为 0 1 0 0 W R X B,其中高半字节固定为 0100,低 4 位中各二进制位的含义如下。

REX.W:为 1 时,操作数是 64 位。

REX.R:用来扩展 ModR/M 中的 reg 字段。当 reg 字段为 opcode 的扩展部分时,该位被忽略。

注意,寻址方式 R/M(ModR/M)字节依次由 Mod、reg/opcode、R/M 三部分组成。

REX.X:用来扩展 SIB 寻址中的变址寄存器的编号,使得 SIB.index 域为 4 位编码。

REX.B:用来扩展 SIB 中的基址寄存器的编号;ModR/M 包含的 R/M 中的寄存器编号,或者 opcode(此处的 opcode 是指 ModR/M 之前的一个字节,即操作码部分)中的寄存器字段。

图 18.2 所示的为内存寻址(无 SIB 字节)或寄存器-寄存器寻址中前缀的作用示意图。

下面为几个具体的例子。

① add rdx,11223344h;机器码为 48 81 C2 44 33 22 11

rdx 是 edx 的扩展,其编号在 edx 编号前加 0,为 0010。

操作数是 64 位的,REX.W 为 1。rdx 的编码最高位为 0,同时编码放在了 Mod 的 R/M

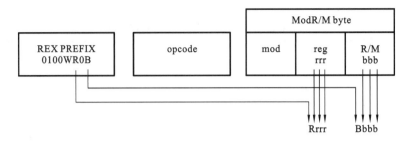

图 18.2　内存寻址(无 SIB 字节)或寄存器-寄存器寻址中前缀的作用

中,故 REX.B 为 0。

对比 add edx,11223344h,其机器码为 81 C2 44 33 22 11。

② add qword ptr [rdx],11223344h;机器码为 48 81 02 44 33 22 11

操作数是 64 位的,REX.W 为 1。REX.B 为 0,Mod R/M 为 02,即 00 000 010B,最前面的 00 表示使用的是寄存器间接寻址,寄存器编号为 0010B。

对比 add dword ptr [rdx],11223344h,其机器码为 81 02 44 33 22 11。

③ add r10,11223344h;机器码为 49 81 C2 44 33 22 11

r10 的编号为 1010,故 REX.B 为 1。Mod R/M 为 C2,即 11 000 010B。

对比 add r10d,11223344h,其机器码为 41 81 C2 44 33 22 11。

④ mov r9,1122334455667788h ;机器码为 49 B9 88 77 66 55 44 33 22 11

操作数为 64 位,REX.W 为 1,同时寄存器的编码出现在了 opcode 中。

(2) Address Override 前缀。

该前缀为 67H。在 64 位寻址方式下,该前缀表明使用的是 32 位寄存器,并作为间接寻址、变址寻址、基址加变址寻址。默认情况下(即无前缀时),这些存储器寻址方式中使用的寄存器是 64 位的。例如:

```
add eax,dword ptr [ebx]    ;机器码为 67 03 03
add eax,dword ptr [rbx]    ;机器码为 03 03
```

(3) Operand size Override 前缀。

该前缀为 67H,用于区分操作数的类型。注意区分操作数类型的还有 REX.W,以及 opcode 中的最后一位编码。

下面为不含前缀、含 1 个或者多个字节前缀的例子。

```
add eax,dword ptr [ebx]     ;机器码为 67 03 03
add eax,dword ptr [rbx]     ;机器码为 03 03
add ax,word ptr [rbx]       ;机器码为 66 03 03
add ax,word ptr [ebx]       ;机器码为 67 66 03 03
add al,byte ptr [rbx]       ;机器码为 02 03
add rax,qword ptr [rbx]     ;机器码为 48 03 03
add rax,qword ptr [ebx]     ;机器码为 67 48 03 03
```

对于 ModR/M、SIB 的编码与第 4.9 节的介绍是类似的,此处不再赘述。

当然,机器指令的编码,特别是操作码的编码还是很复杂的,有兴趣的读者可以阅读相关知识。

习 题 18

18.1 在支持 x86-64 位的指令的 CPU 中有哪 16 个 64 位的通用寄存器？有哪 16 个 32 位的通用寄存器？16 位和 8 位的通用寄存器又有哪些？

18.2 x86-32 与 x86-64 的寻址方式有何异同？

18.3 x86-32 与 x86-64 的指令系统有何异同？

18.4 x86-32 与 x86-64 的子程序调用有何异同？

上机实践 18

18.1 编写一个 C 语言程序，分别采用 32 位平台和 x64 平台进行编译。比较生成的机器代码的异同。

18.2 在 x64 平台下编写一个汇编语言源程序，实现对一组数据进行排序并输出结果的功能。

18.3 在 Visual Studio 2019 平台中，在不启用大地址模式的情况下，设有以下程序片段：

```
mov rax,1234567887654321H
lea eax,x
mov cl,[eax]
lea rax, x
```

其中 x 是数据段定义的一个变量。

试比较两条 lea 指令的机器码有何异同？机器码中所反映出的变量 x 地址的偏移量以什么为参照？

在启用大地址模式的情况下，上述程序能够编译生成执行程序，但是当执行到 mov cl，[eax]时，程序崩溃，试解释其原因。

第19章 上机操作

本书介绍的例子在开发和运行时使用的 CPU 为 Intel Core i7,是一种基于 x64 位的处理器;操作系统为 Windows 10,是 64 位的操作系统;开发工具为 Visual Studio 2019 社区版(community)。这是一款免费的产品,可在网站 https://visualstudio.microsoft.com/zhhans/上下载。本章是在这样的环境下介绍开发和调试汇编语言程序的操作方法。当然,以前在 Windows 7 等操作系统和 Intel 系列其他 CPU 的环境下,使用 Visual Studio 2010、Visual Studio 2013、Visual Studio 2015、Visual Studio 2017 等平台也开发过汇编语言程序。它们的操作方法本质上区别不大。本章以 Visual Studio 2019 为代表介绍开发环境的使用方法。

19.1 创建工程和生成可执行程序

使用 Visual Studio 2019 开发汇编语言程序与开发 C 语言程序的操作步骤是类似的,主要的差别是在开发汇编语言程序时要设置编译方法。特别要注意下面的第(3)步要先于第(4)步。

(1) 新建一个空项目。

在 Visual Studio 2019 的主界面上单击"创建新项目",在"创建新项目"的页面上选择"空项目",然后单击"下一步"按钮会出现"配置新项目"的页面。

注意:在选择"空项目"的界面中,在"空项目"下有提示文字"使用 C++ for Windows 从头开始操作,不提供基础文件"。若"空项目"界面上未出现上述选项,则应注意界面上有三个下拉列表框,其中语言选择"C++",平台选择"Windows",项目类型选择"控制台"。选择不同的条目,界面上的内容会随之发生变化。

(2) 设置新项目的名称。

在"空项目"页面上要输入项目的名称,如 Huibian_Test,选择项目存放的位置,之后单击"创建"按钮即可。此时,会在 Visual Studio 2019 的窗口中出现"解决方案资源管理器"界面,如图 19.1 所示。

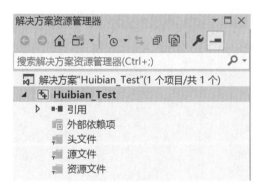

图 19.1 "解决方案资源管理器"界面

注意：在"配置新项目"页面上，在选择文件存放"位置"之下有一个"解决方案名称"，它的默认名称与项目名称相同。实际上解决方案与项目是两个概念。一个解决方案之下能包含多个项目，它是一个更大级别的容器。在新建第一个项目时，同时创建了一个解决方案。之后，可以在该解决方案下添加新项目。

（3）设置生成依赖项。

在项目（见图 19.1 中的亮条 Huibian_Test）上单击鼠标右键，会出现一个弹出式菜单，在此菜单上单击"外部依赖项"，然后再单击"生成自定义…"，在出现的"Visual C++生成自定义文件"界面中勾选"masm(.targe…)"，如图 19.2 所示，之后单击"确定"按钮。

图 19.2　"Visual C++生成自定义文件"界面

注意：设置生成依赖项一定要先于添加源文件（即第（4）步）。如果是先向项目中添加源文件，之后再设置生成依赖项，则在生成执行程序时是不会对汇编源程序进行编译的。使用 C 语言和汇编语言混合编程时，也应先设置生成依赖项。

（4）添加汇编源程序文件。

与第（3）步相同，在项目上单击鼠标右键，在出现一个弹出式菜单中选择"添加"→"新建项"，在出现的"添加新项"页面上输入汇编语言源程序的名称，如 test.asm。之后单击"添加"按钮即可。

除了添加 asm 文件外，还可使用同样的方法添加头文件、资源文件。

（5）编辑源程序。

输入汇编源程序，完成程序的编辑工作。

（6）生成可执行程序。

在项目上单击鼠标右键，在出现的弹出式菜单中单击"生成"菜单项。观察 Visual Studio 界面中的输出窗口，查看是否出现错误提示。若有错误，则返回第（5）步修改源程序，然后再执行本步。重复该过程直到生成 exe 文件。

对于本书中给出的程序，基本上使用上述步骤即可生成可执行程序。

19.2　程序的调试

使用 Visual Studio 2019 可以开发 C 语言程序、汇编语言程序。在生成可执行程序后，调试方法是相同的。只是我们在调试 C 语言程序时，一般不会观察机器层面的内容，如反汇编代码、寄存器等,而在调试汇编语言程序时,需要查看这些内容。对于变量、内存单元的监视,实际上是没有区别的。

单击 Visual Studio 2019 菜单上的"调试"菜单项,在下拉菜单中有"开始调试"、"逐语句"等菜单项。对于汇编语言程序的调试,要选择"逐语句"菜单项,此时就进入了调试界面。调试时,支持设置断点、取消断点、单步执行、继续执行直到遇到断点、逐步执行、跳出函数等操作。

单击"调试"菜单中的"窗口",弹出的菜单中有"反汇编"、"寄存器"、"内存"、"监视"、"调用堆栈"、"断点"等菜单项。单击相应的菜单项,打开对应的窗口。本节将介绍最常用的"反汇编"、"寄存器"、"内存"、"监视"窗口的基本操作方法。

1. "反汇编"窗口

在"反汇编"窗口,可显示机器指令的地址、机器指令的字节编码、反汇编指令、当前待执行的指令等。"反汇编"窗口如图 19.3 所示。

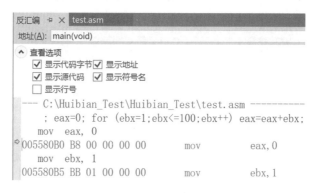

图 19.3 "反汇编"窗口

注意,在"反汇编"窗口显示的信息要素可以设置。在"反汇编"窗口的左上角有一个"查看选项",单击其左边的"∨",展开一个小窗口,如图 19.3 所示,选择要显示的内容,之后按"∧"返回"查看选项"。

在"查看选项"中,有一个"显示符号名",勾选此项,则在"反汇编"窗口中会以符号的形式显示全局变量(data 段中定义的变量)、局部变量(子程序中定义的变量)。若不勾选此项,则显示的是该变量对应的地址,全局变量和局部变量显示的结果是不同的。例如,设 x 是全局变量,y 是局部变量。对于语句 mov eax,x 和 mov eax,y,当勾选"显示符号名"时,显示的形式如下:

```
00FE80B6 A1 00 70 05 01 mov eax,dword ptr [x (01057000h)]
00FE80BB 8B 45 FC       mov eax,dword ptr [y]
```

当不勾选"显示符号名"时,显示的形式如下:

```
00FE80B6 A1 00 70 05 01 mov eax,dword ptr ds:[01057000h]
00FE80BB 8B 45 FC       mov eax,dword ptr [ebp-4]
```

上述显示结果也表明,变量名是一个地址的符号表示。全局变量对应的是一个段及段内偏移;局部变量对应的是堆栈中的一个存储单元。

2. "寄存器"窗口

在"寄存器"窗口显示各寄存器的值。但是默认情况下只能看到几个通用寄存器的值、

EIP、标志寄存器 EFL，如图 19.4 所示。

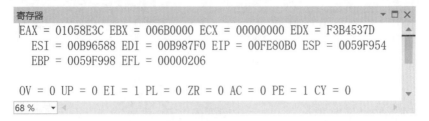

图 19.4　"寄存器"窗口

"寄存器"窗口中显示的内容是可以设置的。在"寄存器"窗口中，单击鼠标右键，会弹出一个菜单，在该菜单中可单击希望显示的项。名字前带有"√"标志的寄存器组的内容显示在窗口中。再次单击该项，又可从显示内容中移除。

可选的内容包括以下几个方面。

CPU 段：段寄存器 cs、ds、es、ss、fs、gs。

浮点：x87 中的寄存器 st0～st7、crtl、stat、tags、eip、ed0。

MMX：mm0～mm7。

SSE：xmm0～xmm7、mxcsr。

AVX：ymm0～ymm7。

注意，虽然在 x64 平台的"寄存器"窗口看到的寄存器有所不同，但操作方法是相同的。

"寄存器"窗口上有滚动条，窗口的大小、位置等都可自己调整。

3. "监视"窗口

在"监视"窗口能够使用多种形式来观察一个变量，如图 19.5 所示。

监视 1		
搜索(Ctrl+E)	搜索深度: 3	
名称	值	类型
x	100	unsigned long
▷ &x	0x008c7000 {Huibian_Test.exe!...	unsigned long *
x,x	0x00000064	unsigned long
*(short *)&x	100	short
自动窗口　局部变量　监视 1		

图 19.5　"监视"窗口

例如，对于变量 x，若直接在"名称"下输入 x，则可看到变量 x 的值；若输入 &x，则可看到变量 x 的地址；若输入"x,x"，则是以十六进制的形式显示变量 x。在输入"x,"后，会弹出一个菜单，可从中选择是以何种形式显示相应的内容，默认的是十进制形式。另外，还可以进行强制地址类型转换后显示相应的内容，例如"∗(short ∗)&x"。

4. "内存"窗口

"内存"窗口用来观察从某地址开始的一片单元中存储的内容，如图 19.6 所示。

"内存"窗口一般分为三部分，最左边的一列是内存单元的地址，中间一列是内存单元的

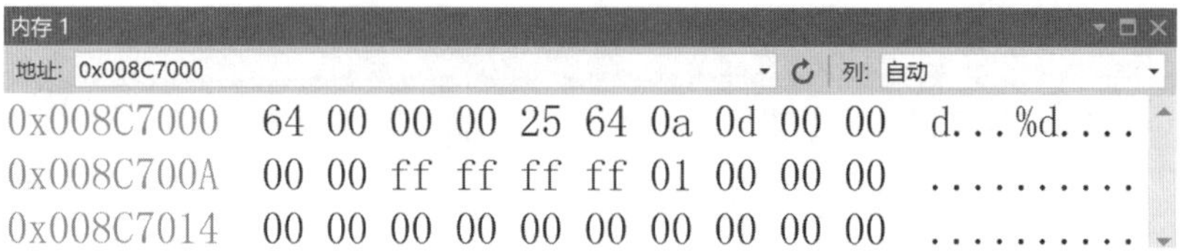

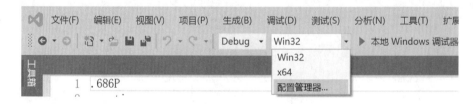

图 19.6 "内存"窗口

值,最右边一列是以 ASCII 的形式来显示中间列的内容。

"内存"窗口显示什么、以何种形式显示,也是可以设置的。在"内存"窗口单击鼠标右键,将弹出一个菜单项,在该菜单上可选择中间部分的显示方式:1 字节整数,2 字节整数,…,8 字节整数,32 位浮点,64 位浮点,或者选择"没有数据",从而不显示中间部分。另外,也能控制以什么进制显示,是否显示 ASCII 部分等。

19.3 编译链接器的配置

第 19.1 节中介绍了汇编语言程序开发时生成执行程序的操作步骤。本节介绍在生成执行程序前对编译器和链接器所做的一些配置。此外,在学习汇编语言程序设计的时候,一种有效的手段是编写 C 语言程序,然后调试生成的机器语言程序。这也就要求掌握 C/C++ 程序的编译和链接的一些设置方法。本节重点介绍 C 语言程序开发时的一些配置,配置不同的开发平台,编译时生成的执行程序是不一样的。

在"解决方案资源管理器"中,右键单击项目名称,在弹出的菜单上单击"属性",会出现项目属性页,在该页面上完成各种配置。

1. 平台配置

在平台配置中,可以选择 Win32,也可以选择 x64。注意,不同的平台所采用的编译器并不相同。在 Win32 下编译通过的程序,在 x64 下不一定能编译通过。

此外,工具栏上有快捷的解决方案平台的配置工具,亦可在 Debug 版本和 Release 版本之间切换;或者在 Win32 和 x64 等不同平台上切换。解决方案平台的配置或切换的操作界面如图 19.7 所示。

图 19.7 解决方案平台的配置或切换的操作界面

2. Microsoft 宏编译器配置

对于汇编程序开发项目,在"项目属性页"中有"Microsoft Macro Assembler"。该选项下又有"General"、"Command Line"、"Listing File"等条目。在"Command Line"中,显示了对汇

编源程序进行编译时实际执行的命令。如果希望在编译时生成列表文件，则可以在"Listing
File"中设置。一般情况下，不需要对"Microsoft Macro Assembler"做任何设置，采用默认值
即可。

3. C/C++编译器配置

对于 C 程序开发项目，在"项目属性页"中有"C/C++"条目，该条目用于配置编译开关。
展开该条目，有"常规"、"优化"、"代码生成"、"输出文件"等子项。每个子项下面又有更多的小
项。一般情况下采用默认值，不需要开发者修改配置。但为了研究汇编语言和编译技巧，可以
尝试修改一些配置，分析修改后对编译结果的影响。

（1）生成汇编语言程序。

在"输出文件"→"汇编程序输出"中选择"带源代码的程序集（/FAs）"。编译后，会生成与
源文件名同名但后缀为 asm 的文件。这是一个文本文件，打开该文件，可观察生成的汇编语
言程序。

（2）变量的空间分配。

调试 C 语言程序时，会发现变量之间有"间隙"，即它们的地址间距比所需要的空间大，这
是由于编译配置造成的，其目的在于调试时能快速地发现访问越界等问题。在"代码生成"→
"基本运行时检查"中可以设置为"默认值"，这样在变量之间不会留出大的间隙，自然边界对齐
留出的空间除外。

（3）结构成员对齐。

默认情况下，结构变量中各字段的起始地址是采用自然边界对齐的方式，即各字段在结构
中的偏移量为类型长度的整数倍。若要采用紧凑模式，则在"代码生成"→"结构成员对齐"中
设置为 1 字节。

（4）启用增强指令集。

对同一个程序，在生成代码时，可以选用不同的指令集。在"代码生成"→"启用增强指令
集"中选择"流式处理 SIMD 扩展（/arch：SSE）"、"高级矢量扩展（/arch：AVX）"、"无增强指令
（/arch：IA32）"等。

C/C++中的配置会影响最后执行的命令。在 C/C++的命令行中会显示执行编译时所
用到的配置参数。

4. 链接器配置

无论是 C 语言程序开发还是汇编语言程序开发，Visual Studio 2019 中都会有"链接器"配
置项。默认情况下，也不需要配置链接器，但是当使用到其他库时，还是需要一些手动配置的。
链接器下的配置项有"常规"、"系统"、"高级"等。

（1）附加依赖项。

在"输入"→"附加依赖项"中，输入库的名字。在汇编语言程序中，也可以直接使用
includelib语句添加需要的库。

注意，本书中使用较多的函数是 printf 和 ExitProcess。ExitProcess 在库 kernel32.lib 中
实现。kernel32.lib 库在创建工程时一般已自动添加，无需使用"includelib kernel32.lib"。在
早期的 Visual Studio 版本（Visual Studio 2010、Visual Studio 2013）中，实现 printf 的库是
msvcrt.lib。在 Visual Studio 2019 下不再使用该库，而是使用 libcmt.lib 库和 legacy_stdio_

definitions. lib 库。当然,在 Visual Studio 2019 下仍然能够使用 msvcrt. lib 库,但是要自己找到相应的老版本库,第 13 章中介绍的 masm32 软件包中包含该库。

(2) 附加库的目录。

在"常规"→"附加库目录"中添加库文件所在的目录,指明在什么目录下去寻找附加的库文件。

(3) 子系统。

在"系统"→"子系统"中有"控制台(/SUBSYSTEM:CONSOLE)"、"窗口(/SUBSYS-TEM:WINDOWS)"等选项,用于指明程序的类型。

(4) 入口点。

在"高级"→"入口点"中输入要执行的程序的第一条指令的地址,通常为程序中的一个标号,或者子程序的名字。

还可以在"VC++目录"中设置"包含目录"、"库目录"。包含目录即使用的各种头文件所在的目录。开发窗口应用程序时,使用 masm32 软件包中的头文件,需要设置包含目录。当然,在汇编源程序中也可以直接写出头文件所在的目录。

在链接器中进行设置会影响最后执行的命令。在链接器的"命令行"中会显示执行链接时所用到的配置参数。

19.4 其 他 操 作

1. 多项目的管理

在一个解决方案下可以包含多个项目。例如,将某一章中的多个项目放在一个解决方案中,目的是便于集中管理这些项目,虽然这些项目有各自的存储目录,但是它们一般是解决方案的子目录。

方法 1:创建一个空白的解决方案。在"创建新建项目"中选择"空白解决方案"。

方法 2:创建新项目时,自动生成解决方案。

在创建解决方案后,右键单击"解决方案",在弹出的菜单上选择"添加"→"新建项目",创建一个新的项目。多次进行上述操作,生成含有多个项目的解决方案。

在多个项目中,将一个项目设置为启动项目。

在某个项目上,按鼠标右键,在弹出的菜单中点击"设为启动项目",即将当前项目设置为启动项目,后面就是对该项目进行编译和调试。采用同样的操作方法,直到切换到一个新的项目为止。

2. 调试工具栏

除了使用"调试"菜单下的项目进行调试操作外,还可以使用快捷的调试工具。

在 VS 工具栏的空白处,按鼠标右键,会弹出菜单。其中有一项为"调试",若该项前面有"√",表示显示了"调试工具栏",否则表示没有显示"调试工具栏"。单击"调试",切换到"调试工具栏"的显示状态。

　　可以增加、删除调试工具栏中的工具。当鼠标停在"调试工具栏"的"下三角箭"时,可以看到出现"调试工具栏选项"的提示。单击该按钮,可出现"添加或移除"按钮。若其右边框中有"√",则表示该按钮出现在了工具栏中。使用"自定义"按钮可调整工具栏上显示的工具。

　　本章简单介绍了 Visual Studio 2019 的一些用法。实际操作时,请读者大胆进行多种尝试,掌握更多的操作方法。

十进制 ➡	0	16	32	48	64	80	96	112	128	144	160	176	192	208	224	240
⬇ 十六进制	0	1	2	3	4	5	6	7	8	9	A	B	C	D	E	F
0 / 0	①	▶	②	0	@	P	`	p	Ç	É	á	▒	∟	⊥	∞	≡
1 / 1	☺	◀	!	1	A	Q	a	q	ü	æ	í	▓	┴	┬	β	±
2 / 2	☻	↕	"	2	B	R	b	r	é	Æ	ó	█	┬	┬	Γ	≥
3 / 3	♥	‼	#	3	C	S	c	s	^	ô	ú	│	├	┴	Π	≤
4 / 4	♦	¶	$	4	D	T	d	t	ä	ö	ñ	┤	─	∟	Σ	⌠
5 / 5	♣	§	%	5	E	U	e	u	à	ò	Ñ	┤	┼	┌	σ	⌡
6 / 6	♠	▬	&	6	F	V	f	v	å	û	ª	┤	├	┌	μ	÷
7 / 7	③	↨	'	7	G	W	g	w	ç	ù	º	┐	├	┼	τ	≈
8 / 8	■	↑	(	8	H	X	h	x	ê	ÿ	¿	┐	∟	┼	Φ	·
9 / 9	○	↓	)	9	I	Y	i	y	ë	Ö	┐	┤	┌	┘	θ	·
10 / A	④	→	*	:	J	Z	j	z	è	Ü	¬	│	⊥	┌	Ω	·
11 / B	♂	←	+	;	K	[	k	{	ï	¢	½	┐	┬	■	δ	√
12 / C	♀	∟	,	<	L	\	l	¦	î	£	¼	┤	├	■	∞	ⁿ
13 / D	⑤	↔	-	=	M	]	m	}	ì	¥	┘	─	■	∅	²
14 / E	♫	▲	·	>	N	^	n	~	Ä	₧	«	┘	┼	▌	∈	■
15 / F	¤	▼	/	?	O	_	o	△	Å	ƒ	»	┐	⊥	▬	∩	⑥

说明：（1）表上端横排为 8 位二进制 ASCII 码的高 4 位，表左端纵排为低 4 位。

（2）表中：①代表空白，②代表空格，③代表响铃，④代表换行，⑤代表回车，⑥代表特殊空格。

（3）ASCII 码 128~255 对应字符的输入方法为：在按下 Alt 键的同时，再在右端小键盘上输入相应的十进制数字。

参考文献

[1] 王元珍,曹忠升,韩宗芬. 80X86 汇编语言程序设计[M]. 武汉:华中科技大学出版社,2005.

[2] 罗云彬. Windows 环境下 32 位汇编语言程序设计[M]. 2 版. 北京:电子工业出版社,2006.

[3] 丹尼尔.卡斯沃姆. 现代 x86 汇编语言程序设计[M]. 张银奎,罗冰,宋维,张佩,等,译. 北京:机械工业出版社,2016.

[4] Intel 公司. Intel® 64 and IA-32 Architectures Software Developer's Manual (https://software.intel.com/content/www/us/en/develop/articles/intel-sdm.html).

[5] Microsoft 公司. Microsoft 宏汇编程序参考(https://docs.microsoft.com/zh-cn/cpp/assembler/masm/microsoft-macro—assembler-reference?view=vs-2019).